高等院校机械类应用型本科"十二五"创新规划系列教材

顾问●张 策 张福润 赵敖生

互换性与技术测量

主 编 余兴波

副主编 常化申 杨 琳 王 娜 谢卫荣 赵建琴
董淑婧 卢君宜 程志青 于 地

HUHUANXING YU JISHU CELIANG

U0232092

华中科技大学出版社
http://www.hustp.com
中国·武汉

内 容 简 介

本书为高等工科院校机械类和近机械类专业技术基础课教材。全书共十章,包括绪论、极限与配合、技术测量基础、几何公差、表面粗糙度、光滑极限量规、常用结合件的互换性、尺寸链、渐开线圆柱齿轮传动的互换性、三坐标测量机等内容。各章后附有习题。

本书贯彻最新国家标准,系统而精练地阐述了互换性与技术测量的基本知识,侧重讲清概念和标准的应用,主要介绍测量方法的原理,一般不具体介绍仪器的结构及操作步骤。

本书可作为高等院校机械类和近机械类专业"互换性与技术测量"课程的教材,也可供机械制造工程技术人员参考。

图书在版编目(CIP)数据

互换性与技术测量/余兴波主编. —武汉:华中科技大学出版社,2014.5(2021.7重印)
ISBN 978-7-5609-9652-3

Ⅰ.①互⋯ Ⅱ.①余⋯ Ⅲ.①零部件-互换性-高等学校-教材 ②零部件-测量技术-高等学校-教材
Ⅳ.①TG801

中国版本图书馆 CIP 数据核字(2014)第 101469 号

互换性与技术测量   余兴波　主编

策划编辑:俞道凯
责任编辑:吴　晗
封面设计:李　嫚
责任校对:马燕红
责任监印:徐　露
出版发行:华中科技大学出版社(中国·武汉)　　　电话:(027)81321913
　　　　　武汉市东湖新技术开发区华工科技园　　　邮编:430223
录　　排:湖北翰之林传媒有限公司
印　　刷:广东虎彩云印刷有限公司
开　　本:787mm×1092mm　1/16
印　　张:13.25
字　　数:339 千字
版　　次:2021 年 7 月第 1 版第 9 次印刷
定　　价:27.00 元

高等院校机械类应用型本科"十二五"创新规划系列教材

编审委员会

总　　序

《国家中长期教育改革和发展规划纲要》(2010—2020)颁布以来,胡锦涛总书记指出:教育是民族振兴、社会进步的基石,是提高国民素质、促进人的全面发展的根本途径。温家宝总理在 2010 年全国教育工作会议上的讲话中指出:民办教育是我国教育的重要组成部分。发展民办教育,是满足人民群众多样化教育需求、增强教育发展活力的必然要求。目前,我国高等教育发展正进入一个以注重质量、优化结构、深化改革为特征的新时期,从 1998 年到 2010 年,我国民办高校从 21 所发展到了 676 所,在校生从 1.2 万人增长为 477 万人。独立学院和民办本科学校在拓展高等教育资源,扩大高校办学规模,尤其是在培养应用型人才等方面发挥了积极作用。

当前我国机械行业发展迅猛,急需大量的机械类应用型人才。全国应用型高校中设有机械专业的学校众多,但这些学校使用的教材中,既符合当前改革形势又适用于目前教学形式的优秀教材却很少。针对这种现状,急需推出一系列切合当前教育改革需要的高质量优秀专业教材,以推动应用型本科教育办学体制和运行机制的改革,提高教育的整体水平,加快改进应用型本科的办学模式、课程体系和教学方式,形成具有多元化特色的教育体系。现阶段,组织应用型本科教材的编写是独立学院和民办普通本科院校内涵提升的需要,是独立学院和民办普通本科院校教学建设的需要,也是市场的需要。

为了贯彻落实教育规划纲要,满足各高校的高素质应用型人才培养要求,2011 年 7 月,华中科技大学出版社在教育部高等学校机械学科教学指导委员会的指导下,召开了高等院校机械类应用型本科"十二五"创新规划系列教材编写会议。本套教材以"符合人才培养需求,体现教育改革成果,确保教材质量,形式新颖创新"为指导思想,内容上体现思想性、科学性、先进性和实用性,把握行业岗位要求,突出应用型本科院校教育特色。在独立学院、民办普通本科院校教育改革逐步推进的大背景下,本套教材特色鲜明,教材编写参与面广泛,具有代表性,适合独立学院、民办普通本科院校等机械类专业教学的需要。

本套教材邀请有省级以上精品课程建设经验的教学团队引领教材的建设,邀请本专业领域内德高望重的教授张策、张福润、赵敖生等担任学术顾问,邀请国家级教学名师、教育部机械基础学科教学指导委员会副主任委员、华中科技大学机械学院博士生导师吴昌林教授担任总主编,并成立编审委员会对教材质量进行把关。

我们希望本套教材的出版,能有助于培养适应社会发展需要的、素质全面的新型机械工程建设人才,我们也相信本套教材能达到这个目标,从形式到内容都成为精品,真正成为高等院校机械类应用型本科教材中的全国性品牌。

高等院校机械类应用型本科"十二五"创新规划系列教材

编审委员会

2012-5-1

目　　录

第1章 绪 论

1.1 互换性概述

机械产品都是由通用与标准零件和少数专用零部件组成的。这些通用与标准零件可以由不同的专业厂来制造,产品生产厂只需生产少数的专用零部件。产品生产厂不仅可以大大减少生产费用,还可以缩短生产周期,及时满足市场与用户的需要。

由于现代化生产是按专业化、协作化组织的,这就提出了一个如何保证互换性的问题。在人们的日常生活中,大量的现象涉及互换性。如机器或仪器上掉了一个螺钉,按相同的规格换一个就行了;灯泡坏了,换一个新的就行了;汽车、拖拉机乃至自行车、缝纫机、手表中某个机件磨损了,或者损坏了,换一个新的便能满足使用要求。之所以这样方便,是因为这些产品都是按互换性原则组织生产的,产品零件都具有互换性。

1.1.1 互换性的定义

所谓互换性,是指机械产品中同一规格的一批零件或部件,任取其中一件,不需做任何挑选、调整或辅助加工(如钳工修配),就能进行装配,并能保证满足机械产品使用性能要求的一种特性。

1.1.2 互换性的分类

互换性按互换的程度可分为完全互换(绝对互换)与不完全互换(有限互换)。

若零件在装配或更换时,不需选择、调整或辅助加工(修配),则其互换性为完全互换性。当装配精度要求较高时,采用完全互换将使零件制造公差很小,加工困难,成本很高,甚至无法加工。这时,将零件的制造公差适当放大,使之便于加工,而在零件完工后再将零件按实际尺寸的大小分为若干组,使每组零件间实际尺寸的差别减小,装配时按相应组进行(例如,大孔组零件与大轴组零件装配,小孔组零件与小轴组零件装配)。这样,既可保证装配精度和使用要求,又能解决加工上的困难,降低成本。此种仅组内零件能互换,组与组之间不能互换的特性,称为不完全互换性。

对标准部件或机构来说,互换性又分为外互换与内互换。

外互换是指部件或机构与其装配件间的互换性。例如,滚动轴承内圈内径与轴的配合,外圈外径与轴承孔的配合。

内互换是指部件或机构内部组成零件间的互换性。例如,滚动轴承的外圈内滚道、内圈外滚道与滚动体的装配。

为使用方便,滚动轴承的外互换采用完全互换;而其内互换则因其组成零件的精度要求高,加工困难,故采用分组装配,为不完全互换。一般地说,不完全互换只用于部件或机构的制造厂内部的装配,至于厂外协作,即使产量不大,往往也要求完全互换。

1.1.3　互换性的作用

从使用上看,由于零件具有互换性,零件坏了可以更换,方便维修,从而提高机器的利用率和延长机器的使用寿命。

从制造上看,互换性是组织专业化协作生产的重要基础,而专业化生产基于采用高科技和高生产率的先进工艺和装备,从而提高生产率,提高产品质量,降低生产成本。

从设计上看,互换性可以简化制图、计算工作,缩短设计周期,并便于采用计算机辅助设计(CAD),这对发展系列产品十分重要。例如,手表在发展新品种时,采用具有互换性的统一机芯,不同品种只需进行外观的造型设计,这就使设计与生产准备的周期大大缩短。

互换性生产原则和方式是随着大批量生产而发展和完善起来的,它不仅在单一品种的大批量生产中广为采用,而且已用于多品种、小批量生产;在由传统的生产方式向现代化的数字控制(NC)、计算机辅助制造(CAM)、柔性生产系统(FMS)和计算机集成制造系统(CIMS)的逐步过渡中也起着重要的作用。科学技术越发展,对互换性的要求越高、越严格。例如,柔性生产系统的主要特点是可以根据市场需求改动生产线上产品的型号和品种,当生产线上工序变动时,信息送给多品种控制器,控制器接收将要装配哪些零件的指令后,指定机器人(机械手)选择零件,进行装配,并经校核送到下一工序。库存零件提取后,由计算机通知加工站补充零件。显然,这种生产系统对互换性的要求更加严格。

因此,互换性原则是组织现代化生产的极为重要的技术经济原则。

1.1.4　互换性生产的实现

任何机械都是由若干最基本的零件构成的。这些具有一定尺寸、形状和相互位置几何参数的零件,可以通过各种不同的连接方式装配成为一个整体。

由于任何零件都要经过加工的过程,无论设备的精度和操作工人的技术水平多么高,要使加工零件的尺寸、形状和位置做到绝对准确不但不可能,也是没有必要的。只要将零件加工后各几何参数(如尺寸、形状和位置等)所产生的误差控制在一定范围内,就可以保证零件的使用功能,同时还能实现互换性生产。

零件几何参数这种允许的变动量称为公差。它包括尺寸公差、形状公差、位置公差等。公差用来控制加工中的误差,以保证互换性的实现。因此,建立各种几何参数的公差标准是实现对零件误差的控制和保证互换性的基础。

完工后的零件是否满足公差要求,要通过检测加以判断。检测包括检验与测量,检验是指确定零件的几何参数是否在规定的极限范围内,并判断其是否合格;测量是将被测量与作为计量单位的标准量进行比较,以确定被测量的具体数值的过程。检测不仅用来评定产品质量,而且用于分析产生不合格品的原因,及时调整生产,监督工艺过程,预防废品产生。

综上所述,合理确定公差与正确进行检测是保证产品质量、实现互换性生产的两个必不可少的条件和手段。

1.2　标准化概述

1.2.1　标准化及其作用

1. 标准

标准是指为在一定的范围内获得最佳秩序,对活动或其结果规定共同的和重复使用的规则、导则或特性的文件。该文件经协商一致制定并经某一公认机构批准。标准应以科学、技术和经验的综合成果为基础,以促进最佳社会效益为目的。

标准一般是指技术标准,它是指对产品和工程的技术质量、规格及其检验方法等方面所做的技术规定,是从事生产、建设工作的一种共同技术依据。

标准分为国家标准、行业标准、地方标准和企业标准。

标准中的基础标准则是指生产技术活动中最基本的、具有广泛指导意义的标准。这类标准具有最一般的共性,因而是通用性最强的标准。例如,极限与配合标准、几何公差标准、表面粗糙度标准等。

2. 标准化

标准化是指在经济、技术、科学及管理等社会实践中,对重复性事物和概念通过制定、发布和实施标准,达到统一,以获得最佳秩序和社会效益的全部活动过程。

在机械制造中,标准化是实现互换性生产、组织专业化生产的前提条件;是提高产品质量、降低产品成本和提高产品效力的重要保证;是消除贸易障碍,促进国际技术交流和贸易发展,使产品打进国际市场的必要条件。随着经济建设和科学技术的发展、国际贸易的扩大,标准化的作用和重要性越来越受到各个国家特别是工业发达国家的高度重视。

总之,标准化在实现经济全球化、信息社会化方面有其深远的意义。

1.2.2　优先数和优先数系

优先数和优先数系标准是重要的基础标准。由于工程上的技术参数值具有传播特性,如造纸机械的规格和参数值会影响印刷机械、书刊、报纸、复印机、文件柜等的规格和参数值,因此对各种技术参数值协调、简化和统一是标准化的重要内容。优先数系就是对各种技术参数的数值进行协调、简化和统一的科学数值制度。

国家标准(GB/T 321—2005)规定的优先数系是公比为 $\sqrt[5]{10}$、$\sqrt[10]{10}$、$\sqrt[20]{10}$、$\sqrt[40]{10}$ 和 $\sqrt[80]{10}$,且项值中含有 10 的整数幂的几何级数的常用圆整值。各数列分别用符号 R5、R10、R20、R40 和 R80 表示,并分别称为 R5 系列、R10 系列……其中,R5、R10、R20 和 R40 四个系列是优先数系中的常用系列,称为基本系列(见表 1-1)。

优先数系中的任一个项值称为优先数。

采用等比数列作为优先数系可使相邻两个优先数的相对差相同,且运算方便,简单易记。在同一系列中优先数的积、商、整数幂仍为优先数。因此,这种优先数系已成为国际上统一的数值分级制度。

表 1-1　优先数系的基本系列

R5	R10	R20	R40	R5	R10	R20	R40	R5	R10	R20	R40
1.00	1.00	1.00	1.00			2.24	2.24		5.00	5.00	5.00
			1.06				2.36				5.30
		1.12	1.12	2.50	2.50	2.50	2.50			5.60	5.60
			1.18				2.65				6.00
	1.25	1.25	1.25			2.80	2.80	6.30	6.30	6.30	6.30
			1.32				3.00				6.70
		1.40	1.40		3.15	3.15	3.15			7.10	7.10
			1.50				3.35				7.50
1.60	1.60	1.60	1.60			3.55	3.55		8.00	8.00	8.00
			1.70				3.75				8.50
		1.80	1.80		4.00	4.00	4.00			9.00	9.00
			1.90	4.00			4.25				9.50
	2.00	2.00	2.00			4.50	4.50	10.00	10.00	10.00	10.00
			2.12				4.75				

1.3　本课程的研究对象及任务

本课程是高等院校机械类、仪器仪表类和机电结合类各专业必修的主干技术基础课程。它包含几何量公差与误差检测两大方面的内容,把标准化和计量学两个领域的有关部分有机地结合在一起,与机械设计、机械制造、质量控制等多方面密切相关,是机械工程技术人员和管理人员必备的基本知识技能。

本课程的研究对象是几何参数的互换性,即研究如何通过规定公差合理解决机器使用要求与制造要求之间的矛盾,以及如何运用技术测量手段保证国家公差标准的贯彻实施。通过本课程的学习,应达到以下要求:

(1)建立互换性的基本概念,掌握各有关公差标准的基本内容、特点和表格的使用,能根据零件的使用要求,初步选用其公差等级、配合种类、几何公差及表面质量参数值等,并能在图样上进行正确的标注。

(2)建立技术测量的基本概念,了解常用测量方法与测量器具的工作原理,通过实验,初步掌握测量操作技能,并分析测量误差与处理测量结果。会设计光滑极限量规。

总之,本课程的任务是使学生获得互换性与技术测量的基本理论、基本知识和基本技能,了解互换性与技术测量学科的现状和发展,具有继续自学并结合工程实践应用、扩展的能力。

第 2 章　极限与配合

2.1　概　述

为使零件具有互换性,必须保证零件的尺寸、几何形状、相互位置及表面特征技术要求的一致性。就尺寸而言,互换性要求尺寸的一致性,但并不是要求零件准确地制成一个指定的尺寸,而只要求尺寸在某一合理的范围内。对于相互结合的零件,这个范围既要保证相互结合的尺寸之间形成一定的关系,以满足不同的使用要求,又要在制造上是经济合理的。这样就形成了"极限与配合"的概念。由此可见,"极限"用于协调机器零件使用要求与制造经济性之间的矛盾,"配合"则是反映零件组合时相互之间的关系。

标准化的极限与配合制,有利于机器的设计、制造、使用与维修,有利于保证产品精度、使用性能和寿命等,也有利于刀具、量具、夹具和机床等工艺装备的标准化。

自 1979 年以来,我国参照国际标准(ISO)并结合我国的实际生产情况,颁布了一系列国家标准,2009 年以后又进行了进一步的修订。新修订的"极限与配合"标准由以下几个标准组成:GB/T 1800.1—2009《产品几何技术规范(GPS)　极限与配合 第 1 部分:公差、偏差和配合的基础》;GB/T 1800.2—2009《产品几何技术规范(GPS)　极限与配合　第 2 部分:标准公差等级和孔、轴极限偏差表》;GB/T 1801—2009《产品几何技术规范(GPS)　极限与配合 公差带和配合的选择》;GB/T 1803—2003《公差与配合　尺寸至 18 mm 孔、轴公差带》;GB/T 1804—2000《一般公差　未注出公差的线性和角度尺寸的公差》。

2.2　基本术语及其定义

2.2.1　有关要素的术语定义

1. 要素
要素是指构成零件几何特征的点、线、面。

2. 尺寸要素
尺寸要素是指由一定大小的线性尺寸或角度尺寸确定的几何形状。

3. 实际(组成)要素
实际(组成)要素(代替原实际尺寸)是指由接近实际(组成)要素所限定的工件实际表面的组成要素部分。

4. 提取组成要素
提取组成要素是指按规定的方法,由实际(组成)要素提取有限数目的点所形成的实际(组成)要素的近似替代。

5. 拟合组成要素
拟合组成要素是指按规定的方法,由提取组成要素形成的并具有理想形状的组成要素。

2.2.2　有关尺寸的术语定义

1. 尺寸

尺寸亦称线性尺寸,或长度尺寸,是指用特定单位表示线性尺寸值的数值。尺寸表示长度的大小,包括直径、长度、宽度、厚度以及中心距、圆角半径等。它由数字和长度单位(如mm)组成,不包括角度单位表示的角度尺寸。

2. 公称尺寸(D, d)

公称尺寸是由图样规范确定的理想形状要素的尺寸,也是用来与极限偏差(上极限偏差和下极限偏差)一起计算得到极限尺寸(上极限尺寸和下极限尺寸)的尺寸,如图 2-1 所示。

公称尺寸是从零件的功能出发,通过强度、刚度等方面的计算或结构需要,并考虑工艺方面的其他要求后确定的。公称尺寸可以是一个整数或一个小数值,如 32、15、8.75、0.5 等,它一般应按 GB/T 2822—2005《标准尺寸》选取并在图样上标注。

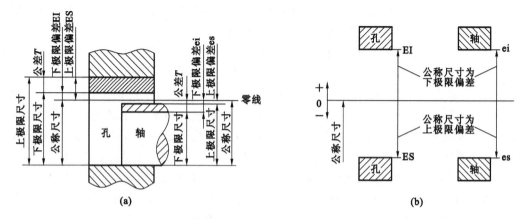

图 2-1　极限与配合示意图

3. 极限尺寸

极限尺寸是指尺寸要素允许的尺寸的两个极端。提取组成要素的局部尺寸应位于其中,也可达到极限尺寸。

尺寸要素允许的最大尺寸称为上极限尺寸,尺寸要素允许的最小尺寸称为下极限尺寸。孔或轴的上极限尺寸分别以 D_s 和 d_s 表示,下极限尺寸分别以 D_i 和 d_i 表示。

4. 最大实体状态(MMC)与最大实体尺寸(MMS)

孔或轴具有允许的材料量为最多时的状态称为最大实体状态。在最大实体状态下的极限尺寸称为最大实体尺寸,它是孔的最小极限尺寸和轴的最大极限尺寸的统称。孔和轴的最大实体尺寸分别以 D_M 和 d_M 表示。

5. 最小实体状态(LMC)与最小实体尺寸(LMS)

孔或轴具有允许的材料量为最小时的状态称为最小实体状态。在最小实体状态下的极限尺寸称为最小实体尺寸,它是孔的最大极限尺寸和轴的最小极限尺寸的统称。孔和轴的最小实体尺寸分别以 D_L 和 d_L 表示。

6. 作用尺寸(D_f, d_f)

在配合面的全长上,与实际孔内接的最大理想轴的尺寸称为孔的作用尺寸,与实际轴外接的最小理想孔的尺寸称为轴的作用尺寸,如图 2-2 所示。

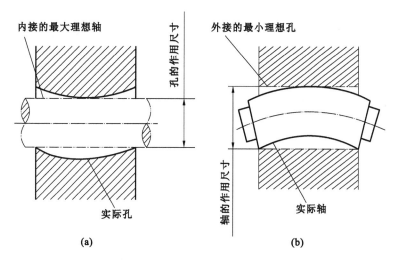

图 2-2　孔或轴的作用尺寸

7. 极限尺寸判断原则(泰勒原则)

孔或轴的作用尺寸不允许超过其最大实体尺寸,且在任何位置上的实际尺寸不允许超过其最小实体尺寸。

用极限尺寸判断原则判断合格的孔或轴,其尺寸应符合以下原则。

对于孔:

$$D_f \geqslant D_{\min}, D_a \leqslant D_{\max}$$

对于轴:

$$d_f \leqslant d_{\max}, d_a \geqslant d_{\min}$$

2.2.3　有关公差与偏差的术语定义

1. 尺寸偏差

某一尺寸减其基本尺寸所得的代数差称为尺寸偏差,简称偏差。实际尺寸减其基本尺寸的代数差称为实际偏差;最大极限尺寸减其基本尺寸所得的代数差称为上偏差;最小极限尺寸减其基本尺寸所得的代数差称为下偏差。上偏差与下偏差统称为极限偏差。偏差可以为正、负或零值。

孔:

上偏差 $ES = D_{\max} - D$,　　下偏差 $EI = D_{\min} - D$,　　实际偏差 $E_a = D_a - D$

轴:

上偏差 $es = d_{\max} - d$,　　下偏差 $ei = d_{\min} - d$,　　实际偏差 $e_a = d_a - d$

2. 尺寸公差

尺寸公差是指允许尺寸的变动量,简称公差。公差等于最大极限尺寸与最小极限尺寸代数差的绝对值,也等于上、下偏差代数差的绝对值。公差取绝对值,不存在负值,也不允许为零。

孔公差:

$$T_h = |D_{\max} - D_{\min}| = |ES - EI|$$

轴公差:

$$T_s = |d_{\max} - d_{\min}| = |es - ei|$$

3. 公差带图

公差带图由零线和公差带组成。由于公差或偏差的数值比基本尺寸的数值小得多,在图中不便用同一比例表示,同时为了简化,在分析有关问题时,不画出孔、轴的结构,只画出放大的孔、轴公差区域和位置,采用这种表达方法的图形称为公差带图。

零线　在公差带图中,确定偏差位置的一条基准直线。通常零线位置表示基本尺寸,正偏差位于零线上方,负偏差位于零线的下方。

公差带　在公差带图中,由代表上、下偏差的两平行直线所限定的区域。

在国家标准中,公差带图包括了"公差带大小"与"公差带位置"两个参数,前者由标准公差确定,后者由基本偏差确定。

4. 标准公差

极限与配合制标准中所规定的(确定公差带大小的)任一公差。

5. 基本偏差

基本偏差是指极限与配合制标准中所规定的确定公差带相对于零线位置的那个极限偏差。它可以是上偏差或下偏差,一般为靠近零线的那个极限偏差。

2.2.4　有关配合的术语定义

1. 孔和轴

在极限与配合标准中,孔和轴这两个基本术语有其特定的含义,它涉及极限与配合国家标准的应用范围。

孔通常指工件的圆柱形内表面,也包括非圆柱形内表面(由两平行平面或切面形成的包容面)。例如,图 2-3 所示零件的各内表面上,D_1、D_2、D_3、D_4 各尺寸都是孔的尺寸。

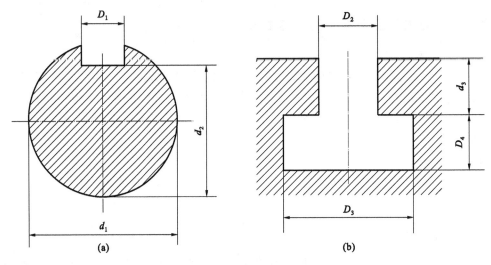

图 2-3　孔与轴

轴通常指工件的圆柱形外表面,也包括非圆柱形外表面(由二平行平面或切面形成的被包容面)。例如,图 2-3 所示零件的各外表面上,d_1、d_2、d_3 各尺寸都是轴的尺寸。

2. 配合

基本尺寸相同的、相互结合的孔和轴公差带之间的关系。根据孔和轴公差带之间的关系不同,配合分为间隙配合、过盈配合和过渡配合三大类。

3. 间隙和过盈

孔的尺寸减去相配合的轴的尺寸所得的代数差。此差值为正时称为间隙,用 X 表示;为负时称为过盈,用 Y 表示。

4. 间隙配合

间隙配合是指具有间隙(包括最小间隙为零)的配合。此时,孔的公差带在轴的公差带之上,如图 2-4(a)所示。

由于孔、轴的实际尺寸允许在各自公差带内变动,所以孔、轴配合的间隙也是变动的。当孔为 D_{max} 而相配合轴为 d_{min} 时,装配后形成最大间隙 X_{max};当孔为 D_{min} 而相配合轴为 d_{max} 时,装配后形成最小间隙 X_{min}。用公式表示为

$$X_{max} = D_{max} - d_{min} = ES - ei$$
$$X_{min} = D_{min} - d_{max} = EI - es$$

X_{max} 和 X_{min} 统称为极限间隙。实际生产中,成批生产零件的实际尺寸大部分为极限尺寸的平均值,所以形成的间隙大多数在平均尺寸形成的平均间隙附近,平均间隙以 X_{av} 表示,其大小为

$$X_{av} = \frac{X_{max} + X_{min}}{2}$$

5. 过盈配合

过盈配合是指具有过盈(包括最小过盈为零)的配合。此时,孔的公差带在轴的公差带的下方,如图 2-4(b)所示。

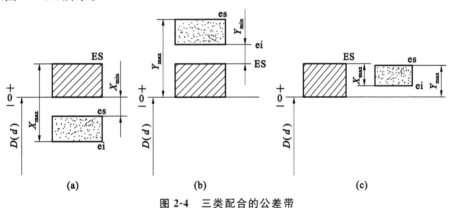

图 2-4　三类配合的公差带

(a) 间隙配合;(b) 过盈配合;(c) 过渡配合

当孔为 D_{min} 而相配合轴为 d_{max} 时,装配后形成最大过盈 Y_{max};当孔为 D_{max} 而相配合轴为 d_{min} 时,装配后形成最小过盈 Y_{min}。用公式表示为

$$Y_{max} = D_{min} - d_{max} = EI - es$$
$$Y_{min} = D_{max} - d_{min} = ES - ei$$

Y_{max} 和 Y_{min} 统称为极限过盈。同上,在成批生产中,最可能得到的是平均过盈附近的过盈值,平均过盈用 Y_{av} 表示,其大小为

$$Y_{av} = \frac{Y_{max} + Y_{min}}{2}$$

6. 过渡配合

过渡配合是指可能具有间隙或过盈的配合。此时,孔的公差带与轴的公差带相互交叠。如图 2-4(c)所示。

当孔为 D_{max} 而相配合轴为 d_{min} 时,装配后形成最大间隙 X_{max};当孔为 D_{min} 而相配合轴为

d_{max}时,装配后形成最大过盈 Y_{max}。用公式表示为

$$X_{max} = D_{max} - d_{min} = \text{ES} - \text{ei}$$
$$Y_{max} = D_{min} - d_{max} = \text{EI} - \text{es}$$

与前两种配合一样,成批生产中的零件,最可能得到的是平均间隙或平均过盈附近的值,其大小为

$$X_{av}(Y_{av}) = \frac{X_{max} + Y_{max}}{2}$$

按上式计算所得的值为正时是平均间隙,为负时是平均过盈。

7. 配合公差（T_f）

配合公差是指组成配合的孔、轴公差之和。它是允许间隙或过盈的变动量。

$$\left.\begin{array}{l}\text{对于间隙配合 } T_f = |X_{max} - X_{min}| \\ \text{对于过盈配合 } T_f = |Y_{min} - Y_{max}| \\ \text{对于过渡配合 } T_f = |X_{max} - Y_{max}|\end{array}\right\} = T_h + T_a$$

上式说明,配合精度取决于相互配合的孔和轴的尺寸精度。若要提高配合精度,则必须减少相配合孔、轴的尺寸公差,这将会使制造难度增加,成本提高。所以,设计时要综合考虑使用要求和制造难易程度这两个方面,合理选取,从而提高综合技术经济效益。

8. 配合公差带图

配合公差带图是用来直观地表达配合性质,即配合松紧及其变动情况的图。在配合公差带图中,横坐标为零线,表示间隙或过盈为零;零线上方的纵坐标为正值,代表间隙,零线下方的纵坐标为负值,代表过盈。配合公差带两端的坐标值代表极限间隙或极限过盈,它反映配合的松紧程度;上、下两端间的距离为配合公差,它反映配合的松紧变化程度,如图 2-5 所示。

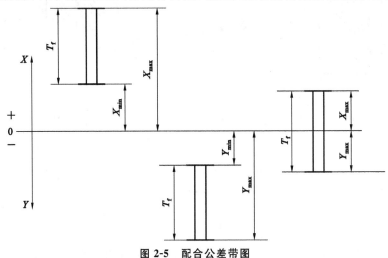

图 2-5　配合公差带图

例 2-1　求下列三对配合孔、轴的基本尺寸、极限尺寸、公差、极限间隙或极限过盈,平均间隙或平均过盈及配合公差,指出各属何类配合,并画出尺寸公差带图与配合公差带图。

（1）孔 $\phi 30^{+0.021}_{0}$ mm 与轴 $\phi 30^{-0.020}_{-0.033}$ mm 相配合;

（2）孔 $\phi 30^{+0.021}_{0}$ mm 与轴 $\phi 30^{+0.021}_{+0.008}$ mm 相配合;

（3）孔 $\phi 30^{+0.021}_{0}$ mm 与轴 $\phi 30^{+0.048}_{+0.035}$ mm 相配合。

解　根据题目要求,求得各项参数如表 2-1 所示,尺寸公差带图与配合公差带图如图 2-6 和图 2-7 所示。

表 2-1　例 2-1 计算表

所求项目相配合的孔、轴		(1)		(2)		(3)	
		孔	轴	孔	轴	孔	轴
基本尺寸		30	30	30	30	30	30
极限尺寸	$D_{max}(d_{max})$	30.021	29.980	30.021	30.021	30.021	30.048
	$D_{min}(d_{min})$	30.000	29.967	30.000	30.008	30.000	30.035
极限偏差	ES(es)	+0.021	−0.020	+0.021	+0.021	+0.021	+0.048
	EI(ei)	0	−0.033	0	+0.008	0	+0.035
公差 $T_h(T_s)$		0.021	0.013	0.021	0.013	0.021	0.013
极限间隙与极限过盈	X_{max}	+0.054		+0.013			
	X_{min}	+0.020					
	Y_{max}			−0.021		−0.014	
	Y_{min}					−0.048	
平均间隙或平均过盈	X_{av}	+0.037					
	Y_{av}			−0.004		−0.031	
配合公差 T_f		0.034		0.034		0.034	
配合类别		间隙配合		过渡配合		过盈配合	

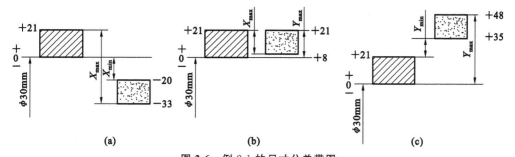

图 2-6　例 2-1 的尺寸公差带图

(a) 间隙配合；(b) 过渡配合；(c) 过盈配合

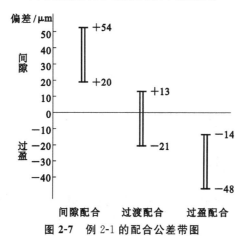

图 2-7　例 2-1 的配合公差带图

2.3　极限与配合国家标准的组成

经标准化的公差与偏差制度成为极限制,它是一系列标准的孔、轴公差数值和极限偏差数值。配合制则是同一极限的孔和轴组成配合的一种制度。极限与配合国家标准主要由基准制、标准公差系列、基本偏差系列组成。

2.3.1　配合制

配合制是指以两个相配合的零件中的一个零件为基准件,并确定其公差带位置,而改变另一个零件(非基准件)的公差带位置,从而形成各种配合的一种制度。国家标准中规定有基孔制配合和基轴制配合。

1. 基孔制配合

基本偏差为一定的孔的公差带,与不同基本偏差的轴公差带形成各种配合的一种制度,如图 2-8(a)所示。

基孔制配合中的孔称为基准孔,基准孔的最小极限尺寸与基本尺寸相等,即孔的下偏差为 0,其基本偏差代号为 H,基本偏差为 EI=0。

2. 基轴制

基本偏差为一定的轴的公差带,与不同基本偏差的孔公差带形成各种配合的一种制度,如图 2-8(b)所示。

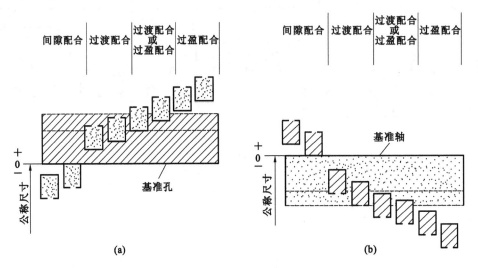

图 2-8　基准制

(a) 基孔制;(b) 基轴制

基轴制配合中的轴为基准轴,基准轴的最大极限尺寸与基本尺寸相等,即轴的上偏差为 0,其基本偏差代号为 h,基本偏差为 es=0。

2.3.2　标准公差系列

标准公差系列是国家标准制定出的一系列标准公差数值。标准公差取决于公差等级和基本尺寸两个因素。

1. 公差等级

确定尺寸精确程度的等级称为公差等级。国家标准将标准公差分为 20 级,各级标准公差用代号 IT 及数字 01,0,1,2,…,18 表示,IT 是国际公差 ISO tolerance 的缩写。如 IT8 称为标准公差 8 级,从 IT01～IT18 等级依次降低。

2. 公差单位(公差因子)

公差单位是随公称尺寸变化,用来计算标准公差的一个基本单位。生产实践表明,在相同加工条件下,公称尺寸不同的孔或轴加工后产生的加工误差也不同。利用统计法可以发现,在尺寸较小时加工误差与公称尺寸成立方抛物线的关系,在尺寸较大时接近线性关系,如图 2-9 所示。由于公差是用来控制误差的,所以公差与公称尺寸之间也应符合这个规律。

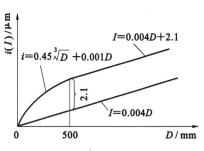

图 2-9　公差单位与公称尺寸的关系

当公称尺寸≤500 mm 时,公差单位 i(单位 μm)按下式计算

$$i = 0.45 \sqrt[3]{D} + 0.001D$$

式中　D——基本尺寸的计算值,mm。

第一项主要反映加工误差,第二项主要用于补偿测量时温度不稳定和偏离标准温度以及量规的变形等引起的测量误差。

当公称尺寸为 500～3150 mm 时,公差单位 I(单位 μm)的计算式为

$$I = 0.004D + 2.1$$

3. 标准公差的计算及规律

各个公差等级的标准公差值,在公称尺寸≤500 mm 时的计算公式如表 2-2 所示。可见,对于 IT5～IT18 标准公差,有 IT=ai,其中 a 为公差等级系数,它采用 R5 优先数系,即公比 $q = \sqrt[5]{10}$ ≈1.6 的等比数列。从 IT6 开始,每隔 5 级,公差数值增加 10 倍。

对高精度 IT01、IT0、IT1 级,主要考虑测量误差,所以标准公差与公称尺寸成线性关系,且三个公差等级之间的常数和系数均采用优先数系的派生系列 R10/2。

IT2～IT4 是在 IT1～IT5 之间插入三级,使之成等比数列,公比 $q = (IT5/IT1)^{\frac{1}{4}}$。

由此可见,标准公差数值计算的规律性很强,便于标准的发展和扩大使用。

表 2-2　公称尺寸≤500 mm 的标准公差计算式

公差等级	IT01		IT0		IT1	IT2	IT3	IT4
公差值	0.3+0.008D		0.5+0.012D		0.8+0.020D	IT1$\left(\frac{IT5}{IT1}\right)^{\frac{1}{4}}$	IT1$\left(\frac{IT5}{IT1}\right)^{\frac{1}{2}}$	IT1$\left(\frac{IT5}{IT1}\right)^{\frac{3}{4}}$

公差等级	IT5	IT6	IT7	IT8	IT9	IT10	IT11	IT12	IT13	IT14	IT15	IT16	IT17	IT18
公差值	7i	10i	16i	25i	40i	64i	100i	160i	250i	400i	640i	1000i	1600i	2500i

当公称尺寸为 500～3150 mm 时,可按式 IT=ai 计算标准公差。

4. 公称尺寸分段

按公式计算标准公差值,每个公称尺寸都应有一个相对应的公差值。在生产实践中,公称尺寸数目繁多,这样公差值的数值表将非常庞大,使用也不方便。其次,公差等级相同而公称尺寸相近的公差数值计算结果相差甚微,因此国家标准将公称尺寸分成若干段(见表 2-3),以简化公差表格。

表 2-3 公称尺寸≤500 mm 的尺寸分段

主段落		中间段落		主段落		中间段落		主段落		中间段落	
大于	至	大于	至	大于	至	大于	至	大于	至	大于	至
—	3	—	—	30	50	30	40	180	250	180	200
						40	50			200	225
										225	250
3	6	—	—	50	80	50	65	250	315	250	280
						65	80			280	315
6	10	—	—	80	120	80	100	315	400	315	355
						100	120			355	400
10	18	10	14								
		14	18			120	140			400	450
18	30	18	24	120	180	140	160	400	500	450	500
		24	30			160	180				

尺寸分段后,标准公差计算式中的公称尺寸 D 按每一尺寸分段首尾两尺寸的几何平均值代入计算。如 $50\sim80$ mm 尺寸段的计算直径 $D=\sqrt{50\times80}$ mm$=63.25$ mm,只要属于这一尺寸分段内的公称尺寸,其标准公差的计算直径均按 63.25 mm 进行计算。对于≤3 mm 的尺寸段,$D=\sqrt{1\times3}$ mm。

例 2-2 公称尺寸为 $\phi30$ mm,求 IT6、IT7。

解 $\phi30$ mm 属于 $18\sim30$ mm 尺寸分段。

计算直径

$$D\approx23.24\ \text{mm}$$

公差单位

$$i=0.45\sqrt[3]{D}+0.001D=\left(0.45\sqrt[3]{23.24}+0.001\times23.24\right)\mu\text{m}\approx1.31\ \mu\text{m}$$

标准公差

$$\text{IT6}=10i=(10\times1.31)\ \mu\text{m}\approx13\ \mu\text{m}$$

$$\text{IT7}=16i=(16\times1.31)\ \mu\text{m}\approx21\ \mu\text{m}$$

表 2-4 中的标准公差值就是经这样的计算,并按规则圆整后得出的。

表 2-4 标准公差数值

公称尺寸 /mm	公 差 等 级																		
	/μm												/mm						
	IT01	IT0	IT1	IT2	IT3	IT4	IT5	IT6	IT7	IT8	IT9	IT10	IT11	IT12	IT13	IT14	IT15	IT16	IT17	IT18
≤3	0.3	0.5	0.8	1.2	2	3	4	6	10	14	25	40	60	0.10	0.14	0.25	0.40	0.60	1.0	1.4
>3~6	0.4	0.6	1	1.5	2.5	4	5	8	12	18	30	48	75	0.12	0.18	0.30	0.48	0.75	1.2	1.8
>6~10	0.4	0.6	1	1.5	2.5	4	6	9	15	22	36	58	90	0.15	0.22	0.36	0.58	0.90	1.5	2.2
>10~18	0.5	0.8	1.2	2	3	5	8	11	18	27	43	70	110	0.18	0.27	0.43	0.70	1.10	1.8	2.7
>18~30	0.6	1	1.5	2.5	4	6	9	13	21	33	52	84	130	0.21	0.33	0.52	0.84	1.30	2.1	3.3
>30~50	0.6	1	1.5	2.5	4	7	11	16	25	39	62	100	160	0.25	0.39	0.62	1.00	1.60	2.5	3.9
>50~80	0.8	1.2	2	3	5	8	13	19	30	46	74	120	190	0.30	0.46	0.74	1.20	1.90	3.0	4.6
>80~120	1	1.5	2.5	4	6	10	15	22	35	54	87	140	220	0.35	0.54	0.87	1.40	2.20	3.5	5.4
>120~180	1.2	2	3.5	5	8	12	18	25	40	63	100	160	250	0.40	0.63	1.00	1.60	2.50	4.0	6.3
>180~250	2	3	4.5	7	10	14	20	29	46	72	115	185	290	0.46	0.72	1.15	1.85	2.90	4.6	7.2
>250~315	2.5	4	6	8	12	16	23	32	52	81	130	210	320	0.52	0.81	1.30	2.10	3.20	5.2	8.1
>315~400	3	5	7	9	13	18	25	36	57	89	140	230	360	0.57	0.89	1.40	2.30	3.60	5.7	8.9
>400~500	4	6	8	10	15	20	27	40	63	97	155	250	400	0.63	0.97	1.55	2.50	4.00	6.3	9.7

注:公称尺寸小于 1 mm 时,无 IT14~IT18。

2.3.3　基本偏差系列

基本偏差是用来确定公差带相对于零线位置的量,不同的公差带位置与基准件将形成不同的配合。基本偏差的数量将决定配合种类的数量。为了满足各种不同松紧程度的配合需要,国家标准对孔和轴分别规定了 28 种基本偏差。

1. 基本偏差代号及其规律

基本偏差系列如图 2-10 所示,基本偏差的代号用拉丁字母表示,大写字母代表孔,小写字母代表轴,在 26 个字母中,除去易与其他含义混淆的 I(i)、L(l)、O(o)、Q(q)、W(w)5 个字母外,采用 21 个单写字母和 7 个双写字母 CD(cd)、EF(ef)、FG(fg)、JS(js)、ZA(za)、ZB(zb)、ZC(zc)组成。

从图 2-10 可见,轴 a~h 基本偏差是 es,孔 A~H 基本偏差是 EI,它们的绝对值依次减小,其中 h 和 H 的基本偏差为零。

轴 js~JS 的公差带相对于零线对称分布,故基本偏差可以是上偏差,也可以是下偏差,其值为标准公差的一半(即±IT/2)。

轴 j~zc 基本偏差为 ei,孔 J~ZC 基本偏差是 ES,其绝对值依次增大。

孔和轴的基本偏差原则上不随公差等级变化,只有极少数基本偏差(j、js、k)例外。

图 2-10 中各公差带只画出了有基本偏差的一端,另一端取决于基本偏差与标准公差值的组合。

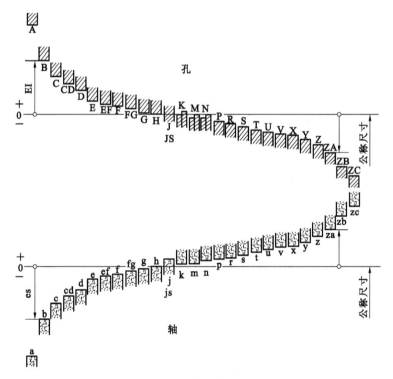

图 2-10　基本偏差系列

2. 公差带代号与配合代号

(1) 公差带代号　由于公差带相对于零线的位置由基本偏差确定,公差带的大小由标准公差确定,因此公差带的代号由基本偏差代号与公差等级数组成。如 φ50H8、φ30F7 为孔的公差带代号，$\phi30h7$、$\phi25g8$ 为轴的公差带代号。在零件图上，一般标注基本尺寸与极限偏差值。如 $\phi50^{+0.039}_{0}$ 或 $\phi50H8^{+0.039}_{0}$、$\phi30^{+0.041}_{+0.020}$ 或 $\phi30F7^{+0.041}_{+0.020}$、$\phi30^{0}_{-0.021}$ 或 $\phi30h7^{0}_{-0.021}$、$\phi25^{-0.007}_{-0.040}$ 或 $\phi25g8^{-0.007}_{-0.040}$。

（2）配合代号　标准规定，用孔和轴的公差带代号以分数形式组成配合代号。其中，分子为孔的公差带代号，分母为轴的公差带代号。如 $\phi30H8/f7$ 表示基孔制的间隙配合，$\phi50K7/h6$ 表示基轴制的过渡配合。

3. 轴的基本偏差数值

轴的基本偏差数值是以基孔制为基础，根据各种配合的要求，在生产实践和大量实验的基础上，依据统计分析的结果整理出一系列公式而计算出来的，如表 2-5 所示。

表 2-5　轴的基本偏差计算公式

公称尺寸/mm 大于	至	基本偏差	符号	极限偏差	公式	公称尺寸/mm 大于	至	基本偏差	符号	极限偏差	公式
1	120	a	—	es	$265+1.3D$	0	500	k	+	ei	$0.6\sqrt[3]{D}$
120	500	a	—	es	$3.5D$	500	3150	k	无符号	ei	偏差＝0
1	160	b	—	es	$\approx140+0.85D$	0	500	m	+	ei	$IT7-IT6$
160	500	b	—	es	$\approx1.8D$	500	3150	m	+	ei	$0.024D+12.6$
0	40	c	—	es	$52D^{0.2}$	0	500	n	+	ei	$5D^{0.34}$
40	500	c	—	es	$95+0.8D$	500	3150	n	+	ei	$0.04D+21$
0	10	cd	—	es	C、c 和 D、d 值的几何平均值	0	500	p	+	ei	$IT7+0\sim5$
						500	3150	p	+	ei	$0.072D+37.8$
0	3150	d	—	es	$16D^{0.44}$	0	3150	r	+	ei	P、p 和 S、s 值的几何平均值
0	3150	e	—	es	$11D^{0.41}$	0	50	s	+	ei	$IT8+1\sim4$
						50	3150	s	+	ei	$IT7+0.4D$
0	10	ef	—	es	E、e 和 F、f 值的几何平均值	24	3150	t	+	ei	$IT7+0.63D$
						0	3150	u	+	ei	$IT7+D$
0	3150	f	—	es	$5.5D^{0.41}$	14	500	v	+	ei	$IT7+1.25D$
0	10	fg	—	es	F、f 和 G、g 值的几何平均值	0	500	x	+	ei	$IT7+1.6D$
						18	500	y	+	ei	$IT7+2D$
0	3150	g	—	es	$2.5D^{0.34}$	0	500	z	+	ei	$IT7+2.5D$
0	3150	h	无符号	es	偏差＝0	0	500	za	+	ei	$IT8+3.15D$
0	500	j			无公式	0	500	zb	+	ei	$IT9+4D$
0	3150	js	+ −	es ei	$0.5IT_n$	0	500	zc	+	ei	$IT10+5D$

例 2-3　计算 $\phi25g7$ 的基本偏差。

解　$\phi25$ 属于 18～30 mm 尺寸段，故

$$D = \sqrt{18 \times 30}\ \text{mm} = 23.24\ \text{mm}$$

查表 2-5,g 的基本偏差计算式为

$$es = -2.5D^{0.34} = -2.5 \times 23.24^{0.34} \ \mu m \approx -7 \ \mu m$$

故 $\phi 25g7$ 的基本偏差 $es = -7 \ \mu m$。

为了方便使用,标准将各尺寸段的基本偏差按表 2-5 中的计算公式进行计算,并按一定规则圆整尾数后,列成轴的基本偏差数值表,如表 2-6 所示。

4. 孔的基本偏差数值

公称尺寸 ≤ 500 mm 时,孔的基本偏差是从轴的基本偏差换算得到的,如表 2-7 所示。

表 2-6　公称尺寸至 500 mm 国标轴的基本偏差　　　　　　　（单位:μm）

基本偏差		上极限偏差（es）											js	下极限偏差（ei）				
		a	b	c	cd	d	e	ef	f	fg	g	h		j			k	
公称尺寸/mm		公差等级																
大于	至	所有等级												5和6	7	8	4至7	≤3 >7
—	3	−270	−140	−60	−34	−20	−14	−10	−6	−4	−2	0		−2	−4	−6	0	0
3	6	−270	−140	−70	−46	−30	−20	−14	−10	−6	−4	0		−2	−4	—	+1	0
6	10	−280	−150	−80	−56	−40	−25	−18	−13	−8	−5	0		−2	−5	—	+1	0
10	18	−290	−150	−95	—	−50	−32	—	−16	—	−6	0		−3	−6	—	+1	0
18	30	−300	−160	−110	—	−65	−40	—	−20	—	−7	0		−4	−8	—	+2	0
30	40	−310	−170	−120	—	−80	−50	—	−25	—	−9	0		−5	−10	—	+2	0
40	50	−320	−180	−130	—	−80	−50	—	−25	—	−9	0		−5	−10	—	+2	0
50	65	−340	−190	−140	—	−100	−60	—	−30	—	−10	0		−7	−12	—	+2	0
65	80	−360	−200	−150	—	−100	−60	—	−30	—	−10	0		−7	−12	—	+2	0
80	100	−380	−220	−170	—	−120	−72	—	−36	—	−12	0		−9	−15	—	+3	0
100	120	−410	−240	−180	—	−120	−72	—	−36	—	−12	0		−9	−15	—	+3	0
120	140	−460	−260	−200	—	−145	−85	—	−43	—	−14	0	±IT_n/2	−11	−18	—	+3	0
140	160	−520	−280	−210	—	−145	−85	—	−43	—	−14	0		−11	−18	—	+3	0
160	180	−580	−310	−230	—	−145	−85	—	−43	—	−14	0		−11	−18	—	+3	0
180	200	−660	−340	−240	—	−170	−100	—	−50	—	−15	0		−13	−21	—	+4	0
200	225	−740	−380	−260	—	−170	−100	—	−50	—	−15	0		−13	−21	—	+4	0
225	250	−820	−420	−280	—	−170	−100	—	−50	—	−15	0		−13	−21	—	+4	0
250	280	−920	−480	−300	—	−190	−110	—	−56	—	−17	0		−16	−26	—	+4	0
280	315	−1050	−540	−330	—	−190	−110	—	−56	—	−17	0		−16	−26	—	+4	0
315	355	−1200	−600	−360	—	−210	−125	—	−62	—	−18	0		−18	−28	—	+4	0
355	400	−1350	−680	−400	—	−210	−125	—	−62	—	−18	0		−18	−28	—	+4	0
400	450	−1500	−760	−440	—	−230	−135	—	−68	—	−20	0		−20	−32	—	+5	0
450	500	−1650	−840	−480	—	−230	−135	—	−68	—	−20	0		−20	−32	—	+5	0

续表

基本偏差		下极限偏差(ei)													
		m	n	p	r	s	t	u	v	x	y	z	za	zb	zc
公称尺寸/mm		公差等级													
大于	至	所有等级													
—	3	+2	+4	+6	+10	+14	—	+18	—	+20	—	+26	+32	+40	+60
3	6	+4	+8	+12	+15	+19	—	+23	—	+28	—	+35	+42	+50	+80
6	10	+6	+10	+15	+19	+23	—	+28	—	+34	—	+42	+52	+67	+97
10	14	+7	+12	+18	+23	+28	—	+33	—	+40	—	+50	+64	+90	+130
14	18								+39	+45	—	+60	+77	+108	+150
18	24	+8	+15	+22	+28	+35	—	+41	+47	+54	+63	+73	+98	+136	+188
24	30						+41	+48	+55	+64	+75	+88	+118	160	+218
30	40	+9	+17	+26	+34	+43	+48	+60	+68	+80	+94	+112	+148	+200	+274
40	50						+54	+70	+81	+97	+114	+136	+180	+242	+325
50	65	+11	+20	+32	+41	+53	+66	+87	+102	+122	+144	+172	+226	+300	+405
65	80				+43	+59	+75	+102	+120	+146	+174	+210	+274	+360	+480
80	100	+13	+23	+37	+51	+71	+91	+124	+146	+178	+214	+258	+335	+445	+585
100	120				+54	+79	+104	+144	+172	+210	+254	+310	+400	+525	+690
120	140	+15	+27	+43	+63	+92	+122	+170	+202	+248	+300	+365	+470	+620	+800
140	160				+65	+100	+134	+190	+228	+280	+340	+415	+535	+700	+900
160	180				+68	+108	+146	+210	+252	+310	+380	+465	+600	+780	+1000
180	200	17	+31	+50	+77	+122	+166	+236	+284	+350	+425	+520	+670	+880	+1150
200	225				+80	+130	+180	+258	+310	+385	+470	+575	+740	+960	+1250
225	250				+84	+140	+196	+284	+340	+425	+520	+640	+820	+1050	+1350
250	280	+20	+34	+56	+94	+158	+218	+315	+385	+475	+580	+710	+920	+1200	+1550
280	315				+98	+170	+240	+350	+425	+525	+650	+790	+1000	+1300	+1700
315	355	+21	+37	+62	+108	+190	+268	+390	+475	+590	+730	+900	+1150	+1500	+1900
355	400				+114	+208	+294	+435	+530	+660	+820	+1000	+1300	+1650	+2100
400	450	+23	+40	+68	+126	+232	+330	+490	+595	+740	+920	+1100	+1450	+1850	+2400
450	500				+132	+252	+360	+540	+660	+820	+1000	+1250	+1600	+2100	+2600

注:公称尺寸≤1 mm 时,基本偏差 a、b 均不采用。公差带 js7～js11,若 IT_n 的数值为奇数,则取偏差 $= \pm \dfrac{IT_n - 1}{2}$。

表 2-7　公称尺寸至 500 mm 国标孔的基本偏差

（单位：μm）

基本偏差		A	B	C	CD	D	E	EF	F	FG	G	H	JS	J			K		M		N	
		下极限偏差（EI）											±IT$_n$/2	上极限偏差（ES）									
公称尺寸/mm		所有等级												6	7	8	≤8	>8	≤8	>8	≤8	>8
		公　差　等　级																				
大于	至																					
—	3	+270	+140	+60	+34	+20	+14	+10	+6	+4	+2	0		+2	+4	+6	0	0	−2	−2	−4	−4
3	6	+270	+140	+70	+46	+30	+20	+14	+10	+6	+4	0		+5	+6	+10	−1+Δ	—	−4+Δ	−4	−8+Δ	0
6	10	+280	+150	+80	+56	+40	+25	+18	+13	+8	+5	0		+5	+8	+12	−1+Δ	—	−6+Δ	−6	−10+Δ	0
10	14	+290	+150	+95	—	+50	+32	—	16	—	+6	0		+6	+10	+15	−1+Δ	—	−7+Δ	−7	−12+Δ	0
14	18	+290	+150	+95	—	+50	+32	—	16	—	+6	0		+6	+10	+15	−1+Δ	—	−7+Δ	−7	−12+Δ	0
18	24	+300	+160	+110	—	+65	+40	—	+20	—	+7	0		+8	+12	+20	−2+Δ	—	−8+Δ	−8	−15+Δ	0
24	30	+300	+160	+110	—	+65	+40	—	+20	—	+7	0		+8	+12	+20	−2+Δ	—	−8+Δ	−8	−15+Δ	0
30	40	+310	+170	+120	—	+80	+50	—	+25	—	+9	0		+10	+14	+24	−2+Δ	—	−9+Δ	−9	−17+Δ	0
40	50	+320	+180	+130	—	+80	+50	—	+25	—	+9	0		+10	+14	+24	−2+Δ	—	−9+Δ	−9	−17+Δ	0
50	65	+340	+190	+140	—	+100	+60	—	+30	—	+10	0		+13	+18	+28	−2+Δ	—	−11+Δ	−11	−20+Δ	0
65	80	+360	+200	+150	—	+100	+60	—	+30	—	+10	0		+13	+18	+28	−2+Δ	—	−11+Δ	−11	−20+Δ	0
80	100	+380	+220	+170	—	+120	+72	—	+36	—	+12	0		+16	+22	+34	−3+Δ	—	−13+Δ	−13	−23+Δ	0
100	120	+410	+240	+180	—	+120	+72	—	+36	—	+12	0		+16	+22	+34	−3+Δ	—	−13+Δ	−13	−23+Δ	0
120	140	+460	+260	+200	—	+145	+85	—	+43	—	+14	0		+18	+26	+41	−3+Δ	—	−15+Δ	−15	−27+Δ	0
140	160	+520	+280	+210	—	+145	+85	—	+43	—	+14	0		+18	+26	+41	−3+Δ	—	−15+Δ	−15	−27+Δ	0
160	180	+580	+310	+230	—	+145	+85	—	+43	—	+14	0		+18	+26	+41	−3+Δ	—	−15+Δ	−15	−27+Δ	0
180	200	+660	+340	+240	—	+170	+100	—	+50	—	+15	0		+22	+30	+47	−4+Δ	—	−17+Δ	−17	−31+Δ	0
200	225	+740	+380	+260	—	+170	+100	—	+50	—	+15	0		+22	+30	+47	−4+Δ	—	−17+Δ	−17	−31+Δ	0
225	250	+820	+420	+280	—	+170	+100	—	+50	—	+15	0		+22	+30	+47	−4+Δ	—	−17+Δ	−17	−31+Δ	0
250	280	+920	+480	+300	—	+190	+110	—	+56	—	+17	0		+25	+36	+55	−4+Δ	—	−20+Δ	−20	−34+Δ	0
280	315	+1050	+540	+330	—	+190	+110	—	+56	—	+17	0		+25	+36	+55	−4+Δ	—	−20+Δ	−20	−34+Δ	0
315	355	+1200	+600	+360	—	+210	+125	—	+62	—	+18	0		+29	+39	+60	−4+Δ	—	−21+Δ	−21	−37+Δ	0
355	400	+1350	+680	+400	—	+210	+125	—	+62	—	+18	0		+29	+39	+60	−4+Δ	—	−21+Δ	−21	−37+Δ	0
400	450	+1500	+760	+440	—	+230	+135	—	+68	—	+20	0		+33	+43	+66	−5+Δ	—	−23+Δ	−23	−40+Δ	0
450	500	+1650	+840	+480	—	+230	+135	—	+68	—	+20	0		+33	+43	+66	−5+Δ	—	−23+Δ	−23	−40+Δ	0

续表

公称尺寸/mm 大于	至	基本偏差 P到ZC ≤7	P	R	S	T	U	V	X	Y	Z	ZA	ZB	ZC	Δ值 3	4	5	6	7	8
			上极限偏差（ES）公差等级 >7																	
—	3	在小于7级的相应数值上增加一个Δ值	-6	-10	-14	—	-18	—	-20	—	-26	-32	-40	-60	—	—	—	0	—	—
3	6		-12	-15	-19	—	-23	—	-28	—	-35	-42	-50	-80	1	1.5	1	3	4	6
6	10		-15	-19	-23	—	-28	—	-34	—	-42	-52	-67	-97	1	1.5	2	3	6	7
10	14		-18	-23	-28	—	-33	—	-40	—	-50	-64	-90	-130	1	2	3	3	7	9
14	18		-18	-23	-28	—	-33	-39	-45	—	-60	-77	-108	-150	1	2	3	3	7	9
18	24		-22	-28	-35	—	-41	-47	-54	-63	-73	-98	-136	-188	1.5	2	3	4	8	12
24	30		-22	-28	-35	-41	-48	-55	-64	-75	-88	-118	-160	-218	1.5	2	3	4	8	12
30	40		-26	-34	-43	-48	-60	-68	-80	-94	-112	-148	-200	-274	1.5	3	4	5	9	14
40	50		-26	-34	-43	-54	-70	-81	-97	-114	-136	-180	-242	-325	1.5	3	4	5	9	14
50	65		-32	-41	-53	-66	-87	-102	-122	-144	-172	-226	-300	-405	2	3	5	6	11	16
65	80		-32	-43	-59	-75	-102	-120	-146	-174	-210	-274	-360	-480	2	3	5	6	11	16
80	100		-37	-51	-71	-91	-124	-146	-178	-214	-258	-335	-445	-585	2	4	5	7	13	19
100	120		-37	-54	-79	-104	-144	-172	-210	-254	-310	-400	-525	-690	2	4	5	7	13	19
120	140		-43	-63	-92	-122	-170	-202	-248	-300	-365	-470	-620	-800	3	4	6	7	15	23
140	160		-43	-65	-100	-134	-190	-228	-280	-340	-415	-535	-700	-900	3	4	6	7	15	23
160	180		-43	-68	-108	-146	-210	-252	-310	-380	-465	-600	-780	-1000	3	4	6	7	15	23
180	200		-50	-77	-122	-166	-236	-284	-350	-425	-520	-670	-880	-1150	3	4	6	9	17	26
200	225		-50	-80	-130	-180	-258	-310	-385	-470	-575	-740	-960	-1250	3	4	6	9	17	26
225	250		-50	-84	-140	-196	-284	-340	-425	-520	-640	-820	-1050	-1350	3	4	6	9	17	26
250	280		-56	-94	-158	-218	-315	-385	-475	-580	-710	-920	-1200	-1550	4	4	7	9	20	29
280	315		-56	-98	-170	-240	-350	-425	-525	-650	-790	-1000	-1300	-1700	4	4	7	9	20	29
315	355		-62	-108	-190	-268	-390	-475	-590	-730	-900	-1150	-1500	-1900	4	5	7	11	21	32
355	400		-62	-114	-208	-294	-435	-530	-660	-820	-1000	-1300	-1650	-2100	4	5	7	11	21	32
400	450		-68	-126	-232	-330	-490	-595	-740	-920	-1100	-1450	-1850	-2400	5	5	7	13	23	34
450	500		-68	-132	-252	-360	-540	-660	-820	-1000	-1250	-1600	-2100	-2600	5	5	7	13	23	34

注：① 1 mm 以下，各级的 A 和 B 及大于 IT8 级的 N 均不采用；

② 标准公差≤IT8 的 K、M、N 和标准公差≤IT7 的 P 至 ZC，从表右侧选取 Δ值；

③ 特殊情况，当公称尺寸为 250～315 mm 时，M6 的 ES＝－9（代替－11）；

④ JS 的数值，对 IT7 至 IT11，若 IT_n 的数值（µm）为奇数，则取 $JS=\pm\dfrac{IT_n-1}{2}$。

例 2-4 查表确定 $\phi25f6$ 和 $\phi25K7$ 的极限偏差。

解 （1）查表 2-4 确定标准公差值

$$IT6=13 \; \mu m, \quad IT7=21 \; \mu m$$

（2）查表 2-6 确定 $\phi25f6$ 的基本偏差

$$es=-20 \; \mu m$$

查表 2-7 确定 $\phi25K7$ 的基本偏差

$$ES=-2+\Delta, \quad \Delta=8 \; \mu m$$

故 $\phi25K7$ 的基本偏差

$$ES=(-2+8)\mu m=+6 \; \mu m$$

（3）求另一极限偏差

$$\phi25f6 \text{ 的下偏差 } ei=ES-IT6=(-20-13)\mu m=-33 \; \mu m$$

$$\phi25K7 \text{ 的下偏差 } EI=ES-IT7=(+6-21)\mu m=-15 \; \mu m$$

故 $\phi25f6$ 的极限偏差表示为 $\phi25^{-0.020}_{-0.033}$；$\phi25K7$ 的极限偏差表示为 $\phi25^{-0.006}_{-0.015}$。

2.3.4 公差带与配合的标准化

国家标准规定有 20 个公差等级和 28 个基本偏差代号。其中，基本偏差 j 限用于 4 个公差等级，J 限用于 3 个公差等级。由此可得到的公差带，孔有 $20\times27+3=543$ 个，轴有 $20\times27+4=544$ 个。数量如此之多，故可满足广泛的需要。不过，同时应用所有可能的公差带显然是不经济的，因为这会导致定值刀具、量具规格变得繁杂。另外，还应避免那些与实际使用要求显然不符合的公差带，如 g12、a4 等。所以，对公差带的选用应加以限制。

在极限与配合制中，对公称尺寸 $\leqslant500 \text{ mm}$ 的常用尺寸段，标准推荐了孔、轴的一般、常用和优先公差带，如图 2-11 和图 2-12 所示。图中为一般用途公差带，轴有 116 个，孔有 105 个；线框内为常用的公差带，轴有 59 个，孔有 44 个；圆圈内为优先公差带，轴、孔均有 13 个。在选用时，应首先考虑优先公差带，其次是常用公差带，再次为一般用途公差带。这些公差带的上、下偏差均可从极限与配合制表中直接查得。仅仅在特殊情况下，当一般公差带不能满足要求时，才允许按规定的标准公差与基本偏差组成所需公差带，甚至按公式用插入或延伸的方法，计算新的标准公差与基本偏差，然后组成所需公差带。

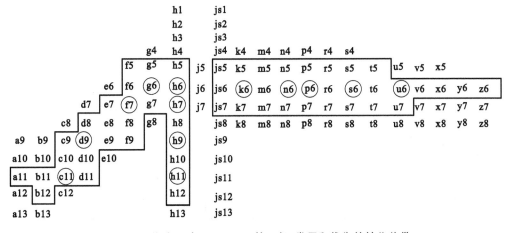

图 2-11 公称尺寸至 500 mm 的一般、常用和优先的轴公差带

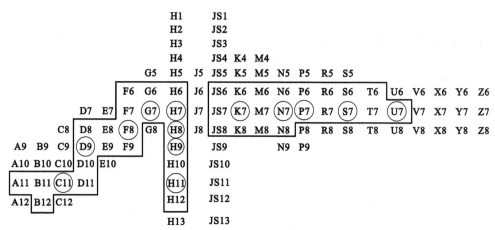

图 2-12　尺寸至 500 mm 的一般、常用和优先的孔公差带

在上述推荐的轴、孔公差带的基础上,极限与配合制还推荐了孔、轴公差带的组合,分别如表 2-8、表 2-9 所示。对基孔制规定了常用配合 59 个,优先配合 13 个;对基轴制规定了常用配合 47 个,优先配合 13 个。对这些配合,在标准中分别列出了它们的极限间隙或过盈,便于设计选用。

表 2-8　基孔制优先、常用配合

基准孔	轴																				
	a	b	c	d	e	f	g	h	js	k	m	n	p	r	s	t	u	v	x	y	z
	间隙配合								过渡配合			过盈配合									
H6						$\frac{H6}{f5}$	$\frac{H6}{g5}$	$\frac{H6}{h5}$	$\frac{H6}{js5}$	$\frac{H6}{k5}$	$\frac{H6}{m5}$	$\frac{H6}{n5}$	$\frac{H6}{p5}$	$\frac{H6}{r5}$	$\frac{H6}{s5}$	$\frac{H6}{t5}$					
H7						$\frac{H7}{f6}$	$\frac{H7}{g6}$	$\frac{H7}{h6}$	$\frac{H7}{js6}$	$\frac{H7}{k6}$	$\frac{H7}{m6}$	$\frac{H7}{n6}$	$\frac{H7}{p6}$	$\frac{H7}{r6}$	$\frac{H7}{s6}$	$\frac{H7}{t6}$	$\frac{H7}{u6}$	$\frac{H7}{v6}$	$\frac{H7}{x6}$	$\frac{H7}{y6}$	$\frac{H7}{z6}$
H8				$\frac{H8}{e7}$		$\frac{H8}{f7}$	$\frac{H8}{g7}$	$\frac{H8}{h7}$	$\frac{H8}{js7}$	$\frac{H8}{k7}$	$\frac{H8}{m7}$	$\frac{H8}{n7}$	$\frac{H8}{p7}$	$\frac{H8}{r7}$	$\frac{H8}{s7}$	$\frac{H8}{t7}$	$\frac{H8}{u7}$				
				$\frac{H8}{d8}$	$\frac{H8}{e8}$	$\frac{H8}{f8}$		$\frac{H8}{h8}$													
H 9			$\frac{H9}{c9}$	$\frac{H9}{d9}$	$\frac{H9}{e9}$	$\frac{H9}{f9}$		$\frac{H9}{h9}$													
H10			$\frac{H10}{c10}$	$\frac{H10}{d10}$				$\frac{H10}{h10}$													
H11	$\frac{H11}{a11}$	$\frac{H11}{b11}$	$\frac{H11}{c11}$	$\frac{H11}{d11}$				$\frac{H11}{h11}$													
H12		$\frac{H12}{b12}$						$\frac{H11}{h12}$													

注:① $\frac{H6}{n5}$、$\frac{H7}{p6}$ 在公称尺寸 ≤3 mm 和 $\frac{H8}{r7}$ 在 ≤100 mm 时,为过渡配合;

② 标注▼的配合为优先配合。

表 2-9 基轴制优先、常用配合

基准轴	孔																				
	A	B	C	D	E	F	G	H	JS	K	M	N	P	R	S	T	U	V	X	Y	Z
	间隙配合								过渡配合			过盈配合									
h5						$\frac{F6}{h5}$	$\frac{G6}{h5}$	$\frac{H6}{h5}$	$\frac{JS6}{h5}$	$\frac{K6}{h5}$	$\frac{M6}{h5}$	$\frac{N6}{h5}$	$\frac{P6}{h5}$	$\frac{R6}{h5}$	$\frac{S6}{h5}$	$\frac{T6}{h5}$					
h6						$\frac{F7}{h6}$	$\frac{G7}{h6}$	$\frac{H7}{h6}$	$\frac{JS7}{h6}$	$\frac{K7}{h6}$	$\frac{M7}{h6}$	$\frac{N7}{h6}$	$\frac{P7}{h6}$	$\frac{R7}{h6}$	$\frac{S7}{h6}$	$\frac{T7}{h6}$	$\frac{U7}{h6}$				
h7					$\frac{E8}{h7}$	$\frac{F8}{h7}$		$\frac{H8}{h7}$	$\frac{JS8}{h7}$	$\frac{K8}{h7}$	$\frac{M8}{h7}$	$\frac{N8}{h7}$									
h8				$\frac{D8}{h8}$	$\frac{E8}{h8}$	$\frac{F8}{h8}$		$\frac{H8}{h8}$													
h9				$\frac{D9}{h9}$	$\frac{E9}{h9}$	$\frac{F9}{h9}$		$\frac{H9}{h9}$													
h10				$\frac{D10}{h10}$				$\frac{H10}{h10}$													
h11	$\frac{A11}{h11}$	$\frac{B11}{h11}$	$\frac{C11}{h11}$	$\frac{D11}{h11}$				$\frac{H11}{h11}$													
h12		$\frac{B12}{h12}$						$\frac{H12}{h12}$													

注：标注▰的配合为优先配合。

2.4　尺寸公差与配合的选择

尺寸公差与配合的选择是机械设计与制造中的一个重要环节。公差与配合的选择是否恰当，对产品的性能、质量、互换性及经济性都有着重要的影响。选择的原则应使机械产品的使用价值与制造成本的综合经济效果最佳。

尺寸公差与配合的选择主要包括配合制、公差等级及配合种类。

2.4.1　配合制的选用

基孔制配合和基轴制配合是两种平行的配合制度。对各种使用要求的配合，既可用基孔制配合，也可用基轴制配合来实现。配合制的选择主要应从结构、工艺性和经济性等方面分析并确定。

1. 基孔制配合

一般情况下优先选用基孔制。

从工艺上看，对较高精度的中小尺寸孔，广泛采用定值刀具、量具（如钻头、铰刀、塞规等）加工和检验。采用基孔制可减少备用定值刀具、量具的规格和数量，故经济性好。

2. 基轴制配合

采用基轴制有明显经济效益的情况下，应采用基轴制。例如：

（1）在农业机械和纺织机械中，有时采用 IT9～IT11 的冷拉成形钢材直接做轴（轴的外表面不需经切削加工即可满足使用要求），此时应采用基轴制。

（2）尺寸小于 1 mm 的精密轴比同一公差等级的孔加工要困难，因此在仪器制造、钟表生产和无线电工程中，常使用经过光轧成形的钢丝或有色金属棒料直接做轴，这时也应采用基轴制。

（3）在结构上，当同一轴与公称尺寸相同的几个孔配合，并且配合性质要求不同时，可根据具体结构考虑采用基轴制。如图 2-13(a)所示的柴油机的活塞连杆组件中，与由于工作时要求活塞销和连杆相对摆动，所以活塞销与连杆小头衬套采用间隙配合。而活塞销和活塞销座孔的连接要求准确定位，故它们采用过渡配合。若采用基孔制，则活塞销应设计成中间小、两头大的阶梯轴（见图 2-13(b)），这不仅给加工造成困难，而且装配时阶梯轴大头易刮伤连杆衬套内表面。若采用基轴制，活塞销设计成光轴（见图 2-13(c)），这样容易保证加工精度和装配质量。而不同基本偏差的孔，分别位于连杆和活塞上，加工并不困难，所以应采用基轴制。

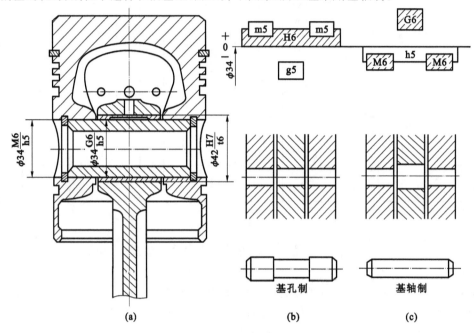

(a)　　　　　　　　(b)　　　　　　　　(c)

图 2-13　基准制选择示例

3. 基准制的选择按标准件而定

当设计的零件与标准件相配合时，基准制的选择应按标准件而定。例如，与滚动轴承内圈配合的轴颈应按基孔制配合，而与滚动轴承外圈配合的轴承座孔，则应选用基轴制。

4. 非基准制配合

为了满足配合的特殊需要，有时允许孔与轴都不用基准件（H 或 h）而采用非基准孔、轴公差带组成的配合，即非基准制配合。

例如，图 2-14 所示的外壳孔同时与轴承外径和端盖直径配合，由于轴承与外壳孔的配合已被定为基轴制过渡配合（M7），而端盖与外壳孔的配合则要求有间隙，以便于拆装，所以端盖直径就不能再按基准轴制造，而应小于轴承的外

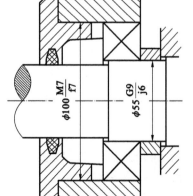

图 2-14　非基准制配合

径。在图 2-14 中,端盖外径公差带取 f7,所以它和外壳孔所组成的为非基准配合 M7/f7。又如,有镀层要求的零件,要求涂镀后满足某一基准制配合的孔或轴,在电镀前也应按非基准制配合的孔、轴公差带进行加工。

2.4.2　公差等级的选用

选择公差等级时,要正确处理使用要求、制造工艺和成本之间的关系。选用的基本原则是,在满足使用要求的前提下,尽量选用较低的公差等级。

公差等级可采用计算法或类比法进行选择。

1. 计算法

用计算法选择公差等级的依据是 $T_f = T_h + T_s$,至于 T_h 与 T_s 的分配则可按工艺等价原则来考虑。

(1) 对公称尺寸≤500 mm 的,当公差等级在 IT8 及以上精度时,推荐孔比轴低一级,如 H8/f7、H7/g6 等;当公差等级为 IT8 级时,也可采用同级孔、轴配合,如 H8/f8 等;当公差等级在 IT9 及以下精度级时,一般采用同级孔、轴配合,如 H9/d9,H11/c11 等。

(2) 对公称尺寸>500 mm 的,一般采用同级孔、轴配合。

2. 类比法

采用类比法选择公差等级,也就是参考从生产实践中总结出来的经验资料,进行比较选用。选择时应考虑以下几方面。

(1) 相配合的孔、轴应加工难易程度相当,即使孔、轴工艺等价。

(2) 各种加工方法能够达到的公差等级如表 2-10 所示,可供选择时参考。

表 2-10　加工方法可达到的公差等级

加工方法	IT 等级																	
	01	0	1	2	3	4	5	6	7	8	9	10	11	12	13	14	15	16
研磨	━	━	━	━	━	━	━											
珩						━	━	━										
圆磨							━	━	━	━								
平磨							━	━	━	━								
金刚石车							━	━	━									
金刚石镗							━	━	━									
拉削							━	━	━	━								
铰孔								━	━	━	━	━						
车								━	━	━	━	━	━					

续表

加工方法	IT 等级																	
	01	0	1	2	3	4	5	6	7	8	9	10	11	12	13	14	15	16
镗									▬	▬	▬	▬	▬					
铣										▬	▬	▬	▬					
刨、插												▬	▬					
钻												▬	▬	▬				
滚压、挤压												▬	▬					
冲压												▬	▬	▬	▬	▬		
压铸													▬	▬	▬	▬		
粉末冶金成形								▬	▬	▬								
粉末冶金烧结									▬	▬	▬	▬						
砂型铸造、气割																		▬
锻造																	▬	▬

（3）与标准零件或部件相配合时应与标准件的精度相适应。如与滚动轴承相配合的轴颈和轴承座孔的公差等级，应与滚动轴承的精度等级相适应，与齿轮孔相配合的轴的公差等级要与齿轮的精度等级相适应。

（4）过渡配合与过盈配合的公差等级不能太低，一般孔的标准公差≤IT8 级，轴的标准公差≤IT7 级。间隙配合则不受此限制，但间隙小的配合公差等级应较高，而间隙大的公差等级应低些。

（5）产品精度愈高，加工工艺愈复杂，生产成本愈高。图 2-15 是公差等级与生产成本的关系曲线图。由图可见，在高精度区，加工精度稍有提高将使生产成本急剧上升。所以，高精度区公差等级的选用要特别谨慎。而在低精度区，公差等级提高使生产成本增加不显著，因而可在工艺条件许可的情况下适当提高公差等级，以使产品有一定的精度储备，从而取得更好的综合经济效益。

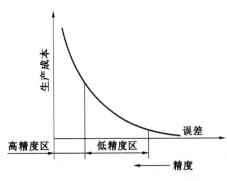

图 2-15　公差等级与生产成本的关系

（6）各公差等级的应用范围如表 2-11 所示。常用公差等级的应用示例如表 2-12 所示。

表 2-11 公差等级应用范围

应用	IT 等级																			
	01	0	1	2	3	4	5	6	7	8	9	10	11	12	13	14	15	16	17	18
块规	━	━	━																	
量规			━	━	━	━	━	━	━											
配合尺寸							━	━	━	━	━	━	━	━						
特别精密零件的配合			━	━	━	━	━													
非配合尺寸（大制造公差）														━	━	━	━	━	━	━
原材料公差									━	━	━	━	━	━	━					

表 2-12 常用公差等级应用示例

公差等级	应　用
5 级	主要用在配合精度、几何精度要求较高的地方，一般在机床、发动机、仪表等的重要部位应用。如与 P4 级滚动轴承配合的箱体孔，与 P5 级滚动轴承配合的机床主轴、机床尾架与套筒，精密机械及高速机械中的轴径，精密丝杠轴径等
6 级	适于配合性质均匀性要求较高的地方。如与 P5 级滚动轴承配合的孔、轴颈，与齿轮、蜗轮、联轴器、带轮、凸轮等连接的轴径，机床丝杠轴径，摇臂钻立柱，机床夹具中导向件、外径尺寸，6 级精度齿轮的基准孔，7、8 级精度齿轮的基准轴径
7 级	在一般机械制造中应用较为普遍。如联轴器、带轮、凸轮等孔径，机床夹盘座孔，夹具中固定钻套、可换钻套，7、8 级齿轮基准孔，9、10 级齿轮基准轴
8 级	在机器制造中属于中等精度。如轴承座衬套沿宽度方向尺寸，低精度齿轮基准孔与基准轴，通用机械中与滑动轴承配合的轴颈，重型机械或农业机械中某些较重要的零件
9 级、10 级	精度要求一般。如机械制造中轴套外径与孔、操作件与轴、键与键槽等零件的配合
11 级、12 级	精度较低，适用于基本上没有什么配合要求的场合。如机床上法兰盘与止口、滑块与滑移齿轮、加工中工序间尺寸、冲压加工的配合件等

2.4.3 配合种类的选用

当配合制和公差等级确定后，配合的选择就是根据所选部位松紧程度的要求，确定非基准件的基本公差代号。

国家标准规定的配合种类很多，设计中应根据使用要求，尽可能地选用优先配合，其次考虑常用配合，然后是一般配合等。

配合选用的方法有计算法、试验法和类比法三种。

1. 计算法

根据配合部位的使用要求和工作条件，按一定理论建立极限间隙或极限过盈的计算式。如根据流体润滑理论计算保证液体摩擦状态所需的间隙，根据弹性变形理论计算出既能保证传递一定力矩而又不使材料损坏所需的过盈，然后按计算出的极限间隙或过盈选择相配合孔、轴的公差等级和配合代号(选择步骤见例 2-5)。由于影响配合间隙和过盈量的因素很多,理论计算往往是把条件理想化和简单化,结果不完全符合实际,且计算烦琐,故目前只有计算公式较成熟的少数重要配合才有可能用计算法。但这种方法理论根据比较充分,有指导意义,随着计算机技术的发展,将会得到越来越多的应用。目前,我国已经颁布 GB/T 5371—2004《极限与配合　过盈配合的计算和选用》,其他配合的计算与选用也在研究中,故计算法将会日趋完善,其应用也将逐渐增多。

例 2-5　基本尺寸为 ϕ40 mm 的某孔、轴配合,由计算法设计确定配合的间隙应为 $+0.022\sim+0.066$ mm,试选用合适的孔、轴公差等级和配合种类。

解　(1) 选择公差等级。由

$$T_{\mathrm{f}} = |X_{\max} - X_{\min}| = T_{\mathrm{h}} + T_{\mathrm{s}}$$

得

$$T_{\mathrm{h}} + T_{\mathrm{s}} = |66-22|\ \mu\mathrm{m} = 44\ \mu\mathrm{m}$$

查表 2-4 知,IT7 $=25\ \mu\mathrm{m}$,IT6 $=16\ \mu\mathrm{m}$。按工艺等价原则,取孔为 IT7 级,轴为 IT6 级,则

$$T_{\mathrm{h}} + T_{\mathrm{s}} = (25+16)\ \mu\mathrm{m} = 41\ \mu\mathrm{m}$$

接近 $44\ \mu\mathrm{m}$,符合设计要求。

(2) 选择基准制。由于没有其他条件限制,故优先选用基孔制,则孔的公差带代号为 ϕ40H7$^{+0.025}_{0}$。

(3) 选择配合种类,即选择轴的基本偏差代号。因为是间隙配合,故轴的基本偏差应在 a 至 h 之间,且其基本偏差为上偏差(es)。由

$$X_{\min} = \mathrm{EI} - \mathrm{es}$$

得

$$\mathrm{es} = \mathrm{EI} - X_{\min} = (0-22)\ \mu\mathrm{m} = -22\ \mu\mathrm{m}$$

查表 2-6,选取轴的基本偏差代号为 f(es $=-25\ \mu\mathrm{m}$),能保证 $X_{\min}$ 的要求,故轴的公差带代号为 ϕ40f6$^{-0.025}_{-0.041}$。

(4) 验算。所选配合为 ϕ40H7/f6,则

$$X_{\max} = \mathrm{ES} - \mathrm{ei} = [25-(-41)]\mu\mathrm{m} = +66\ \mu\mathrm{m}$$

$$X_{\min} = \mathrm{EI} - \mathrm{es} = [0-(-25)]\mu\mathrm{m} = +25\ \mu\mathrm{m}$$

均在 $+0.022\sim+0.066$ mm,故所选符合要求。

2. 试验法

对于与产品性能关系很大的关键配合,可采用多种方案进行试验比较,从而选出具有最理想的间隙或过盈量的配合。这种方法较为可靠,但成本较高,一般用于大量生产的产品的关键配合。

3. 类比法

在对机械设备上现有的行之有效的一些配合有充分了解的基础上,对使用要求和工作条件与之类似的配合件,用参照类比的方法确定配合,这是目前选择配合的主要方法。

用类比法选择配合,必须掌握各类配合的特点和应用场合,并充分研究配合件的工作条件和使用要求,进行合理选择。下面分别加以阐述。

(1) 了解各类配合的特点与应用情况,正确选择配合类别。

a～h(或 A～H)11 种基本偏差与基准孔(或基准轴)形成间隙配合,主要用于结合件有相

对运动或需方便装拆的配合。

js～n(或 JS～N)5 种基本偏差与基准孔(或基准轴)形成过渡配合,主要用于需精确定位和便于装拆的相对静止的配合。

p～zc(或 P～ZC)12 种基本偏差与基准孔(或基准轴)形成过盈配合,主要用于孔、轴间没有相对运动,需传递一定的扭矩的配合。过盈不大时主要借助键连接(或其他紧固件)传递扭矩,可拆卸;过盈大时,主要靠结合力传递扭矩,不便拆卸。

表 2-13 提供了三类配合选择的大体方向,可供参考。

表 2-13　配合类别的大体方向

无相对运动	要传递转矩	要精确同轴	永久结合	过 盈 配 合	
			可拆结合	过渡配合或基本偏差为 H(h) 的间隙配合加紧固件	
		不要求精确同轴		间隙配合加紧固件	
	不需要传递转矩			过渡配合或轻的过盈配合	
有相对运动	只有移动			基本偏差为 H(h)、G(g) 的间隙配合	
	转动或转动与移动复合运动			基本偏差为 A～F(a～f) 的间隙配合	

注:① 指非基准件的基本偏差代号;
　　② 紧固件指键、销和螺钉等。

配合类别大体确定后,再进一步类比选择确定非基准件的基本偏差代号。表 2-14 为各种基本偏差的特点及选用说明,表 2-15 为尺寸至 500 mm 的基孔制常用和优先配合的特征和应用说明,均可供选择时参考。

表 2-14　各种基本偏差的特点及选用说明

配合	基本偏差	配合特性及应用
间隙配合	a(A)　b(B)	可得到特别大的间隙,应用很少。主要用于工作时温度高、热变形大的零件的配合,如发动机中活塞与缸套的配合为 H9/a9
	c(C)	可得到很大的间隙,一般用于工作条件较差(如农业机械)、工作时受力变形大及装配工艺性不好的零件的配合,如内燃机排气阀与导管的配合为 H8/c7
	d(D)	与 IT7～IT11 对应,适用于较松的间隙配合(如滑轮、空转带轮与轴的配合),以及大尺寸滑动轴承与轴的配合(如蜗轮机、球磨机等的滑动轴承),如活塞环与活塞槽的配合可用 H9/d9
	e(E)	与 IT6～IT9 对应,具有明显的间隙,用于大跨距及多支点的转轴与轴承的配合,以及高速、重载的大尺寸轴与轴承的配合,如大型电动机、内燃机的主要轴承处的配合为 H8/e7
	f(F)	多与 IT6～IT8 对应,用于一般转动的配合,受温度影响不大,采用普通润滑油的轴与滑动轴承的配合,如齿轮箱、小电动机、泵等的转轴与滑动轴承的配合为 H7/f6
	g(G)	多与 IT5、IT6、IT7 对应,形成配合的间隙较小,用于轻载精密装置中的转动配合,最适合不回转的精密滑动配合,也用于插销等定位配合,如精密连杆轴承、活塞及滑阀、连杆销等处的配合
	h(H)	多与 IT4～IT11 对应,广泛用于无相对转动的零件,作为一般的定位配合。若没有温度、变形的影响,也可用于精密滑动配合,如车床尾座孔与滑动套筒的配合为 H6/h5

配合	基本偏差	配合特性及应用
过渡配合	(js)(JS) j(J)	多用于 IT4~IT7 具有平均间隙的过渡配合,用于略有过盈的定位配合,如联轴器、齿圈与轮毂的配合,滚动轴承外圈与外壳孔的配合多用 JS7 或 J7;一般用手或木槌装配
	k(K)	多用于 IT4~IT7 平均间隙接近零的配合,用于定位配合,如滚动轴承的内、外圈分别与轴颈、外壳孔的配合,用木槌装配
	m(M)	多用于 IT4~IT7 平均过盈较小的配合,用于精密定位的配合,如蜗轮的青铜轮缘与轮毂的配合为 H7/m6
	n(N)	多用于 IT4~IT7 平均过盈较大的配合,很少形成间隙。用于加键传递较大扭矩的配合,如冲床上齿轮与轴的配合
过盈配合	p(P)	小过盈配合。与 H6 或 H7 的孔形成过盈配合,而与 H8 的孔形成过渡配合。碳钢和铸铁制零件形成的配合为标准压入配合,如卷扬机的绳轮与齿圈的配合为 H7/p6。对弹性材料,如轻合金等,往往要求很小的过盈,故采用 p(或 P)与基准件形成的配合
	r(R)	用于传递大扭矩或受冲击负荷而需加键的配合,如蜗轮与轴的配合为 H7/r6。配合 H8/r7 在基本尺寸小于 100 mm 时,为过渡配合
	s(S)	用于钢和铸铁制零件的永久性和半永久性结合,可产生相当大的结合力,如套环压在轴、阀座上用 H7/s6 的配合。尺寸较大时,为避免损伤配合表面,需用热胀或冷缩法装配
	t(T)	用于钢和铸铁制零件的永久性结合,不用键可传递扭矩,需用热胀或冷缩法装配,如联轴器与轴的配合为 H7/t6
	u(U)	大过盈配合,最大过盈需验算材料的承受能力,用热胀或冷缩法装配,如火车轮毂和轴的配合为 H6/u5
	v(V)、x(X) y(Y)、z(Z)	特大过盈配合,目前使用的经验和资料很少,须经试验后才能应用,一般不推荐

表 2-15　尺寸至 500 mm 基孔制常用和优先配合的特征和应用

配合类别	配合特征	配合代号	应　用
间隙配合	特大间隙	$\dfrac{H11}{a11}$ $\dfrac{H11}{b11}$ $\dfrac{H12}{b12}$	用于高温或工作时要求大间隙的配合
	很大间隙	$\left(\dfrac{H11}{c11}\right)\dfrac{H11}{d11}$	用于工作条件较差、受力变形或为了便于装配而需要大间隙的配合和高温工作的配合
	较大间隙	$\dfrac{H9}{c9}$ $\dfrac{H10}{c10}$ $\dfrac{H8}{d8}$ $\left(\dfrac{H9}{d9}\right)$ $\dfrac{H10}{d10}$ $\dfrac{H8}{e7}$ $\dfrac{H8}{e8}$ $\dfrac{H9}{e9}$	用于高速重载的滑动轴承或大直径的滑动轴承,也可用于大跨距或多支点支承的配合
	一般间隙	$\dfrac{H6}{f5}$ $\dfrac{H6}{f6}$ $\left(\dfrac{H8}{f7}\right)$ $\dfrac{H8}{f8}$ $\dfrac{H9}{f9}$	用于一般转速的配合,当温度影响不大时,广泛应用于普通润滑油润滑的支承处
	较小间隙	$\left(\dfrac{H7}{g6}\right)\dfrac{H8}{g7}$	用于精密滑动零件或缓慢间歇回转的零件的配合部件
	很小间隙或零间隙	$\dfrac{H6}{g5}$ $\dfrac{H6}{h5}$ $\left(\dfrac{H7}{h6}\right)$ $\left(\dfrac{H8}{h7}\right)$ $\dfrac{H8}{h8}$ $\left(\dfrac{H9}{h9}\right)$ $\dfrac{H10}{h10}$ $\left(\dfrac{H11}{h11}\right)$ $\left(\dfrac{H12}{h12}\right)$	用于不同精度要求的一般定位件的配合和缓慢移动和摆动零件的配合

续表

配合类别	配合特征	配合代号	应　用
过渡配合	大部分有微小间隙	$\dfrac{H6}{js5}\ \dfrac{H7}{js6}\ \dfrac{H8}{js7}$	用于易于装拆的定位配合或加紧固件或可传递一定静载荷的配合
	大部分有微小间隙	$\dfrac{H6}{js5}\ \left(\dfrac{H6}{k6}\right)\ \dfrac{H8}{k7}$	用于稍有振动的定位配合,加紧固件可传递一定载荷,装配方便,可用木锤敲入
	大部分有微小过盈	$\dfrac{H6}{m5}\ \dfrac{H7}{m6}\ \dfrac{H8}{m7}$	用于定位精度较高且能抗振的定位配合,加紧固件可传递较大载荷,可用铜锤敲入或小压力压入
	大部分有微小过盈	$\dfrac{H6}{m5}\ \dfrac{H8}{n7}$	用于精确定位或紧密组合件的配合,加紧固件后能传递大力矩或冲击性载荷,只在大修时拆卸
	大部分有较小过盈	$\dfrac{H8}{p7}$	加紧固件后能传递很大力矩,且承受振动和冲击的配合,装配后不再拆卸
过盈配合	轻型	$\dfrac{H6}{n5}\ \dfrac{H6}{p5}\ \left(\dfrac{H6}{p6}\right)\ \dfrac{H6}{r5}\ \dfrac{H7}{r6}\ \dfrac{H8}{r7}$	用于精确的定位配合,一般不能靠过盈传递力矩。要传递力矩需加紧固件
	中型	$\dfrac{H6}{s5}\ \left(\dfrac{H7}{s6}\right)\ \dfrac{H8}{s7}\ \dfrac{H6}{t5}\ \dfrac{H7}{t6}\ \dfrac{H8}{t7}$	不需加紧固件就可传递较小力矩和轴向力。加紧固件后能承受较大载荷或动载荷的配合
	重型	$\left(\dfrac{H7}{u6}\right)\ \dfrac{H8}{u7}\ \dfrac{H7}{v6}$	不需加紧固件就可传递和承受大的力矩和动载荷的配合。要求零件材料有高强度
	特重型	$\dfrac{H7}{x6}\ \dfrac{H7}{y6}\ \dfrac{H7}{z6}$	能传递和承受很大力矩和动载荷的配合,须经试验后方可应用

注:① 括号内的配合为优先配合;
　　② 国家标准规定的 44 种基轴制配合的应用与本表中的同名配合相同。

（2）分析零件的工作条件及使用要求,合理调整配合的间隙与过盈。

零件的工作条件是选择配合的重要依据。用类比法选择配合时,当待选部位和类比的典型实例在工作条件上有所变化时,应对配合的松紧做适当的调整。因此,必须充分分析零件的具体工作条件和使用要求,考虑工作时结合件的相对位置状态（如运动速度、运动方向、停歇时间、运动精度要求等）、承受负荷情况、润滑条件、温度变化、配合的重要性、装卸条件以及材料的物理机械性能等,参考表 2-16 对结合件配合的间隙量或过盈量的绝对值进行适当的调整。

表 2-16　不同工作条件影响配合间隙或过盈的趋势

具 体 情 况	|过盈量|	间隙量	具 体 情 况	|过盈量|	间隙量
材料强度小	减	—	装配时可能歪斜	减	增
经常拆卸	减	增	旋转速度增高	增	增
有冲击载荷	增	减	有轴向运动	—	增
工作时孔温高于轴温	增	减	润滑油黏度增大	—	增
工作时轴温高于孔温	减	增	表面趋向粗糙	增	减
配合长度增长	减	增	单件生产相对于成批生产	减	增
配合面形状和位置误差增大	减	增			

例 2-6　试分析确定图 2-16 所示 C616 型车床尾座有关部位的配合。

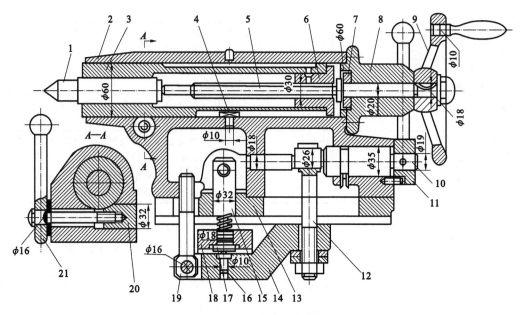

图 2-16　C616 车床尾座装配图

1—顶尖；2—尾座体；3—套筒；4—定位块；5—丝杠；6—螺母；7—挡油圈；8—后盖；
9—手轮；10—偏心轴；11,21—手柄；12,19—螺钉；13—滑座孔；14—杠杆；15—圆柱；
16,17—压块；18—压板；20—夹紧套

　　尾座在车床上的作用是与主轴顶尖共同支承工件,承受切削力。尾座工作时,扳动手柄 11,通过偏心机构,将尾座夹紧在床身上,再转动手轮 9,通过丝杠 5、螺母 6,使套筒 3 带动顶尖 1 向前移动,顶住工件,最后转动手柄 21,使夹紧套 20 靠摩擦夹住套筒,从而使顶尖的位置固定。

　　尾座部件有关部位的配合的分析和选择说明列于表 2-17。

表 2-17　车床尾座的有关配合及其选择说明

序号	配　合　件	配合代号	配合选择说明
1	套筒 3 外圆与尾座体 2 孔	$\phi60H6/h5$	套筒调整时要在尾座孔中滑动,需有间隙,而顶尖工作时需要高的定位精度,故选择精度高的小间隙配合
2	套筒 3 内孔与螺母 6 外圆	$\phi30H7/h6$	为避免螺母在套筒中偏心,需一定的定位精度,为了方便装配,需有间隙,故选小间隙配合
3	套筒 3 上槽宽与定位块 4 侧面	$\phi12D10/h9$	定位块宽度按键宽标准取 12h9,因长槽与套筒轴线有歪斜,所以取较松配合
4	定位块 4 的圆柱面与尾座体 2 孔	$\phi10H9/h8$	为便于装配和通过定位块自身转动修正它在安装时的位置误差,选用间隙配合
5	丝杠 5 轴颈与后盖 8 内孔	$\phi20H7/g6$	因有定心精度要求,且轴孔有相对低速转动,故选用较小间隙配合
6	挡油圈 7 孔与丝杠 5 轴颈	$\phi20H11/g6$	由于丝杠轴颈较长,为便于装配选间隙配合,因无定心精度要求,故选内孔精度较低
7	后盖 8 凸肩与尾座体 2 孔	$\phi60H6/js6$	配合面较短,主要起定心作用,配合后用螺母紧固,没有相对运动,故选过渡配合
8	手轮 9 孔与丝杠 5 轴端	$\phi18H7/js6$	手轮通过半圆键带动丝杠一起转动,为便于装拆和避免手轮在轴上晃动,选过渡配合

续表

序号	配 合 件	配合代号	配合选择说明
9	手轮 9 的小孔与其上手柄的轴	$\phi10H7/k6$	为永久性连接,可选过盈配合,但考虑到手轮系铸件(脆性材料)不能取大的过盈,故取为过渡配合
10	手柄 11 的孔与偏心轴 10	$\phi19H7/h6$	手柄通过销转动偏心轴。装配时销与偏心轴配作,配作前要调整手柄处于偏心向上的位置,偏心轴也处于偏心向上位置,因此配合不能有过盈
11	偏心轴 10 右轴颈与尾座体 2 孔	$\phi35H8/d7$	有相对转动,又考虑到偏心轴两轴颈和尾座体两支承孔都会产生同轴度误差,故选用间隙较大的配合
12	偏心轴 10 左轴颈与尾座体 2 孔	$\phi18H8/d7$	
13	偏心轴 10 与拉紧螺钉 12 孔	$\phi26H8/d7$	没有特殊要求,考虑到装拆方便,采用大间隙配合
14	压块 16 圆柱销与杠杆 14 孔	$\phi10H7/js7$	无特殊要求,只要便于装配,且压块装上后不易掉出即可,故选较松的过渡配合
15	压块 17 圆柱销与压板 18 孔	$\phi18H7/js6$	
16	杠杆 14 孔与标准圆柱销	$\phi16H7/n6$	圆柱销按标准做成 $\phi16n6$,结构要求销与杠杆配合要紧,销与螺钉孔配合要松,故取杠杆孔为 H7,螺钉孔为 D8
17	螺钉 19 孔与标准圆柱销	$\phi16D8/n6$	
18	圆柱 15 与滑座孔 13	$\phi32H7/n6$	要求圆柱在承受径向力时不松动,但必要时能在孔中转位,故选用较紧的过渡配合
19	夹紧套 20 外圆与尾座体 2 横孔	$\phi32H8/e7$	手柄 21 松动后,夹紧套要易于退出,便于套筒 3 移出,故选间隙较大的配合
20	手柄 21 孔与收紧螺钉轴	$\phi16H7/h6$	由半圆键带动螺钉轴转动,为便于装拆,选用小间隙配合

（3）考虑热变形和装配变形的影响,保证零件的使用要求。

① 热变形　在选择公差与配合时,要注意温度条件。标准中规定的均为标准温度 20℃时的数值。当工作温度不是 20℃,特别是孔、轴温度相差较大,或其线膨胀系数相差较大时,应考虑热变形的影响。这对于高温或低温下工作的机械更为重要。

例 2-7　铝制活塞与钢制缸体的结合,其基本尺寸 $\phi150$ mm;工作温度:孔温 $t_h=110℃$;轴温 $t_s=180℃$;线膨胀系数:孔 $a_h=12\times10^{-6}℃^{-1}$,轴 $a_s=24\times10^{-6}℃^{-1}$。要求工作时间隙量在 $0.1\sim0.3$ mm 内,试选择配合。

解　由热变形引起的间隙量的变化为

$$\Delta X=150\times[12\times10^{-6}\times(110+20)-24\times10^{-6}\times(180-20)]\ mm=-0.342\ mm$$

即工作时间隙量减小。故装配时间隙量应为

$$X_{min}=(0.1+0.342)mm=0.442\ mm$$

$$X_{max}=(0.3+0.342)mm=0.642\ mm$$

按要求的最小间隙,由表 2-6 可选基本偏差为 $a=-520\ \mu m$

由配合公差

$$T_f=(0.642-0.442)\ mm=0.2\ mm=T_h+T$$

可取

$$T_h=T_s=100\ \mu m$$

由表 2-4 知可取 IT9,故选择配合为 $\phi50H9/a9$。其最小间隙为 0.52 mm,最大间隙为 0.72 mm。

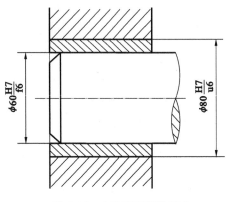

图 2-17　有装配变形的配合

② 装配变形　在机械结构中,常遇到套筒装配变形问题。如图 2-17 所示,套筒外表面与机座孔的配合为过渡配合 $\phi80H7/u6$,套筒内表面与轴的配合为 $\phi60H7/f6$。由于套筒外表面与机座孔的配合有过盈,当套筒压入座机孔后,套筒内孔即收缩,直径变小。若套筒内孔与轴之间要求最小间隙为 0.03 mm,则由于装配变形,此时实际将产生过盈,不仅不能保证配合要求,甚至无法自由装配。

一般装配图上规定的配合,应是装配后的要求。此时,对有装配变形的套筒类零件,在设计绘图时应对公差带进行必要的修正,如将内孔公差带上移,使孔的极限尺寸加大;或用工艺措施加以保证,如将套筒压入机座孔后再精加工套筒孔,以达到图样设计要求,从而保证装配后的要求。

2.5　一般公差　线性尺寸的未注公差

国家标准 GB/T 1804—2000《一般公差　未注公差的线性和角度尺寸的公差》是等效采用国际标准 ISO 2768—1:1989《一般公差　第 1 部分:未注公差的线性和角度尺寸的公差》对 GB/T 1804—1992《一般公差　线性尺寸的未注公差》和 GB/T 11335—1989《未注公差角度的极限偏差》进行修订的一项标准。

2.5.1　线性尺寸一般公差的概念

线性尺寸的一般公差是在车间普通工艺条件下,机床设备一般加工能力可保证的公差。在正常维护和操作情况下,它代表车间的一般加工的经济加工精度。

采用一般公差的尺寸和角度,在正常车间精度保证的条件下,一般可不检验。

应用一般公差,可简化图样,使图样清晰易读。由于一般公差不需在图样上进行标注,则突出了图样上的注出公差的尺寸,从而使人们在对这些注出尺寸进行加工和检验时给予应有的重视。

2.5.2　标准的有关规定

线性尺寸的一般公差规定有 4 个公差等级。从高到低依次为精密级、中等级、粗糙级和最粗级,分别用字母 f、m、c 和 v 表示。而对尺寸也采取了大的分段。线性尺寸的未注极限偏差的数值如表 2-18 所示,这 4 个公差等级分别相当于 IT12、IT14、IT16 和 IT17。

表 2-18　线性尺寸的未注极限偏差的数值　　　　　　　（单位：mm）

公差等级	尺寸分段							
	0.5～3	>3～6	>6～30	>30～120	>120～400	>400～1000	>1000～2000	>2000～4000
f(精密级)	±0.05	±0.05	±0.1	±0.15	±0.2	±0.3	±0.5	—
m(中等级)	±0.1	±0.1	±0.2	±0.3	±0.5	±0.8	±1.2	±2
c(粗糙级)	±0.2	±0.3	±0.5	±0.8	±1.2	±2	±3	±4
v(最粗级)	—	±0.5	±1	±1.5	±2.5	±4	±6	±8

　　由表 2-18 可见，不论孔和轴还是长度尺寸，其极限偏差的取值都采用对称分布的公差带，因而与旧国家标准相比，使用更方便，概念更清晰。标准同时也对倒圆半径与倒角高度尺寸的极限偏差的数值做了规定，如表 2-19 所示。

表 2-19　倒圆半径与倒角高度尺寸的极限偏差的数值　　　　（单位：mm）

公 差 等 级	尺 寸 分 段			
	0.5～3	>3～6	>6～30	>30
f(精密级)	±0.2	±0.5	±1	±2
m(中等级)				
c(粗糙级)	±0.4	±1	±2	±4
v(最粗级)				

2.5.3　线性尺寸的一般公差的表示方法

　　线性尺寸的一般公差主要用于较低精度的非配合尺寸。当功能上允许的公差等于或大于一般公差时，均应采用一般公差。

　　采用国家标准规定的一般公差时，在图样上的尺寸后不注出极限偏差，而是在图样的技术要求或有关文件中，用标准号和公差等级代号作出总的表示。

　　例如，选用中等级时，表示为 GB/T 1804—m；选用粗糙级时，表示为 GB/T 1804—c。

习题 2

2-1　判断

（1）一般来说，零件的实际尺寸越接近公称尺寸越好。　　　　　　　　　　（　）

（2）公差通常为正，在个别情况下也可以为负或零。　　　　　　　　　　　（　）

（3）孔和轴的加工精度越高，则其配合精度也越高。　　　　　　　　　　　（　）

（4）过渡配合的孔、轴结合，由于有些可能得到间隙，有些过渡配合可能是间隙配合，也可能是过盈配合。　　　　　　　　　　　　　　　　　　　　　　　　　　　　（　）

（5）若某配合的最大间隙为 15 μm，配合公差为 41 μm，则该配合一定是过渡配合。（　）

2-2　填空

（1）国家标准规定的基本偏差孔、轴各有_____个，其中：H 为_____的基本偏差代号，其基本偏差为_____，且偏差值为_____；h 为_____的基本偏差代号，其基本偏差为_____，且偏差值为_____。

(2) 国家标准规定有_____和_____两种配合制度,一般应优先选用_____,以减少_____,降低生产成本。

(3) 国家标准规定的标准公差有_____级,其中最高级为_____,最低级为_____,而常用的配合公差等级为_____。

(4) 配合种类分为_____、_____和_____三大类,当相配合的孔、轴需有相对运动或需经常拆装时,应选_____配合。

2-3 试根据表 2-20 中的已知数据,填写表中各空格,并按适当比例绘制各孔、轴的公差带图。

表 2-20 题 2-3 表　　　　　　　　　　　　　(单位:mm)

尺寸标注	公称尺寸	极限尺寸		极限偏差		公差
		最大	最小	上偏差	下偏差	
孔 ϕ12						
轴 ϕ60				+0.072		0.019
孔		29.959				0.021
轴	ϕ50		49.966	+0.005		

2-4 根据表 2-21 中的已知数据,填写表格各空格,并按适当比例绘制各对配合的尺寸公差带图和配合公差带图。

表 2-21 题 2-4 表　　　　　　　　　　　　　(单位:mm)

公称尺寸	孔			轴			X_{max} 或 Y_{min}	X_{min} 或 Y_{max}	X_{av} 或 Y_{av}	T_f	配合种类
	ES	EI	T_h	es	ei	T_s					
ϕ50		0				0.039	+0.103			0.078	
ϕ25		0.021	0					−0.048	−0.031		
ϕ80		0.046	0				+0.035		−0.003		

2-5 查表确定下列公差带的极限偏差:

(1) ϕ25f7;(2) ϕ60d8;(3) ϕ50k6;(4) ϕ40m5;(5) ϕ50D9;(6) ϕ40P7;(7) ϕ30M7;(8) ϕ80JS8。

2-6 查表确定下列各尺寸的公差带的代号:

(1) 轴 ϕ18;(2) 孔 ϕ120;(3) 轴 ϕ50;(4) 孔 ϕ65。

2-7 某配合的公称尺寸为 ϕ25 mm,要求配合的最大间隙为 +0.013 mm,最大过盈为 −0.021 mm。试决定孔、轴公差等级,选择适当的配合(写出代号)并绘制公差带图。

2-8 某配合的公称尺寸为 ϕ30 mm,按设计要求,配合的过盈应为 −0.014～−0.048 mm。试决定孔、轴公差等级,按基孔制选定适当的配合(写出代号)。

2-9 图 2-18 所示为钻床夹具简图,试根据表 2-22 的已知条件,选择配合种类。

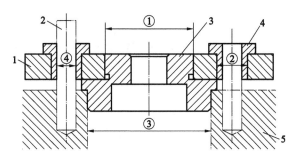

图 2-18 题 2-9 图

1—钻模板;2—钻头;3—定位套;4—钻套;5—工作

表 2-22 题 2-9 表

配 合 种 类	已 知 条 件	配 合 种 类
①	有定心要求,不可拆连接	
②	有定心要求,可拆连接(钻套磨损后可更换)	
③	有定心要求,孔、轴间需有轴向移动	
④	有导向要求,轴、孔间需有相对的高速转动	

第3章 技术测量基础

3.1 技术测量的基本知识

在机械制造过程中,为了使产品能实现预期的功能,必须保证产品的零部件符合设计要求。一件产品制造完成后是否满足设计要求,通常可以通过以下几种方式来判断。

1. 测量

所谓测量,就是把被测量对象的量值与具有计量单位的标准量进行比较,从而得到被测量值的实验过程。若以 L 表示被测量对象的量值,B 表示计量单位,q 表示所测量值,则

$$q = \frac{L}{B} \tag{3-1}$$

被测量对象的量值 L 为测量所得的量值 q 与计量单位 B 的乘积,即

$$L = qB \tag{3-2}$$

由式(3-2)可以看出,任何一个量值 L 都由两部分组成,表征几何量的数值和该几何量的计量单位,如 3.25 m 或者 3250 mm。显然,进行测量之前,首先要明确被测对象和确定计量单位,这样才能保证测量结果达到所要求的测量精度。

任何一个完整的测量过程都包含四个要素:被测对象、计量单位、测量方法和测量精度,称为测量四要素。

(1) 被测对象:是指零件的尺寸(长度、角度)、几何误差以及螺纹和齿轮等典型零件的几何参数。

(2) 计量单位:简称单位,我国规定采用以国际单位为基础的法定计量单位制,测量过程中常用的长度单位有米(m)、毫米(mm)、微米(μm)等。常用的角度单位为弧度(rad)、微弧度(μrad)、以及度(°)、分(′)、秒(″)等。

(3) 测量方法:是指根据测量原理,选择合适的计量器具和测量条件进行测量的实际操作的总称。换言之也就是获得测量值的原理、方式和方法。

(4) 测量精度:是指测量结果的可靠性程度,表征测量结果和被测量理论值的一致程度。所谓被测量理论值是指排除所有测量缺陷所得到的测量值,是理想值。由于测量过程受到诸多因素影响,存在着各种测量缺陷,因此任何测量值都存在误差,在测量过程中应对任何一个测量值给出相应的测量误差范围,也就是说要确定其测量精度。

测量产品的过程一般分为以下几步:确定测量项目、选择测量方案、选择计量器具、采集数据、处理数据以及填报测量结果。

2. 检验

在测量技术领域为了检验零件的几何量是否在图样规定的极限尺寸范围内,通常用无刻度的专用量具来判断被测对象的合格性而不是得到具体的测量值,在测量技术中称为检验。

3. 计量

为了保证测量精度,还必须对计量器具精度指标进行评定,在测量技术中称为计量,有时也称检定。

3.1.1　测量基准和尺寸传递系统

在生产和科学实验中,为了保证测量的准确性,就必须建立统一、可靠的计量基准。所谓计量基准,是指为了定义、保存或者复现计量单位的量值而用作参考的实物、测量仪器、物质和测量系统。在几何量的计量领域内,测量基准包括长度基准和角度基准。

1. 长度基准

在国际单位和我国法定计量单位中,长度的基本单位都为"米",单位符号为"m"。"米"起源于法国,18 世纪末法国科学家组成的特别委员会,建议以通过巴黎的地球子午线全长的四千万分之一作为长度单位,选取古希腊文中"metron"一词作为这个单位的名称,后来演变为"meter",中文译成"米突"或"米"。1875 年 5 月由法国政府出面,召开了 20 个国家政府代表会议,正式签署了米制公约,公认米制为国际通用的计量单位。同时决定成立国际计量委员会和国际计量局。到 1985 年 10 月止,米制公约成员国已有 47 个,我国于 1977 年参加。1983 年第十七届国际计量大会通过了米的新定义:米是光在真空中 1/299792458 s 的时间间隔内所经路程的长度。新的"米"定义有重大科学意义,从此光速 c 成了一个精确数值,把长度单位统一到时间上。国际大会推荐用频激光辐射来复现"米",1985 年 3 月,我国用碘吸收稳频的 0.633 μm 氦氖激光辐射波长来复现"米"定义,其频率的稳定度为 1×10^{-9},到 20 世纪 90 年代初,由于采用单粒子存储技术,我国已将频率的稳定度提高到 1×10^{-17} 的水平。

在生产和科研中,通常都用高精度的计量器具,将基准的量值进行传递。所用的计量器具必须经过更高准确度的计量标准进行计量,而该计量标准又需受到上一级计量标准的检定,直至国家计量标准和国际计量标准。因此,无论"米"的基准如何修改,对长度计量工作者来说影响不大,他们能关注的是如何进行长度量值的统一和传递。图 3-1 是国家标准所规定的长度量值的传递系统,通过线螺纹和量块这两个主要媒介把基准波长向下传递,传递的媒介不同,基准要求也不相同。在实际应用中可根据不同要求选择不同精度的测量基准。

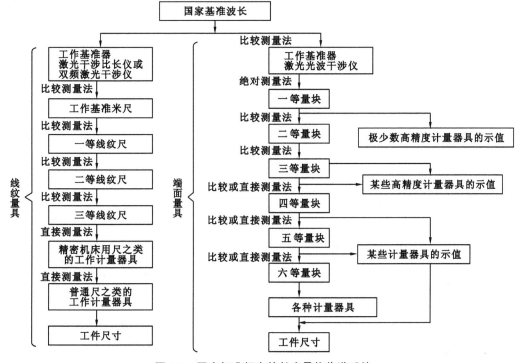

图 3-1　国家标准规定的长度量值传递系统

2. 角度基准

常用的角度单位有"度"、"分"、"秒"、"弧度",它是基于圆周角 360° 来定义的,且弧度与度、分、秒有确定的换算关系,因此角度测量不需要建立自然基准。在实际应用中,为了测量方便,角度基准的实物基准常用特殊合金钢和石英玻璃制成的多面棱体,并建立了角度量值的传递系统。

多面棱体的工作面数有 4、6、8、12、24、36、72 等几种,图 3-2 所示的多面棱体为正八面棱体,相邻工作面法线间的夹角均为 45°,用它作为基准可以测量任意 $n×30°$ 的角度(n 为正整数)。图 3-3 所示为角度量值传递系统。

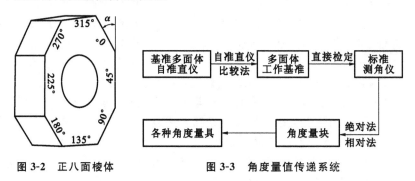

图 3-2　正八面棱体　　　图 3-3　角度量值传递系统

3. 量块

量块是一种没有刻度的长方六面体结构,又称块规,是保证长度量值统一的一种端面长度标准。它用耐磨材料制成,六个面中有两个相互平行的测量面和四个侧面。量块的测量面经研磨而成,所以比侧面的尺寸精度和表面粗糙度都要高很多,能够很容易区别开来,如图 3-4所示。量块主要用作尺寸传递系统中的中间标准量具,或作为标准件调整仪器的零位。

1) 量块的尺寸

量块的长度是指测量面上任意点到与另一测量面相研合的辅助体表面之间的垂直距离,用符号 l 表示,辅助体的材料表面质量应与量块同,量块的中心长度是指测量面上中心点的量块长度,用符号 lc 表示,如图 3-5 所示。

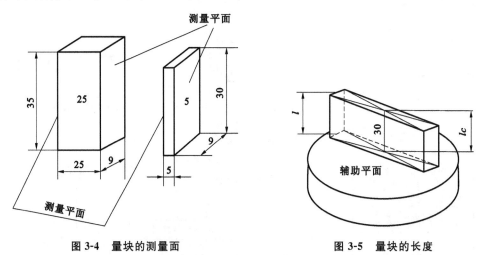

图 3-4　量块的测量面　　　　　图 3-5　量块的长度

量块的长度标称值(又称标称长度)用 ln 表示,该值会在量块上标出,当标称长度 ln 不大于 5.5 mm 的量块时,数码刻在上测量面上,与其相对的为下测量面,如图 3-6 中 5 mm 的量块;当标称长度 ln 大于 5.5 mm 的量块时,代表标称长度数码刻在面积较大的一个非测量面上,如图 3-6 中 30 mm 的量块。

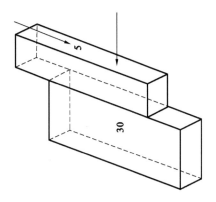

图 3-6　量块的标称长度

国家标准 GB/T 6093—2001《几何量技术规范　长度标准量块》中规定了 17 种成套的量块系列,制造时按一定的尺寸系列成套生产,表 3-1 为从标准中摘录的几套量块尺寸系列。

表 3-1　成套量规的组合尺寸(摘自 GB/T 6093—2001)

套别	总块数	级别	尺寸系列/mm	间隔/mm	块数
1	91	0,1	0.5	—	1
			1	—	1
			1.001,1.002,…,1.009	0.001	9
			1.01,1.02,…,1.49	0.01	49
			1.5,1.6,…,1.9	0.1	5
			2.0,2.5,…,9.5	0.5	16
			10,20,…,100	10	10
2	83	0,1,2	0.5	—	1
			1	—	1
			1.005	—	1
			1.01,1.02,…,1.49	0.01	49
			1.5,1.6,…,1.9	0.1	5
			2.0,2.5,…,9.5	0.5	16
			10,20,…,100	10	10
3	46	0,1,2	1	—	1
			1.001,1.002,…,1.009	0.001	9
			1.01,1.02,…,1.09	0.01	9
			1.1,1.2,…,1.9	0.1	9
			2,3,…,9	1	8
			10,20,…,100	10	10

　　每个量块只代表一个尺寸,但由于量块测量面上的表面粗糙度和平面度误差均很小,若测量面上留有一薄层油膜时,在切向推合力的作用下,两量块能黏合在一起,因此可以用不同尺寸的量块组合成所需要的尺寸。

　　选用不同尺寸的量块组合所需要的尺寸时,为了减小组合误差,应尽力减少量块的数目,一般不超过 5 块。选量块时,应从消去所需尺寸的最小尾数开始,逐一选取。

　　例 3-1　从 83 块一套的量块中组合所需要的尺寸 30.975 mm。

　　解　量块的选取如下:

$30.975 - 1.005 = 29.97$　　　　　1.005　第 1 块量块

$29.97 - 1.47 = 28.5$　　　　　　1.47　第 2 块量块

$28.5 - 8.5 = 20$　　　　　　　　8.5　第 3 块量块

　　　　　　　　　　　　　　　　20　　第 4 块量块

　　2)量块的精度

　　国家计量局标准 JJG 146—2011《量块》按检定精度将量块分为分为 K、0、1、2、3 共五个级别。量块的分级主要是按测量面上任一点的长度相对于标称长度的极限偏差 t_e 和长度变动量(量块长度的最大值和最小值之差)的允许值 t_n,量块测量面的平面度、粗糙度及量块的研合性等质量指标来划分的。其中 K 级精度最高,依次降低,3 级精度最低,具体数值参见表 3-2。

表 3-2　量块测量面上任意点的长度极限偏差 t_e 和长度变化量最大允许值 t_v(摘自 JJG 146—2011)(单位:μm)

标称长度 ln/mm	K 级		0 级		1 级		2 级		3 级	
	t_e	t_v	t_e	t_v	t_e	t_v	t_e	t_v	t_e	t_v
$ln \leqslant 10$	±0.20	0.05	±0.12	0.10	±0.20	0.16	±0.45	0.30	±1.0	0.50
$10 < ln \leqslant 25$	±0.30	0.05	±0.12	0.10	±0.30	0.16	±0.60	0.30	±1.2	0.50
$25 < ln \leqslant 50$	±0.40	0.06	±0.20	0.10	±0.40	0.18	±0.80	0.30	±1.6	0.55
$50 < ln \leqslant 75$	±0.50	0.06	±0.25	0.12	±0.50	0.18	±1.00	0.35	±2.0	0.55
$75 < ln \leqslant 100$	±0.60	0.07	±0.30	0.12	±0.60	0.20	±1.20	0.35	±2.5	0.60
$100 < ln \leqslant 150$	±0.80	0.08	±0.40	0.14	±0.80	0.20	±1.6	0.40	±3.0	0.65
$150 < ln \leqslant 200$	±1.00	0.09	±0.50	0.16	±1.00	0.25	±2.0	0.40	±4.0	0.70
$200 < ln \leqslant 250$	±1.20	0.10	±0.60	0.16	±1.20	0.25	±2.4	0.45	±5.0	0.75
$250 < ln \leqslant 300$	±1.40	0.10	±0.70	0.18	±1.40	0.25	±2.8	0.50	±6.0	0.80
$300 < ln \leqslant 400$	±1.80	0.12	±0.90	0.20	±1.80	0.30	±3.6	0.50	±7.0	0.90
$400 < ln \leqslant 500$	±2.20	0.14	±1.10	0.25	±2.20	0.35	±4.4	0.60	±9.0	1.00
$500 < ln \leqslant 600$	±2.60	0.16	±1.30	0.25	±2.60	0.40	±5.0	0.70	±11.0	1.10
$600 < ln \leqslant 700$	±3.00	0.18	±1.50	0.30	±3.00	0.45	±6.0	0.70	±12.0	1.20
$700 < ln \leqslant 800$	±3.40	0.20	±1.70	0.30	±3.40	0.50	±6.5	0.80	±14.0	1.30
$800 < ln \leqslant 900$	±3.80	0.20	±1.90	0.35	±3.80	0.50	±7.5	0.90	±15.0	1.40
$900 < ln \leqslant 1000$	±4.20	0.25	±2.00	0.40	±4.20	0.60	±8.0	1.00	±17.0	1.50

注:距离测量面边缘 0.8 mm 范围内不计。

根据 JJG 146—2011 中的规定,各等量块长度测量不确定度和长度变动量最大允许值精度分为 5 等:1、2、3、4、5 等,其中 1 等精度最高,5 等精度最低,具体数值参见表 3-3。

表 3-3　各等量块精度指标的最大允许值(摘自 JJG 146—2003)　　　　(单位:μm)

标称长度 ln/mm	1 级		2 级		3 级		4 级		5 级	
	测量不确定度	长度变动量	测量不确定度	长度变动量	测量不确定度	长度变动量	测量不确定度	长度变动量	测量不确定度	长度变动量
$ln \leqslant 10$	0.022	0.05	0.06	0.10	0.11	0.16	0.22	0.30	0.60	0.50
$10 < ln \leqslant 25$	0.025	0.05	0.07	0.10	0.12	0.16	0.25	0.30	0.60	0.50
$25 < ln \leqslant 50$	0.030	0.06	0.08	0.10	0.15	0.18	0.30	0.30	0.80	0.55
$50 < ln \leqslant 75$	0.035	0.06	0.09	0.12	0.18	0.18	0.35	0.35	0.90	0.55
$75 < ln \leqslant 100$	0.040	0.07	0.10	0.12	0.20	0.20	0.40	0.35	1.00	0.60
$100 < ln \leqslant 150$	0.05	0.08	0.12	0.14	0.25	0.20	0.50	0.40	1.20	0.65
$150 < ln \leqslant 200$	0.06	0.09	0.15	0.16	0.30	0.25	0.60	0.40	1.50	0.70
$200 < ln \leqslant 250$	0.07	0.10	0.18	0.16	0.35	0.25	0.70	0.45	1.80	0.75
$250 < ln \leqslant 300$	0.08	0.10	0.20	0.18	0.40	0.25	0.80	0.50	2.00	0.80
$300 < ln \leqslant 400$	0.10	0.12	0.25	0.20	0.50	0.30	1.00	0.50	2.50	0.90
$400 < ln \leqslant 500$	0.12	0.14	0.30	0.25	0.60	0.35	1.20	0.60	3.00	1.00
$500 < ln \leqslant 600$	0.14	0.16	0.35	0.25	0.70	0.40	1.40	0.70	3.50	1.10
$600 < ln \leqslant 700$	0.16	0.18	0.40	0.30	0.80	0.45	1.60	0.70	4.00	1.20
$700 < ln \leqslant 800$	0.18	0.20	0.45	0.30	0.90	0.50	1.80	0.80	4.50	1.30
$800 < ln \leqslant 900$	0.20	0.20	0.50	0.35	1.00	0.50	2.00	0.90	5.00	1.40
$900 < ln \leqslant 1000$	0.22	0.25	0.55	0.40	1.10	0.60	2.20	1.00	5.50	1.50

注:① 距离测量面边缘 0.8 mm 范围内不计;

　　② 表面测量不确定度置信概率为 0.99。

3)量块的使用

量块的使用方法分为按“级”使用和按“等”使用。

量块按“级”使用时,以量块的标称长度作为工作尺寸,不考虑量块的制造误差和磨损误差,因测量不需要考虑修正值,因此使用较为方便,但是制造误差和磨损误差被引入测量结果中,影响最终的测量精度。

量块按“等”使用时,以量块检定后给出的实际中心长度尺寸作为工作尺寸。例如,某一标称长度为 20 mm 的量块,经检定后其实际中心长度与标称长度差值为 −0.4 μm,则其工作尺寸为 19.9996 mm,测量时要对测量结果加以修正,这样就消除了量块制造误差和磨损误差的影响,提高测量精度。但是,检定量块时,测量方法造成的误差还是会不可避免地引入测量结果中。

3.1.2　测量工具和测量方法

测量工具是指能够单独地或者连同辅助设备一起用来进行测量的器具。随着测量工具的高速发展,出现了许多高精度、自动化的仪器,使得测量精度大大提高。

1. 测量工具及其分类

测量工具的分类方法很多,按照其测量原理、结构特点及用途划分,可以分为量具、量规、量仪和测量装置四类。

1) 量具

量具是以固定形式复现被测量值的计量器具,其特点是一般没有放大装置,如米尺、线纹尺等,较多用于校对或者调整计量器具。作为标准尺寸进行相对测量的量具又称为基准量具,如量块、基准米尺、角度量块等。

2) 量规

量规是一种没有刻度的专用检验工具,主要用来检验工件实际尺寸和几何公差的综合结果。只能用来判断工件是否合格,不能获得被测量的具体数值,如塞规、环规、螺纹量规等。

3) 量仪

量仪是将被测量转换成可直接观测的指示值或者等效信息的测量工具。它与量具的最大区别在于它具有显示系统、放大系统。根据被测量的转换原理和量仪的结构特点,可以将其分类如下。

(1) 游标类量仪　如游标卡尺、游标高度尺、数显量角仪等。

(2) 螺旋类量仪　如螺旋千分尺。

(3) 机械式量仪　如百分表、扭簧比较仪等。

(4) 光学量仪　如光学测角仪、光栅测长仪、激光干涉仪、激光准直仪等。

(5) 气动量仪　如压力式气动量仪、流量计式气动量仪等。

(6) 电动量仪　如电感比较仪、电动轮廓仪等。

(7) 机电光综合类量仪　如三坐标测量仪、数显万能测长仪等。

4) 测量装置

测量装置是指能够测量较多的几何参数和较复杂工件的装置和辅助设备的总体。

2. 测量方法

测量方法分类很多,下面将根据获得测量结果的方式从不同的角度来分类。

1) 直接测量和间接测量

按实际几何量是否为欲测几何量,可以分为直接测量和间接测量。

(1) 直接测量是指被测量的值直接由计量器具读出,如使用游标卡尺、千分尺测量外圆直径。

(2) 间接测量是指被测量的值由几个实测的量值按一定的函数关系式运算后获得的。

2) 绝对测量和相对测量

按示值是否代表被测量的绝对数值来分类,可以分为绝对测量和相对测量。

(1) 绝对测量是指测得的数值是被测量的绝对数值。例如,使用游标卡尺、千分尺测量的零件的实际尺寸。

(2) 相对测量是指测得的数值是被测量相对于已知标准量的变化值。例如,用量块调整内径千分尺,测量深孔的直径,从内径千分尺读出的数据是被测量减去基本量的数据。

一般来说,相对测量的测量精度要比绝对测量的高。

3）接触测量和非接触测量

按照测量时测量头和被测零件表面之间是否为机械式接触，测量可以分为接触测量和非接触测量。

（1）接触测量时测量头和被测零件表面之间为机械式接触。例如，游标卡尺测量零件尺寸。机械式接触有测量力，会引起测量头和被测零件表面有关部分的弹性变形，因此会影响测量精度。

（2）非接触测量时仪器测量头和被测零件表面之间没有机械接触。例如，光学投影仪测齿形等，它不会影响测量精度。

4）单项测量和综合测量

（1）单项测量是指对同一零件的多个量进行测量时，依次对每个值进行测量，如测量螺纹时，依次测量它的外径、内径、中径、螺距等。

（2）综合测量是指同时测量工件上的几个参数，综合判断工件是否合格的测量方法，如齿轮单啮合仪测量齿轮的切向综合误差。

5）在线测量和离线测量

按照被测量是否需要在加工过程中获得，可以分为在线测量和离线测量。

（1）在线测量是指在零件的加工过程中对工件进行测量。它使检测和加工过程紧密结合，测量结果直接用来控制加工过程，对保证产品质量起到重要的作用，是检测技术的发展方向。

（2）离线测量是指加工完成后对工件进行的测量。测量的目的仅限于发现和挑出废品。

6）动态测量和静态测量

按被测零件在测量过程中所处的状态分类，测量可以分为动态测量和静态测量。

（1）动态测量是指被测表面与测量头之间处于相对运动状态，如用圆度仪测量圆度误差。

（2）静态测量是指测量过程中，量值不随时间变化的测量，如使用游标卡尺测量轴的直径。

3.2　量仪测量误差及数据处理

3.2.1　测量误差及其产生的原因

产品在制造过程中不可避免会产生制造误差，而测量时由于测量仪器的制造和使用误差以及测量方法本身存在的误差，又不可避免地带进测量误差，所以测得的实际尺寸并不是零件的真值。在测量过程中，即使是对同一尺寸进行多次测量，其结果也不会完全相同，这就是测量误差在数值上的表现形式。

测量误差有绝对误差和相对误差两种表现形式。

1. 绝对误差

绝对误差是指测量所得到的被测量的测量值和被测量真值之间的代数差，其关系式为

$$\delta = L - L_0 \tag{3-3}$$

式中　δ——绝对误差；

　　L——测量值；

　　L_0——被测量真值。

绝对误差只能用来评比大小相同的被测量的测量精度。

2. 相对误差

相对误差是指绝对误差(取绝对值)与被测量真值的比值。由于被测量真值不能确定,通常用实际测得的值或约定真值代替被测量真值进行估算,其关系式为

$$\varepsilon = \frac{|\delta|}{L_0} = \frac{|\delta|}{L} \tag{3-4}$$

式中　ε——相对误差。

3. 测量误差产生的原因

在测量过程中,产生误差的原因很多,主要表现在以下几个方面。

(1)测量方法造成的误差　由于测量方法不完善,如测量方法选择不当,计算公式不准确、测量基准选择不合理等原因产生的误差。

(2)测量工具造成的误差　此误差是由于工具的设计、制造、装配误差,以及使用过程中调整不准确或者作为标准量的基准件本身存在误差所产生的误差。

(3)环境条件造成的误差　测量时环境条件不符合标准条件要求所产生的误差,如温度、湿度条件不符合标准,或测量时存在振动等引起的误差。

(4)主观误差　主观误差是由于测量者主观因素造成的误差,如测量人员技术不熟练,量具使用不当或者视力较差等原因引起的测量误差。

3.2.2　测量误差的分类与处理

测量误差按其性质可以分为随机误差、系统误差和粗大误差三类。

1. 随机误差及其处理

随机误差是指在同一测量条件下,多次测量同一被测量时,误差的绝对值和符号没有确定变化规律的误差。引起随机误差的原因很多,如测量过程中温度的变化、测量过程中的振动、测量时用力不稳以及测量者观察的角度差异等。但就某一次测量而言,随机误差的大小和正负都无法预测,但是经过多次测量,并对测量结果进行统计分析后可以看出,随机误差符合一定的概率统计规律。

1)随机误差的分布规律和特性

大量的测量结果表明,随机误差的分布呈正态分布,正态分布曲线如图 3-7 所示,正态分布曲线的数学表达式为

$$y = \frac{1}{\sigma\sqrt{2\pi}}e^{-\frac{\delta^2}{2\sigma^2}} \tag{3-5}$$

式中　y——概率密度;

　　　σ——标准偏差;

　　　δ——随机误差。

由图 3-7 可归纳出随机误差具有以下几个特性。

(1)单峰性　绝对值小的误差比绝对值大的误差出现的概率大。

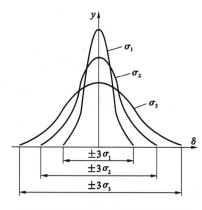

图 3-7　随机误差的正态分布曲线

(2)对称性　绝对值相等的正负误差出现的概率相等。

(3)有界性　在一定的测量条件下,随机误差的绝对值不会超过一定的界限。

(4)抵偿性　随着测量次数的增多,随机误差的算术平均值趋于零。

2) 随机误差的评定

由图 3-7 可以看出,概率密度 y 的大小与随机误差 δ、标准偏差 σ 有关。概率密度的最大值也称差值聚集中心,随标准偏差的变化而变化。当 $\sigma_1 < \sigma_2 < \sigma_3$ 时,$y_{1max} > y_{2max} > y_{3max}$,也就是说,标准偏差越小,曲线越陡,随机误差的分布就越集中,测量精度就越高。随机误差的标准偏差 σ 可用以下式计算得到:

$$\sigma = \sqrt{\frac{\delta_1^2 + \delta_2^2 + \cdots + \delta_n^2}{n}} \tag{3-6}$$

式中　$\delta_1, \delta_2, \delta_3, \cdots, \delta_n$——每次实际测量值相应的随机误差;

　　　n——测量次数。

标准偏差 σ 是反应测量值分散程度的一项指标。由于随机误差具有有界性,因此它的大小不会超过一定的范围。随机误差的极限值就是测量极限误差。由概率论可知,倘若随机误差的区间为 $(-\infty, +\infty)$,则其概率为

$$p = \int_{-\infty}^{+\infty} y \mathrm{d}\delta = \int_{-\infty}^{+\infty} \frac{1}{\sigma \sqrt{2\pi}} \mathrm{e}^{\frac{\delta^2}{2\sigma^2}} \mathrm{d}\delta = 1 \tag{3-7}$$

当随机误差的区间为 $(-\delta, +\delta)$ 时,其概率为

$$p = \int_{-\delta}^{+\delta} y \mathrm{d}\delta = \int_{-\delta}^{+\delta} \frac{1}{\sigma \sqrt{2\pi}} \mathrm{e}^{\frac{\delta^2}{2\sigma^2}} \mathrm{d}\delta \tag{3-8}$$

在式 (3-8) 中,令 $t = \dfrac{\delta}{\sigma}$,则变化为

$$p = \frac{1}{\sqrt{2\pi}} \int_{-t}^{+t} \mathrm{e}^{\frac{t^2}{2}} \mathrm{d}t = \frac{2}{\sqrt{2\pi}} \int_0^{+t} \mathrm{e}^{\frac{t^2}{2}} \mathrm{d}t = 2\phi(t) \tag{3-9}$$

表 3-4 列出了不同 t 值对应的 $\phi(t)$ 值。

表 3-4　正态概率积分值 $\phi(t)$

t	$\phi(t)$	t	$\phi(t)$	t	$\phi(t)$	t	$\phi(t)$	t	$\phi(t)$
0.00	0.0000	0.55	0.2088	1.10	0.3643	1.65	0.4505	2.40	0.4918
0.05	0.0199	0.60	0.2257	1.15	0.3749	1.70	0.4554	2.50	0.4938
0.10	0.0398	0.65	0.2422	1.20	0.3849	1.75	0.4599	2.60	0.4953
0.15	0.0596	0.70	0.2580	1.25	0.3944	1.80	0.4641	2.70	0.4965
0.20	0.0793	0.75	0.2734	1.30	0.4032	1.85	0.4678	2.80	0.4574
0.25	0.0987	0.80	0.2881	1.35	0.4115	1.90	0.4713	2.90	0.4981
0.30	0.1179	0.85	0.3023	1.40	0.4192	1.95	0.4744	3.00	0.49865
0.35	0.1368	0.90	0.3159	1.45	0.4265	2.00	0.4772	3.20	0.49931
0.40	0.1554	0.95	0.3289	1.50	0.4332	2.10	0.4821	3.42	0.49966
0.45	0.1736	1.00	0.3413	1.55	0.4394	2.20	0.4861	3.60	0.499841
0.50	0.1915	1.05	0.3531	1.60	0.4452	2.30	0.4893	3.80	0.499928

从表 3-4 可以看出,当 $t = 3$ 时,σ 分布在 $(-3\sigma, 3\sigma)$ 范围内的概率为

$$p = \frac{1}{\sqrt{2\pi}} \int_{-t}^{+t} \mathrm{e}^{\frac{t^2}{2}} \mathrm{d}t = \frac{2}{\sqrt{2\pi}} \int_0^{+t} \mathrm{e}^{\frac{t^2}{2}} \mathrm{d}t = 2\phi(t) = 2 \times 0.49865 = 0.9973 = 99.73\%$$

即超出该范围的概率仅为0.27%,也就是说每连续测量 370 次,随机误差超出 ±3σ 的只有 1 次。而在实际测量时,测量的次数远远少于 370 次,因此随机误差超出 ±3σ 的情况很难出现,因此可取 δ＝±3σ 作为随机误差的极限值。

3)随机误差的处理步骤

对某一被测值在一定的测量条件下重复测量 n 次,得到一系列的测量值 $L_1, L_2, L_3, \cdots, L_n$,若被测值的真值为 L_0,假设被测值中不含系统误差和大值误差,则每次测量的随机误差为

$$\delta_1 = L_1 - L_0, \delta_2 = L_2 - L_0, \cdots, \delta_n = L_n - L_0 \tag{3-10}$$

首先,按照式(3-6)计算单次测量的标准偏差 σ,那么随机误差的极限值 $\delta_{\lim} = 3\sigma$,则测量结果为

$$L = L_0 \pm \delta_{\lim} = L_0 \pm 3\sigma \tag{3-11}$$

在实际测量过程中,被测值的真值 L_0 未知,但在测量时若测量次数 n 无限增大,随机误差的算术平均值趋于零,因此在分析随机误差时可以用多次测量值的算术平均值代替真值,具体的数据处理过程如下。

(1)计算测量值的算术平均值。

$$\bar{L} = \frac{\sum_{i=1}^{n} L_i}{n} \tag{3-12}$$

式中　　n——测量次数。

(2)计算残差。用算术平均值代替真值后,各个测量值与算术平均之间的差值,称为残差。记为 ν_i,即

$$\nu_i = L_i - \bar{L} \tag{3-13}$$

(3)估算单次测量值的标准偏差。

$$\sigma = \sqrt{\frac{\sum_{i=1}^{n} \nu_i}{n-1}} \tag{3-14}$$

单次测量值的极限范围为 $(\bar{L} - 3\sigma, \bar{L} + 3\sigma)$。

(4)计算测量列算术平均值的标准偏差　若在相同的条件下对同一被测几何量进行多组测量,则每组的算术平均值均不相同,但是它们的分散程度要比单次测量的分散程度要低很多。测量列算术平均值的标准偏差 σ_L 与测量列单次测量的标准偏差关系为

$$\sigma_L = \frac{\sigma}{\sqrt{n}} \tag{3-15}$$

由式(3-15)可以看出,随着测量次数的增多,测量列算术平均值的标准偏差 σ_L 就越小,测量精度就越高。当 σ_L 一定时,n＞10 后,σ_L 的减小就非常缓慢了,因此测量的次数不必太多,一般情况下,取 n＝10～15。

多组测量所得的测量结果可表示为

$$L = \bar{L} \pm 3\sigma_L \tag{3-16}$$

2. 系统误差及其处理

系统误差是指在测量过程中,在测量条件相同时,多次重复测量同一量值,测量误差的大小和方向不变或按一定的规律变化的误差。

系统误差可分为定值系统误差和变值系统误差,定值系统误差如测量工具的零位不准确而造成的系统误差;变值系统误差如万能工具显微镜测量长丝杠螺距时由于温度不断升高而引起的测量系统误差。

因为系统误差的数值往往比较大,会对测量精度造成一定的影响,因此消除和减小系统误差是测量过程中应该及时解决的问题之一。而消除和减小系统误差的关键问题是能够发现系统误差。

1)发现系统误差的方法

(1)实验对比法 实验对比法是用不同的仪器进行测量,通过对比测量结果发现系统误差的方法。例如,量块按标称尺寸测量时,由于量块自身尺寸的偏差产生定值系统误差的方法,即使重复分组测量,也不容易发现这一误差,只有用另一块等级更高的量块进行测量,通过对比结果才能发现。

(2)残差观察法 残差观察法是指根据测量列的各个残差的大小和符号的变化规律,直接由残差数据和残差曲线图形来判断有无系统误差的方法,这种方法主要用来发现变值系统误差。首先根据测量先后顺序,将测量列的残差作图,通过观察残差的变化规律来判断有无变值系统误差。若各残差大体正负相间,则不存在系统误差,如图 3-8(a)所示;若各残差按近似的线性规律递增或递减,则存在线性系统误差,如图 3-8(b)所示;若各残差的大小和方向有规律地周期性变化,则存在周期性的系统误差,如图 3-8(c)所示;若各残差的大小和方向既按近似的线性规律变化,又有周期性,则既存在线性系统误差,又存在周期性的系统误差,如图 3-8(d)所示。

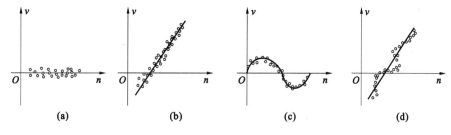

图 3-8 系统误差的残差曲线图

2)消除系统误差的方法

消除系统误差的方法很多,下面介绍几种最常用的方法。

(1)从产生误差的根源上消除系统误差 测量技术人员应对测量过程每个环节做仔细分析,在测量前将可能产生的系统误差从根源上消除。如在测量之前和测量结束后一定要矫正仪器的零位。

(2)用修正法消除系统误差 预先检定出测量器具的系统误差,实际测量过程中采用与系统误差大小相等、方向相反的值进行修正。

(3)用抵消法消除定值系统误差 这种方法要求在被测件的对称位置上分别测量一次,取两次测量数据的平均值。

(4)用半周期法消除周期性系统误差 这种方法要求在每相隔半个周期测量一次,以相邻两次测量值的平均值作为一个测量值,即可消除周期性系统误差。

消除和减少系统误差的关键是找出误差产生的根源和误差的规律,系统误差不可能完全消除,但可以减小到相当于随机误差的程度。

3）粗大误差的处理

在测量过程中粗大误差会明显歪曲测量结果，在处理测量误差时应予以剔除。一般情况下，剔除粗大误差的判定准则主要是 3σ 准则和罗曼诺夫斯基准则。

（1）3σ 准则　当测量服从正态分布时，若测量列中出现绝对值大于 3σ 的残差时，应予以剔除。该准则是以测量次数超过 10 次为前提的，如果测量次数不满足要求，不能采用此准则。

（2）罗曼诺夫斯基准则（t 检验准则）　罗曼诺夫斯基准则用于测量次数较少的测量，如测量获得一系列的测量值，$L_1, L_2, L_3, \cdots, L_n$，首先选取一个较大的测量值 L_j 作为可疑值，求其余测量值的平均值 $\overline{L}$ 和标准差 σ，令

$$v_j = L_j - \overline{L} \tag{3-17}$$

当 $|v_j| < K\sigma$ 时，说明剔除 L_j 是正确的，否则剔除不正确，应该保留该测量值。式中，K 为 t 分布检验系数，可根据测量系数和显著度查表得到，如表 3-6 所示。

表 3-6　K 值的选取表

n \ K \ α	0.05	0.01	n \ K \ α	0.05	0.01	n \ K \ α	0.05	0.01
4	4.97	11.46	13	2.29	3.23	22	2.14	2.91
5	3.56	6.53	14	2.26	3.17	23	2.13	2.90
6	3.04	5.04	15	2.24	3.12	24	2.12	2.88
7	2.78	4.36	16	2.22	3.08	25	2.11	2.86
8	2.62	3.96	17	2.20	3.04	26	2.10	2.85
9	2.51	3.71	18	2.18	3.01	27	2.10	2.84
10	2.43	3.54	19	2.17	3.00	28	2.09	2.83
11	2.37	3.41	20	2.16	2.95	29	2.09	2.82
12	2.33	3.31	21	2.15	2.93	30	2.08	2.81

3.3　普通计量器具的选择和检查

当被测要素的尺寸公差和几何公差的关系采用独立原则时，实际尺寸和几何误差分别使用普通计量器具进行测量。当被测要素的尺寸公差和几何公差的关系采用包容要求时，实际尺寸和几何误差的综合结果可以用极限量规检验，也可以使用普通计量器具分别对实际尺寸和几何误差进行测量，然后通过计算综合尺寸误差来判断零件的合格性。普通计量器具通常用于小批量生产，而光滑极限量规是一种无刻度计量器具，用它可以判定工件合格与否，但不能获得工件的实际尺寸和几何误差数值。

3.3.1　孔轴实际尺寸的检查

由于测量误差的存在，任何测量都不可能测出真值，而且由于受测量条件和生产条件的限制，通常情况下在车间判断工件合格与否只按一次测量的结果为判断标准，并不对由于温度变化、计量器具误差、标准器的系统误差等造成的误差进行修正，因此，常常存在误判现象。

1. 误收和误废

在实际验收过程中，由于测量误差的存在，把超出规定尺寸极限的不合格产品判断为合

格产品,这种现象称为误收。而把没有超出规定尺寸极限的合格产品判断为不合格产品称为误废。误收会影响产品的质量,而误废则会造成经济损失,因此,为了保证产品质量,必须规定合理的验收极限。

2. 验收极限

国家标准 GB/T 3177—2009《产品几何技术规范(GPS)　光滑工件尺寸的检验》规定了以下两种验收极限方式。

(1) 内缩方式。验收极限从规定的最大实体尺寸(MMS)和最小实体尺寸(LMS)分别向工件公差带内移动一个安全裕度(A)来确定,如图 3-9 所示,具体的数值如表 3-6 所示。

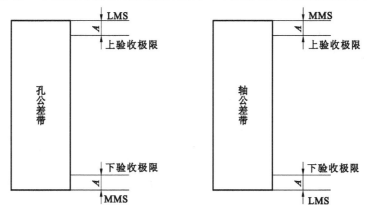

图 3-9　验收极限示意图

安全裕度 A 的计算公式为

$$A = \frac{1}{10} T \tag{3-18}$$

式中　T——被测尺寸的公差。

表 3-6　安全裕度(A)与计量器具的测量不确定允许值(u_1)(摘自 GB/T 3177—2009)　(单位:μm)

公差等级		6					7					8				
公称尺寸/mm		T	A	u_1			T	A	u_1			T	A	u_1		
大于	至			I	II	III			I	II	III			I	II	III
—	3	6	0.6	0.5	0.9	1.4	10	1.0	0.9	1.5	2.3	14	1.4	1.3	2.1	3.2
3	6	8	0.8	0.7	1.2	1.8	12	1.2	1.1	1.8	2.7	18	1.8	1.6	2.7	4.1
6	10	9	0.9	0.8	1.4	2.0	15	1.5	1.4	2.3	3.4	22	2.2	2.0	3.3	5.0
10	18	11	1.1	1.0	1.7	2.5	18	1.8	1.7	2.7	4.1	27	2.7	2.4	4.1	6.1
18	30	13	1.3	1.2	2.0	2.9	21	2.1	1.9	3.2	4.7	33	3.3	3.0	5.0	7.4
30	50	16	1.6	1.4	2.4	3.6	25	2.5	2.3	3.8	5.6	39	3.9	3.5	5.9	8.8
50	80	19	1.9	1.7	2.9	4.3	30	3.0	2.7	4.5	6.8	46	4.6	4.1	6.9	10
80	120	22	2.2	2.0	3.3	5.0	35	3.5	3.2	5.3	7.9	54	5.4	4.9	8.1	12
120	180	25	2.5	2.3	3.8	5.6	40	4.0	3.6	6.0	9.0	63	6.3	5.7	9.5	14
180	250	29	2.9	2.6	4.4	6.5	46	4.6	4.1	6.9	10	72	7.2	6.5	11	16
250	315	32	3.2	2.9	4.8	7.2	52	5.2	4.7	7.8	12	81	8.1	7.3	12	18
315	400	36	3.6	3.2	5.4	8.1	57	5.7	5.1	8.4	13	89	8.9	8.0	13	20
400	500	40	4.0	3.6	6.0	9.0	63	6.3	5.7	9.5	14	97	9.7	8.7	15	22

　　设置安全裕度 A 的目的是为了补偿测量误差的影响,减少误收率。另外,由于采用普通计量器具进行测量是两点式测量,无法控制工件的形状误差,因此采用内缩的验收极限,可以补偿几何误差对测量验收效果的影响。这种验收方式用于包容要求和精度较高的场合。

　　孔尺寸的验收极限为

$$上验收极限 = 最小实体尺寸 - 安全裕度$$
$$下验收极限 = 最大实体尺寸 + 安全裕度$$

　　轴尺寸的验收极限为

$$上验收极限 = 最大实体尺寸 - 安全裕度$$
$$下验收极限 = 最小实体尺寸 + 安全裕度$$

　　(2) 不内缩方式。该方式规定验收极限等于工件的最大实体尺寸和最小实体尺寸,即安全裕度 $A=0$。这种方式用于一般公差的尺寸。

　　孔尺寸的验收极限为

$$上验收极限=最小实体尺寸$$
$$下验收极限=最大实体尺寸$$

　　轴尺寸的验收极限为

$$上验收极限=最大实体尺寸$$
$$下验收极限=最小实体尺寸$$

3. 验收极限方式的选择

　　测量过程中具体选择哪种验收极限受到多种因素的影响,如工件的尺寸要求、形状要求、工艺能力等。

　　(1) 对于遵守包容要求的尺寸,以及公差等级要求高的尺寸,采用内缩式验收极限。

　　(2) 对工艺能力系数 $C_p \geqslant 1$ 时,验收极限可以采用不内缩方式。

$$C_p = \frac{T}{c\sigma} \tag{3-19}$$

式中　　c——常数;

　　　　σ——样本的标准偏差;

　　　　$c\sigma$——该工序的工艺能力。

　　对于遵循正态分布的工序尺寸,$C_p = T/6\sigma$。

　　(3) 对于偏态分布的工序尺寸,验收极限可以仅对尺寸偏向的一边按内缩方式确定。

　　(4) 对于非配合尺寸和一般未注公差尺寸,验收极限按不内缩方式确定。

　　工件验收极限确定后,还需正确确定计量器具才能进行正确测量。

3.3.2　计量器具的选择

　　测量误差的主要来源是环境误差和工具误差。国家标准规定测量的标准温度是 20 ℃。如果工件和计量器具的线膨胀系数一样,测量温度可以偏离 20 ℃。计量器具的选择依据是测量不确定度。

1. 测量不确定度

　　由于测量误差造成被测几何量的值不能确定的程度称为测量不确定度。测量不确定度的计算公式为

$$u = \sqrt{u_1^2 + u_2^2} \tag{3-20}$$

式中　u_1——计量器具的测量不确定度；

　　　u_2——测量条件引起的测量不确定度。

其中 u_1 对 u 的影响比 u_2 大,一般取 $u_1/u_2 = 2$,因此,$u_1 = 0.9u$,$u_2 = 0.45u$。

选择计量器具时应使所选用计量器具的不确定度数值小于或等于选定的$[u_1]$值。GB/T 3177—2009将测量不确定度 u 与公差 T 的比值 τ 分为 3 个档次。Ⅰ档,$\tau = 1/10$,即 $u = A = T/10$;Ⅱ档,$\tau = 1/6$,即 $u = T/6 > A$;Ⅲ档,$\tau = 1/4$,即 $u = T/4 > A$。相应的计量器具的测量不确定度 u_1 也按照 τ 分档,Ⅰ档,$u_1 = 0.09T$;Ⅱ档,$u_1 = 0.15T$;Ⅲ档,$u_1 = 0.225T$。尺寸公差等级在 IT6～IT11 的工件,u_1 分为 Ⅰ、Ⅱ、Ⅲ 档,尺寸公差等级在 IT12～IT18 的工件,u_1 分为 Ⅰ、Ⅲ 档。部分数值如表 3-6 所示。

2. 计量器具的选择原则

计量器具的选择主要取决于计量器具的技术指标及经济指标。

(1) 选择的计量器具应与被测工件的被测位置、尺寸大小及被测参数的特性相适应,计量器具应在测量范围上满足要求。

(2) 选择的计量器具应考虑工件的尺寸精度,所选器具既要保证测量不确定度应不超过标准规定的许用测量不确定度,又应考虑测量的成本。在满足测量精度要求的情况下,尽量选用精度低的计量器具。表 3-7 和表 3-8 给出了车间条件下,比较仪的测量不确定度以及常用千分尺和游标卡尺。

表 3-7　比较仪的测量不确定度　　　　　（单位:mm）

尺寸范围		所使用的计量器具			
		分度值为 0.0005 mm 的比较仪	分度值为 0.001 mm 的比较仪	分度值为 0.002 mm 的比较仪	分度值为 0.005 mm 的比较仪
大于	至	不确定度			
0	25	0.0006	0.0010	0.0017	0.0030
25	40	0.0007			
40	65	0.0008	0.0011	0.0018	
65	90	0.0008			
90	115	0.0009	0.0012	0.0019	
115	165	0.0010	0.0013		
165	215	0.0012	0.0014	0.0020	0.0035
215	265	0.0014	0.0016	0.0021	
265	315	0.0016	0.0017	0.0022	

表 3-8　千分尺和游标卡尺的不确定度　　　　　　　　　　　（单位：mm）

尺寸范围		计量器具类型			
		分度值为 0.01 的外径千分尺	分度值为 0.01 的内径千分尺	分度值为 0.02 的游标卡尺	分度值为 0.015 的游标卡尺
大于	至	不确定度			
0	50	0.004	0.008	0.020	0.005
50	100	0.005			
100	150	0.006			
150	200	0.007			
200	250	0.008	0.013		
250	300	0.009			
300	350	0.010	0.020		0.100
350	400	0.011			
400	450	0.012			
450	500	0.013	0.025		
500	600		0.030		
600	700				
700	1000				0.150

注：① 当采用比较测量时，千分尺的测量不确定度可小于本表规定的数值；

② 当所选用的计量器具的 $u_1' > u_1$ 时，计算 $A' = u'/0.9$，若 $A' \leqslant 15\% T$，允许选用该计量器具，此时按照 A' 确定上、下验收极限。

例 3-1　某孔的尺寸精度为 $\phi 30\mathrm{H}7(^{+0.021}_{0})$Ⓔ，试确定该尺寸的验收极限，并选择相应的计量器具。该孔可否使用标尺分度值为 0.01 mm 的内径千分尺进行比较测量？

解　（1）确定验收极限。

因为孔 $\phi 30\mathrm{H}7$Ⓔ遵循包容要求，验收极限应按两边内缩方式确定。

查表 3-6 得：$T = 0.021$ mm，安全裕度 $A = 2.1\ \mu\mathrm{m} = 0.0021$ mm，则

$$上验收极限 = D_{\min} - A = 30\ \mathrm{mm} - 0.0021\ \mathrm{mm} = 29.9979\ \mathrm{mm}$$

$$下验收极限 = D_{\max} + A = 30.021\ \mathrm{mm} + 0.0021\ \mathrm{mm} = 30.0231\ \mathrm{mm}$$

（2）选择计量器具。

查表 3-6，优先选用 I 挡的计量器具测量不确定度允许值，得 $u_1 = 0.09T = 0.0019$ mm。查表 3-7，选用分度值为 0.002 mm 的比较仪，其测量不确定度 $[u_1] = 0.0018$ mm < 0.0019 mm $= u_1$，可以满足测量要求。

（3）判断所选仪器是否合格。

查表 3-8，选用分度值为 0.01 mm 的内径千分尺的测量不确定度

$$[u_1] = 0.004\ \mathrm{mm} > 0.0019\ \mathrm{mm} = u_1$$

$$A' = \frac{u_1}{0.9} = \frac{0.004}{0.9}\ \mathrm{mm} = 0.00044\ \mathrm{mm}$$

$$15\% T = 15\% \times 0.0021\ \mathrm{mm} = 0.000315\ \mathrm{mm}$$

因为 $A'>15\%T$,所以选取该量具不能满足测量要求。

习题 3

3-1 测量的实质是什么? 一个完整的几何测量过程包括哪几个要素?

3-2 量块分"等"、"级"的依据是什么? 哪一种使用情况存在系统误差? 哪一种使用情况仅存在随机误差?

3-3 测量误差有哪几种表现形式?

3-4 系统误差和随机误差的产生原因有什么不同? 去除或减小系统误差的方法有哪些? 随机误差的评定指标是什么?

3-5 测量列单次测量值标准偏差和算术平均值的标准偏差有什么区别?

3-6 国家标准 GB/T 3177—2009《产品几何技术规范(GPS) 光滑工件尺寸的检验》规定的两种验收极限方式是什么? 这两种验收方式的验收极限尺寸该如何确定?

3-7 用两种不同的测量方法分别测量 50 mm 和 60 mm 的两段长度尺寸,前者和后者的绝对测量误差分别为 $+3~\mu m$ 和 $-4~\mu m$,哪种测量方法的测量精度较高? 为什么?

3-8 在同一测量条件下重复测量某轴同一部位的尺寸 10 次,按照测量顺序,各测量值分别为(单位:mm)

$$15.021 \quad 15.023 \quad 15.020 \quad 15.023 \quad 15.022$$
$$15.023 \quad 15.020 \quad 15.022 \quad 15.023 \quad 15.021$$

假设测量列中不存在定值系统误差,试确定:

(1) 测量列中的算术平均值;

(2) 测量列中是否存在变值系统误差;

(3) 测量列中是否存在粗大误差;

(4) 测量列单次测量值的标准偏差及测量极限误差;

(5) 算术平均值的标准偏差及测量极限误差。

3-9 用普通测量器具测量下列孔轴时,分别确定它们的安全裕度、验收极限以及应使用的计量器具的名称及分度值。

(1) $\phi40e8\ⓔ$;

(2) $\phi50js8\ⓔ$;

(3) $\phi50H7$;

(4) $\phi35H7\ⓔ$。

第4章 几何公差

4.1 概 述

从图样到形成零件,必须经过加工过程。无论采取何种加工工艺,采用何种精度的加工设备,无论操作工人的技术有多高,要使加工所得零件的实际几何参数完全达到理想的要求是不可能,也是不必要的。加工误差反映在完工零件上,造成零件实际几何参数的不定性,其表现就是同一批零件同一部位的实际尺寸都不相同,即存在尺寸误差;同一零件同一几何参数的不同部位,或相关几何参数的相对位置、方向、跳动等各处都不同,即构成形状、位置、方向、跳动误差,以上这些误差统称为几何误差。它们对产品的寿命和使用性能有很大的影响。如具有形状误差(如圆度误差)的轴和孔的配合,会因间隙不均匀而影响配合性能,并造成局部磨损导致寿命降低。几何误差越大,零件的几何参数的精度越低,其质量也越低。为了保证零件的互换性和使用要求,有必要对零件规定几何公差,用以限制几何误差。

为适应经济发展和国际交流的需要,我国根据国际标准 ISO 1101 制订了有关几何公差的新国家标准。几何公差是用来限制几何误差的,我国 GPS 标准体系中与几何公差有关的主要标准有:

GB/T 1182—2008《产品几何技术规范(GPS) 几何公差 形状、方向、位置和跳动公差标注》;

GB/T 1184—1996《形状和位置公差 未注公差值》;

GB/T 1958—2004《产品几何量技术规范(GPS) 形状和位置公差 检测规定》;

GB/T 4249—2009《产品几何量技术规范(GPS) 公差原则》;

GB/T 13319—2003《产品几何量技术规范(GPS) 几何公差 位置度公差注法》;

GB/T 16671—2009《产品几何量技术规范(GPS) 几何公差 最大实体要求、最小实体要求和可逆要求》;

GB/T 17851—2010《产品几何量技术规范(GPS) 几何公差 基准和基准体系》;

GB/T 18780.1—2002《产品几何量技术规范(GPS) 几何要素 第1部分:基本术语和定义》;

GB/T 18780.2—2003《产品几何量技术规范(GPS) 几何要素 第2部分:圆柱面和圆锥面的提取中心线、平行平面的提取中心面、提取要素的局部尺寸》。

4.1.1 几何公差的研究对象

几何公差的研究对象是构成零件几何特征的点、线、面。这些点、线、面统称几何要素。一般在研究形状公差时,涉及的对象有线和面两类要素;在研究位置公差时,涉及的对象有点、线和面三类要素。几何公差就是研究这些要素在形状及其相互间方向或位置方面的精度问题。

几何要素可从不同角度来分类。

1. 按结构特征分类

(1)组成要素(即轮廓要素) 组成要素是构成零件外形,为人们直接感觉到的点、线、面。

（2）导出要素（即中心要素）　导出要素是组成要素对称中心所表示的点、线、面。其特点是它是不能为人们直接感觉到的中心面、中心线、中心点等。

组成要素与导出要素如图 4-1 所示。

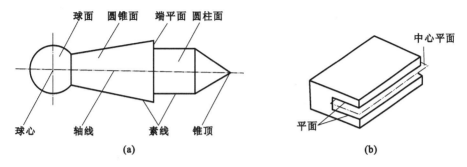

图 4-1　组成要素与导出要素

2. 按存在状态分类

（1）实际要素　实际要素即零件上实际存在的，可以测量反映出来的要素。

（2）理想要素　理想要素是指没有任何误差的几何要素；是按设计要求，由图样给定的点、线、面的理想形态，是绝对正确的几何要素。理想要素是作为评定实际要素的依据，在生产中是不可能得到的。

3. 按所处部位分类

（1）被测要素　被测要素即图样中给出了几何公差要求的要素，是研究和测量的对象。如图 4-2(a) 中 $\phi16H7$ 的轴线、图 4-2(b) 中上平面。

（2）基准要素　基准要素即用来确定被测要素方向和位置的要素。基准要素在图样上都标有基准符号或基准代号，如图 4-2(a) 中 $\phi30h6$ 的中心轴线、图 4-2(b) 中下平面。

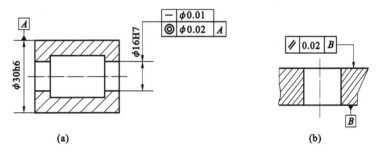

图 4-2　基准要素和被测要素

4. 按功能关系分类

（1）单一要素　单一要素指仅对被测要素本身给出形状公差的要素。

（2）关联要素　关联要素是指相对基准要素有方向或（和）位置功能要求而给出位置公差要求的要素。如图 4-2(a) 中 $\phi16H7$ 孔的轴线，相对于 $\phi30h6$ 圆柱面轴线有同轴度公差要求，此时 $\phi16H7$ 的轴线属关联要素。同理，图 4-2(b) 中上平面相对于下平面有平行度要求，故上平面属关联要素。

4.1.2　几何公差的分类

几何公差分为形状公差、方向公差、位置公差和跳动公差，相应的几何特征符号如表 4-1 所示。

表 4-1　几何公差的项目及其符号

公差类型	几何特征	符　号	有无基准
形状公差	直线度	──	无
	平面度	▱	无
	圆度	○	无
	圆柱度	⌀	无
	线轮廓度	⌒	无
	面轮廓度	⌓	无
方向公差	平行度	//	有
	垂直度	⊥	有
	倾斜度	∠	有
	线轮廓度	⌒	有
	面轮廓度	⌓	有
位置公差	位置度	⊕	有或无
	同心度(用于中心点)	◎	有
	同轴度(用于轴线)	◎	有
	对称度	═	有
	线轮廓度	⌒	有
	面轮廓度	⌓	有
跳动公差	圆跳动	↗	有
	全跳动	⌰	有

4.1.3　几何公差的标注方法

1. 公差框格及填写的内容

如图 4-3 所示,公差框格在图样上一般应水平放置,若有必要,也允许竖直放置。对于水平放置的公差框格,应由左往右依次填写公差项目、公差值及有关符号、基准字母及有关符号,基准可多至三个,但先后有别,基准字母代号前后排列不同将有不同的含义。对于竖直放置的公差框格,应该由下往上填写有关内容。

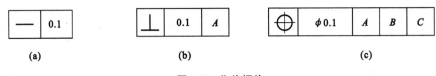

图 4-3　公差框格

2. 指引线

公差框格用指引线与被测要素联系起来,指引线由细实线和箭头构成,它从公差框格的一端引出,并保持与公差框格端线垂直,引向被测要素时允许弯折,但不得多于两次。

指引线的箭头应指向公差带的宽度方向或径向,如图 4-4 所示。对于圆度,公差带的宽度是形成两同心圆的半径方向。

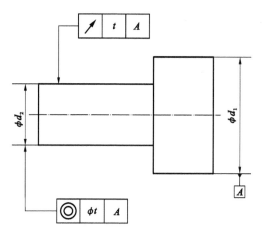

图 4-4　几何公差标准示例

3. 基准符号与基准代号

(1) 基准符号。它为一个涂黑的或空白的三角形,用短线与基准方格相连,字母标注在基准方格内。

(2) 基准代号。由基准符号、方格、连线和字母组成。无论基准符号的方向如何,字母都应水平书写,如图 4-5 所示。

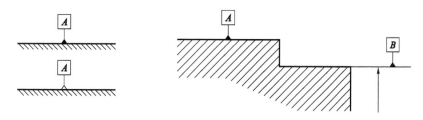

图 4-5　基准符号及代号

单一基准要素的名称用大写拉丁字母 $A,B,C\cdots$ 表示,如图 4-6(a)所示。为不致引起误解,字母 E、F、I、J、M、O、P、R 不得采用。公共基准名称由组成公共基准的两基准名称字母,在中间加一横线组成,如图 4-6(b)所示。在位置度公差中常采用三基面体系来确定要素间的相对位置,如图 4-6(c)所示,应将三个基准按第一基准、第二基准和第三基准的顺序从左至右分别标注在各小格中,而不一定是按 $A,B,C\cdots$ 字母的顺序排列。三个基准面的先后顺序是根据零件的实际使用情况,按一定的工艺要求确定的。通常第一基准选取最重要的表面,加工或安装时由三点定位,其余依次为第二基准(两点定位)和第三基准(一点定位),基准的多少取决于对被测要素的功能要求。

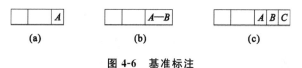

图 4-6　基准标注

4.1.4　几何公差带及标注

1. 被测要素的标注

标注被测要素时,要特别注意公差框格的指引线箭头所指的位置和方向,箭头的位置和方向的不同将有不同的公差要求解释,因此,要严格按国家标准的规定进行标注。

(1) 当被测要素为组成要素(轮廓线或轮廓面)时,指示箭头应指在被测表面的可见轮廓线上,也可指在轮廓线的延长线上,且必须与尺寸线明显地错开,如图 4-7(a)所示。对圆度公差,其指引线箭头应垂直指向回转体的轴线,如图 4-7(b)所示。

(2) 如果对视图中的一个面提出几何公差要求,有时可在该面上用一小黑点引出参考线,公差框格的指引线箭头则指在参考线上,如图 4-7(c)所示。

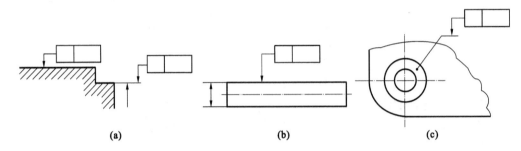

(a)　　　　　　　　　(b)　　　　　　　　　(c)

图 4-7　组成要素标注

(3) 当被测要素为导出要素时,如中心点、圆心、轴线、中心线、中心平面,指引线的箭头应对准尺寸线,即与尺寸线的延长线相重合。若指引线的箭头与尺寸线的箭头方向一致时,可合并为一个。如图 4-8 所示。

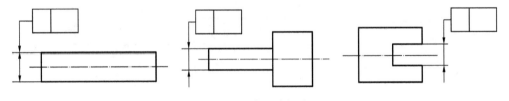

图 4-8　导出要素标注

(4) 当被测要素是圆锥体轴线时,指引线箭头应与圆锥体的大端或小端的尺寸线对齐。必要时也可在圆锥体上任一部位增加一个空白尺寸线与指引箭头对齐,如图 4-9(a)所示。

当要限定局部部位作为被测要素时,必须用粗点画线示出其部位并加注大小和位置尺寸,如图 4-9(b)所示。

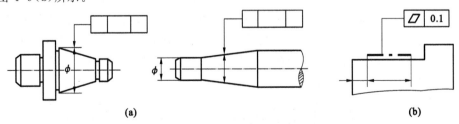

(a)　　　　　　　　　　　　　　　(b)

图 4-9　锥体和局部要素标注

2. 基准要素的标注

(1) 当基准要素是边线、表面等轮廓要素时,基准代号中的短横线应靠近基准要素的轮廓线或轮廓面,也可靠近轮廓的延长线,但要与尺寸线明显错开,如图 4-10(a)所示。

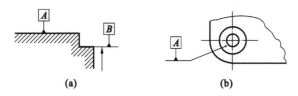

图 4-10　轮廓基准要素

（2）当受到图形限制,基准代号必须标注在某个面上时,可在面上画出小黑点,由黑点引出参考线,基准代号则置于参考线上,如图 4-10(b)所示。

（3）当基准要素是中心点、轴线、中心平面等中心要素时,基准代号的连线应与该要素的尺寸线对齐,如图 4-11(a)~(c)所示。基准代号中的三角形也可代替尺寸线的其中一个箭头,如图 4-11(b)和图 4-11(c)所示。

（4）当基准要素为圆锥体轴线时,基准三角形代号上的连线应与基准要素垂直,即应垂直于轴线而不是垂直于圆锥的素线,如图 4-11(d)所示。

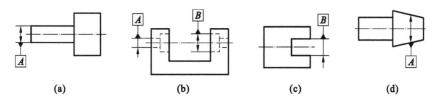

图 4-11　中心基准要素

（5）当以要素的局部范围作为基准时,必须用粗点画线示出其部位,并标注相应的范围和位置尺寸,如图 4-12 所示。

（6）当采用基准目标时,应在有关表面上给出适当的点、线或局部表面来代表基准要素。当基准目标为点时,用 45°的交叉粗实线表示,如图 4-13(a)所示;当基准目标为直线时,用细实线表示,并在棱边上加 45°交叉粗实线,如图 4-13(b)所示;当

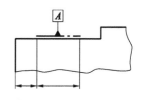

图 4-12　局部范围作基准

基准目标为局部表面时,以双点画线画出局部表面轮廓,中间画出斜 45°的细实线,如图 4-13(c)所示。

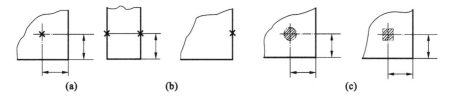

图 4-13　基准目标

3. 公差值的标注

（1）公差值表示公差带的宽度或直径,是控制几何误差量的指标。公差值的大小是几何公差精度高低的直接体现。

（2）公差值标注在公差框格的第 2 格中。如是公差带宽度只标注公差值 t;如是公差带直径则应视要素特征和设计要求而定;若公差带是圆形或圆柱形的,则在公差值前面加注 ϕ;若公差带是球形的,则在公差值前面加注 $S\phi$。

（3）对公差值的要求，除数值外，若还有进一步要求，如误差值只允许中间凸起、不许凹下，或只许从某一端向另一端减少或增加等，此时，应采用限制符号，如表 4-2 所示，标注在公差值的后面。

表 4-2　限制符号表

含　义	符　号	举　例	含　义	符　号	举　例
只许中间材料内凹下	（—）	▭ t(—)	只许从左至右减小	(▷)	↗ t(▷)
只许中间材料外凸起	（＋）	▯ t(＋)	只许从右至左减小	(◁)	↗ t(◁)

4. 附加符号的标注

在几何公差标注中，为了进一步表达其他一些设计要求，可以使用标准规定的附加符号，在标注框格中作出相应的表示。

1）包容要求符号的标注

对于极少数要素需严格保证其配合性质，并要求由尺寸公差控制其形状公差时，应标注包容要求符号，应加注在该要素尺寸极限偏差或公差带代号的后面，如图 4-14 所示。

2）最大实体要求符号Ⓜ、最小实体要求符号Ⓛ的标注

当被测要素采用最大（最小）实体要求时，符号Ⓜ（Ⓛ）应置于公差框格内公差值的后面，如图 4-15(a) 所示；当基准要素采用最大（小）实体要求时，符号Ⓜ（Ⓛ）应置于公差框格内基准名称字母后面，如图 4-15(b) 所示；当被测要素和基准要素都采用最大实体要求时，符号Ⓜ（Ⓛ）应同时置于公差值和基准名称字母的后面，如图 4-15(c) 所示。

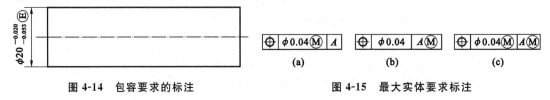

图 4-14　包容要求的标注　　　　　　图 4-15　最大实体要求标注

3）可逆要求符号Ⓡ的标注

可逆要求应与最大实体要求或最小实体要求同时使用，其符号Ⓡ标注在Ⓜ或Ⓛ的后面。可逆要求用于最大实体要求时的标注方法如图 4-16 所示。可逆要求用于最小实体要求时的标注方法如图 4-17 所示。

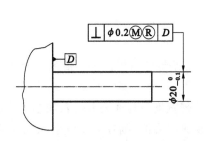

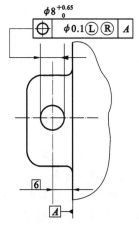

图 4-16　可逆要求用于最大实体要求时的标注　　　　图 4-17　可逆要求用于最小实体要求时的标注

4) 延伸公差带符号ⓟ的标注

延伸公差带的含义是将被测要素的公差带延伸到工件实体以外,控制工件外部的公差带,以保证相配零件与该零件配合时能顺利装入。延伸公差带用符号ⓟ表示,并注出其延伸范围,延伸公差带符号ⓟ标注在公差框格内的公差值的后面,同时也应加注在图样中延伸公差带长度数值的前面,如图 4-18 所示。

5) 自由状态条件符号ⓕ的标注

对于非刚性被测要素在自由状态时,若允许超出图样上给定的公差值,可在公差框格内标注出允许的几何公差值,并在公差值后面加注符号ⓕ,表示被测要素的几何公差是在自由状态条件下的公差值,未加ⓕ则表示的是在受约束力情况下的公差值,如图 4-19 所示。

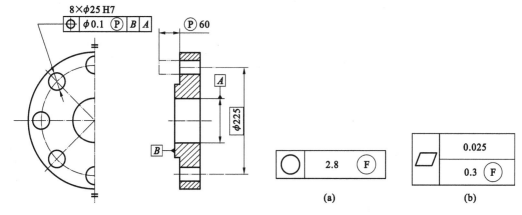

图 4-18　延伸公差带标注　　　　　　　　图 4-19　自由状态条件标注

5. 特殊规定

1) 部分长度上的公差值标注

由于功能要求,有时不仅需限制被测要素在整个范围内的几何公差,还需要限制特定长度或特定面积上的几何公差。对部分长度上要求几何公差时的标注方法如图 4-20 所示。图 4-20 表示每 200 mm 的长度上,直线度公差值为 0.05 mm,即要求在被测要素的整个范围内的任一个 200 mm 长度均应满足此要求,属于局部限制。如在部分长度内控制几何公差的同时,还需要控制整个范围内的几何公差值,其表示方法如图 4-21 的上一格标注所示。此时,两个要求应同时满足,属于进一步限制。

图 4-20　局部限制标注　　　　　　图 4-21　进一步限制标注

2) 公共公差带的标注

当两个或两个以上的要素同时受一个公差带控制,以保证这些要素共面或共线,可用一个框格表示,但需在框格上部注明共线或共面的要求,如图 4-22(a)所示,此时被测要素直接与框格相连,如需由公共公差带控制的要素相距较远或由于受图面限制不便与框格相连时,可采用图 4-22(b)的形式标注,即各要素用箭头指示并标上字母代号如 A,并在框格上部注明"3×A 共面"。若没有"共面"、"共线"的说明则只表明用同一数值、形状的公差带,不能实现共面控制。

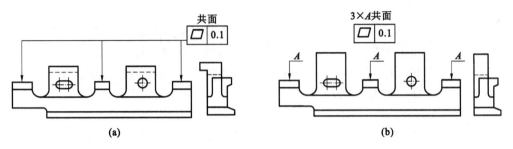

图 4-22　几处用同一公差带时的标注

3）螺纹、花键、齿轮的标注

在一般情况下，以螺纹轴线作为被测要素或基准要素时均采用中径轴线，表示大径或小径的情况较少。因此规定：如被测要素和基准要素系指中径轴线，则不需另加说明，如指大径轴线，则应在公差框格下部加注大径代号"MD"（见图 4-23），小径代号则为"LD"。对于齿轮和花键轴线，中径轴线用"PD"表示；大径（外齿轮为顶圆，内齿轮为根圆直径）用"MD"表示；小径（外齿轮为根圆，内齿轮为顶圆直径）用"LD"表示。

4）全周符号的标注

对于所指为横截面周边的所有轮廓线或所有轮廓面的几何公差要求时，可在公差框格指引线的弯折处画一个细实线小圆圈，如图 4-24 所示。图 4-24(a)为线轮廓度要求，图 4-24(b)为面轮廓度要求。

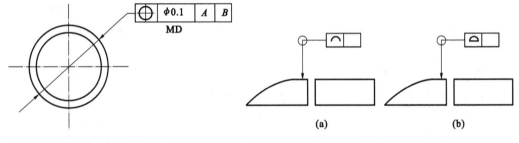

图 4-23　螺纹特指直径标注　　　　图 4-24　轮廓全周符号标注

5）理论正确尺寸的表示法

对于要素的位置度、轮廓度或倾斜度，其尺寸由不带公差的理论正确位置、轮廓或角度确定，这种尺寸称"理论正确尺寸"。理论正确尺寸应围以框格，零件实际尺寸仅是由公差框格中位置度、轮廓度或倾斜度公差限定，如图 4-25 所示。

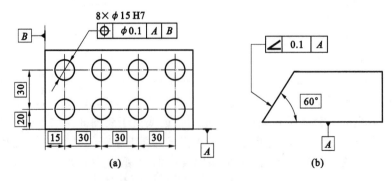

图 4-25　理论正确尺寸的标注

4.2　几何误差与公差

几何公差是用来限制零件本身几何误差的,它是实际被测提取(实际)要素的允许变动量。国家标准将几何公差分为形状公差、方向或位置公差和跳动公差。

4.2.1　几何公差与公差带

1. 几何公差带基本概念

几何公差标注是图样中对几何要素的形状、位置提出精度要求时作出的表示。一旦有了这一标注,也就明确了被控制的对象(要素)是谁,允许它有何种误差,允许的变动量(即公差值)多大,范围在哪里,实际要素只要做到在这个范围之内就为合格。在此前提下,被测要素可以具有任意形状,也可以占有任何位置。这使几何要素(点、线、面)在整个被测范围内均受其控制。这一用来限制实际要素变动的区域就是几何公差带。既然是一个区域,则一定具有形状、大小、方向和位置四个特征要素。

为讨论方便,可以用图形来描绘允许提取(实际)要素变动的区域,这就是公差带图,它必须表明形状、大小、方向和位置关系。

2. 几何公差带的要素

1) 公差带的形状

公差带的形状是由要素本身的特征和设计要求确定的。常用的公差带有以下 11 种形状:两平行直线之间的区域、两等距曲线之间的区域、两平行平面之间的区域、两等距曲面间的区域、圆柱内区域、两同心圆间的区域、圆内区域、球面区域、两同轴圆柱面间的区域、一段圆柱面、一段圆锥面,如图 4-26 所示。

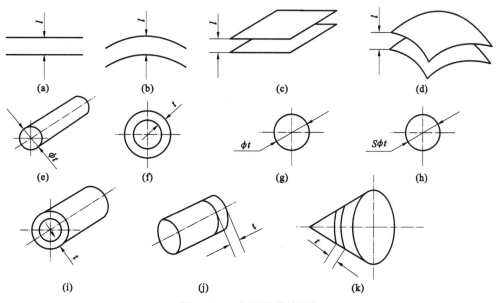

图 4-26　几何公差带的形状

(a) 两平行直线间的区域;(b) 两等距曲线间的区域;(c) 两平行平面间的区域;
(d) 两等距曲面间的区域;(e) 圆柱内区域;(f) 两同心圆间的区域;(g) 圆内区域;
(h) 球面区域;(i) 两同轴圆柱面间的区域;(j) 一段圆柱面;(k) 一段圆锥面

　　公差带呈何种形状,取决于被测要素的形状特征、公差项目和设计时表达的要求。在某些情况下,被测要素的形状特征就确定了公差带形状。如被测要素是平面,则其公差带只能是两平行平面;被测要素是非圆曲面或曲线,其公差带只能是两等距曲面或两等距曲线。必须指出,被测要素要由所检测的公差项目确定,如在平面、圆柱面上要求的是直线度公差项目,则要作一截面得到被测要素,被测要素此时呈现为平面(截面)内的直线。在多数情况下,除被测要素的特征外,设计要求对公差带形状起着决定作用。如对于轴线,其公差带可以是两平行直线、两平行平面或圆柱,视设计给出的是给定平面内、给定方向上或是任意方向上的要求而定。有时,几何公差的项目就已决定了几何公差带的形状。如同轴度,由于零件孔或轴的轴线是空间直线,同轴要求必是指任意方向的,其公差带只有圆柱形一种。又如圆度公差带只可能是两同心圆,而圆柱度公差带则只有两同轴圆柱面一种。

　　2) 公差带的大小

　　公差带的大小是指公差标注中公差值的大小,它是指允许实际要素变动的全量,它的大小表明形状位置精度的高低,按上述公差带的形状不同,可以是指公差带的直径或宽度,这取决于被测要素的形状和设计的要求,设计时可在公差值前通过加或不加符号 ϕ 加以区别。

　　对于同轴度和任意方向上的轴线直线度、平行度、垂直度、倾斜度和位置度等要求,所给出的公差值应是直径值,公差值前必须加符号 ϕ。对于空间点的位置控制,有时要求任意方向控制,则用到球状公差带,则符号为 $S\phi$。

　　对于圆度、圆柱度、轮廓度(包括线和面)、平面度、对称度和跳动等公差项目,公差值只可能是宽度值。对于在一个方向上、两个方向上或一个给定平面内的直线度、平行度、垂直度、倾斜度和位置度所给出的一个或两个互相垂直方向的公差值也均为宽度值。

　　公差带的宽度或直径值是控制零件几何精度的重要指标。一般情况下,应根据 GB/T 1184—1996 来选择标准数值,如有特殊需要,也可另行规定。

　　3) 公差带的方向

　　在评定几何误差时,形状公差带和位置公差带的放置方向直接影响到误差评定的正确性。

　　对于形状公差带,其放置方向应符合最小条件。

　　对于方向位置公差带,由于控制的是正方向,故其放置方向要与基准要素成绝对理想的方向关系,即平行、垂直或理论准确的其他角度关系。

　　对于定位位置公差带,除点的位置度公差外,其他控制位置的公差带都有方向问题,其放置方向应由相对于基准的理论正确尺寸来确定。

　　4) 公差带的位置

　　对于形状公差带,只是用来限制被测要素的形状误差,本身不作位置要求,如圆度公差带限制被测的截面圆实际轮廓圆度误差,至于该圆轮廓在哪个位置上、直径多大都不属于圆度公差控制之列,它们是由相应的尺寸公差控制的。实际上,只要求形状公差带在尺寸公差带内便可,允许在此范围内任意浮动。

　　对于方向位置公差带,强调的是相对于基准的方向关系,其对实际要素的位置是不作控制的,而是由相对于基准的尺寸公差或理论正确尺寸控制。如机床导轨面对床脚底面的平行度要求,它只控制实际导轨面对床脚底面的平行性方向是否合格,至于导轨面离地面的高度,由其对床脚底面的尺寸公差控制,被测导轨面只要位于尺寸公差内,且不超过给定的平行度公差带,就视为合格。因此,依被测要素离基准的距离不同,平行度公差带可以在尺寸公差带内上下浮动变化。如果由理论正确尺寸定位,则几何公差带的位置由理论正确尺寸确定,其位置是固定不变的。

对于定位位置公差带,强调的是相对于基准的位置(其必包含方向)关系,公差带的位置由相对于基准的理论正确尺寸确定,公差带是完全固定位置的。其中同轴度、对称度的公差带位置与基准(或其延伸线)位置重合,即理论正确尺寸为 0,而位置度则应在 x、y、z 坐标上分别给出理论正确尺寸。

4.2.2　几何公差及其评定

1. 形状公差

形状公差是单一实际被测要素对其理想要素的允许变动量,形状公差带是单一实际被测要素允许变动的区域。形状公差有直线度、平面度、圆度、圆柱度 4 个项目。

直线度公差用于限制平面内或空间直线的形状误差。根据零件的功能要求的不同,可分别提出给定平面内、给定方向上和任意方向上的直线度要求。

平面度公差用于限制被测实际平面的形状误差。

圆度公差用于限制回转表面(如圆柱面、圆锥面、球面等)的径向截面轮廓的形状误差。

圆柱度公差用于限制被测实际圆柱面的形状误差。

典型的形状公差带如表 4-3 所示。

表 4-3　形状公差带

特　征	公差带定义	标注和解释
直线度	在给定平面内,公差带是距离为公差值 t 的两平行直线之间的区域 	被测圆柱面与任一轴向截面的交线(平面线)必须位于在该平面内距离为 0.1 mm 的两平行直线内
	在给定方向上,公差带是距离为公差值 t 的两平行平面之间的区域 	被测表面的素线必须位于距离为 0.1 mm 的两平行平面内
	如在公差值前加注 ϕ,则公差带是直径为 t 的圆柱面内的区域 	被测圆柱体的轴线必须位于直径为 $\phi0.08$ mm 的圆柱面内

特　征	公差带定义	标注和解释
平面度	公差带是距离为公差值 t 的两平行平面之间的区域	被测表面必须位于距离为公差值 0.06 mm 的两平行平面之间
圆度	公差带是在同一正截面上,半径差为公差值 t 的两同心圆之间的区域	被测圆柱面任一正截面的圆周必须位于半径差为公差值 0.02 mm 的两同心圆之间 被测圆锥面任一正截面上的圆周必须位于半径差为公差值 0.01 mm 的两同心圆之间
圆柱度	公差带是半径差为公差值 t 的两同轴圆柱面之间的区域	被测圆柱面必须位于半径差为公差值 0.05 mm 的两同轴圆柱面之间

　　形状公差带的特点是不涉及基准,其方向和位置随实际要素不同而浮动。

2. 轮廓度公差与公差带

　　轮廓度公差分为线轮廓度公差和面轮廓度公差。轮廓度无基准要求时为形状公差,有基准要求时为位置公差。

　　线轮廓度公差是用于限制平面曲线(或曲面的截面轮廓)的形状误差。

　　面轮廓度公差是用于限制一般曲面的形状误差。

　　轮廓度公差带的定义和标注示例如表 4-4 所示。无基准要求时,其公差带的形状只由理论正确尺寸(带方框的尺寸)确定,其位置是浮动的;有基准要求时,其公差带的形状和位置由理论正确尺寸和基准确定,公差带的位置是固定的。

表 4-4　轮廓度公差带

特征		公差带定义	标注和解释
线轮廓度公差	无基准的线轮廓度公差	公差带为直径等于公差值 t、圆心位于具有理论正确几何形状上的一系列圆的两包络线所限定的区域 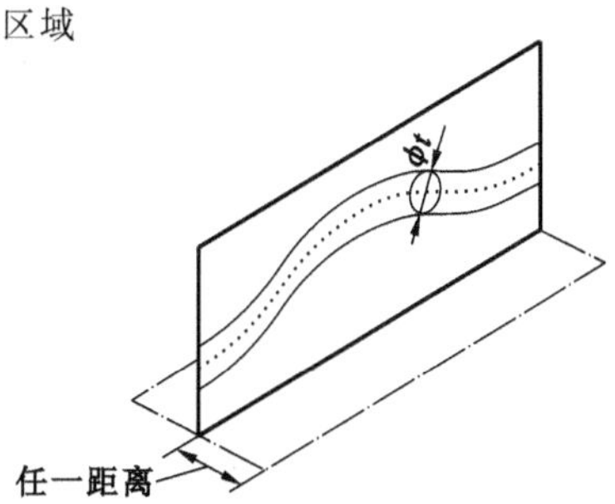	在任一平行于图示投影面的截面内,提取(实际)轮廓线应限定在直径等于 0.04 mm、圆心位于被测要素理论正确几何形状上的一系列圆的两包络线之间 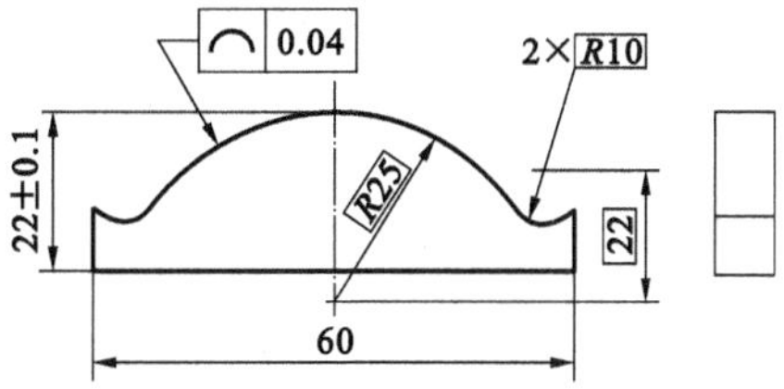
	相对于基准体系的线轮廓度公差	公差带为直径等于公差值 t、圆心位于由基准平面 A 和基准平面 B 确定的被测要素理论正确几何形状上的一系列圆的两包络线所限定的区域 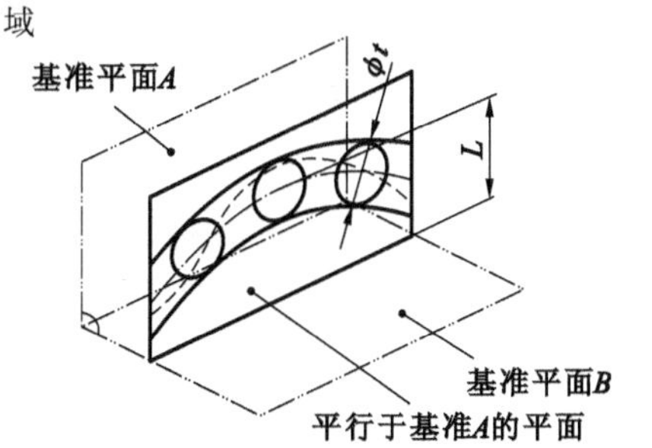	在任一平行于图示投影平面的截面内,提取(实际)轮廓线应限定在直径等于 0.04 mm、圆心位于由基准平面 A 和基准平面 B 确定的被测要素理论正确几何形状上的一系列圆的两等距包络线之间 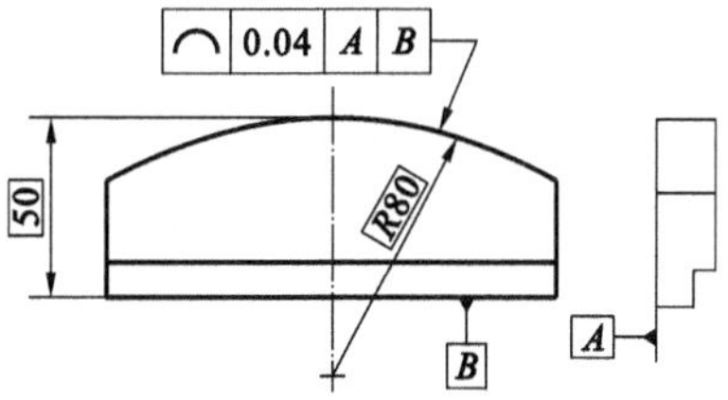
面轮廓度公差	无基准的面轮廓度公差	公差带为直径等于公差值 t、球心位于被测要素理论正确形状上的一系列圆球的两包络面所限定的区域 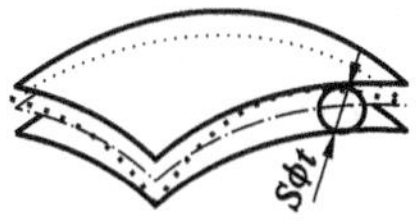	提取(实际)轮廓面应限定在直径等于 0.02 mm、球心位于被测要素理论正确几何形状上的一系列圆球的两等距包络面之间 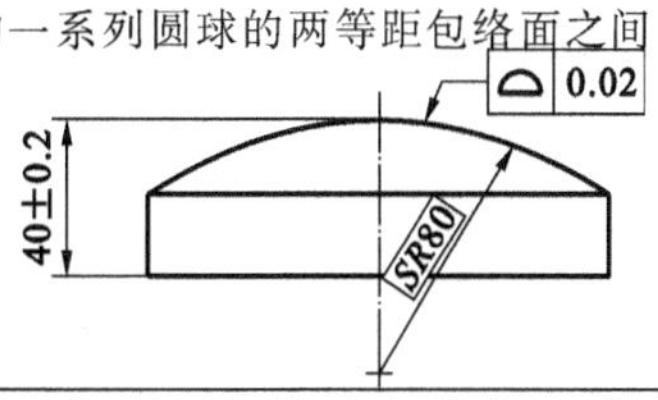
	相对于基准的面轮廓度公差	公差带为直径等于公差值 t、球心位于由基准平面确定的被测要素理论正确几何形状上的一系列圆球的两包络面所限定的区域 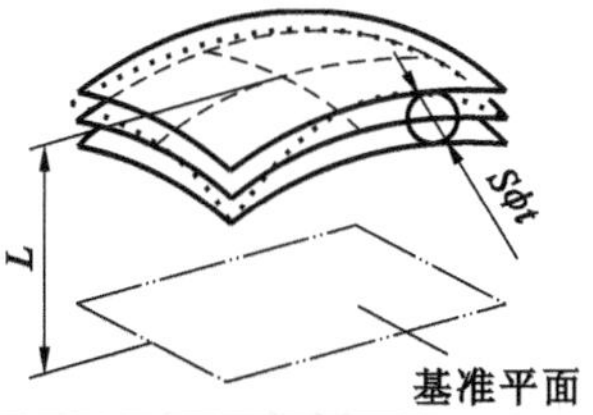	提取(实际)轮廓面应限定在直径等于 0.1 mm、球心位于由基准平面 A 确定的被测要素理论正确几何形状上的一系列圆球的两等距包络面之间 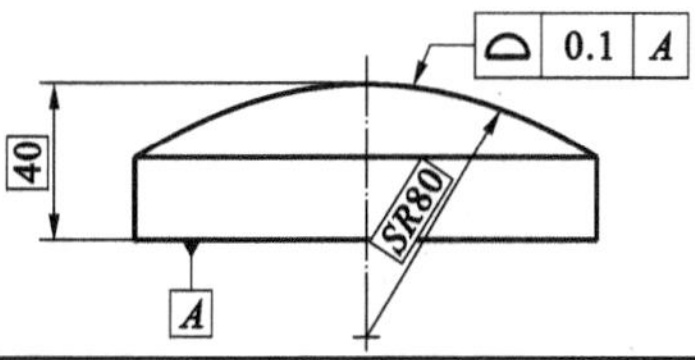

3. 方向公差

　　方向公差是关联实际要素对其具有确定方向的理想要素的允许变动量。理想要素的方向由基准及理论正确尺寸(角度)确定。当理论正确角度为 0°时,称为平行度公差;为 90°时,称为垂直度公差;为其他任意角度时,称为倾斜度公差。这三项公差都有面对面、线对线、面对线和线对面等几种情况。表 4-5 列出了部分方向公差的公差带定义、标注示例和解释。

表 4-5　方向公差带

特征		公差带定义	标注和解释
平行度（符号 //）	面对面	公差带是距离为公差值 t，且平行于基准平面的两平行平面所限定的区域 **平行度公差** **基准平面**	被测表面必须位于距离为公差值 0.05 mm，且平行于基准表面 A（基准平面）的两平行平面之间 // 0.05 A A
	线对面	公差带是距离为公差值 t，且平行于基准平面的两平行平面所限定的区域 **基准平面**	提取（实际）中心线应限定在平行于基准平面 B、间距等于 0.01 mm 的两平行平面之间 // 0.01 B B
	面对线	公差带是距离为公差值 t，且平行于基准轴线的两平行平面所限定的区域 **基准轴线**	提取（实际）表面应限定在间距等于 0.1 mm、平行于基准轴线 C 的两平行平面之间 // 0.1 C　　C
	线对线	公差带是距离为公差值 t，且平行于基准轴线，并位于给定方向上的两平行平面所限定的区域 **基准轴线**	被测轴线必须位于距离为公差值 0.1 mm，且在给定方向上平行于基准轴线的两平行平面之间 // 0.1 A ϕD　ϕD　A
		若公差值前加注了符号 ϕ，公差带为平行于基准轴线，且直径等于公差值 ϕt 的圆柱面所限定的区域 **基准轴线**	提取（实际）中心线应限定在平行于基准轴线 A、直径等于 $\phi 0.03$ mm 的圆柱面内 // $\phi 0.03$ A A

特征	公差带定义	标注和解释
垂直度（符号⊥） 面对面	公差带是距离为公差值 t，且垂直于基准平面的两平行平面所限定的区域 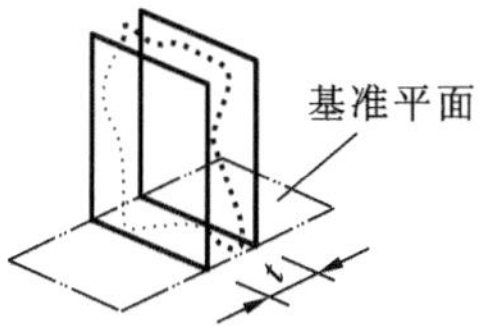 基准平面	提取（实际）表面应限定在间距等于 0.05 mm，且垂直于基准平面 C 的两平行平面之间 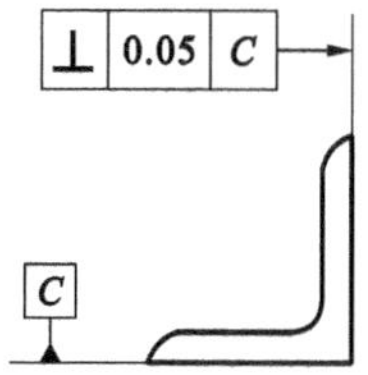 ⊥ | 0.05 | C C
倾斜度（符号∠） 面对线	公差带是距离为公差值 t，且与基准线成一给定角度 α 的两平行平面之间的区域 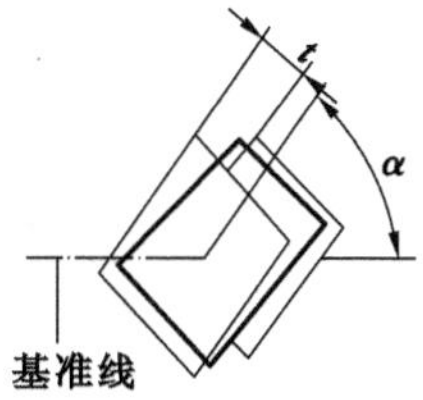 基准线	提取（实际）表面必须位于距离为公差值 0.1 mm，且与基准线 D（基准轴线）成理论正确角度 75° 的两平行平面之间 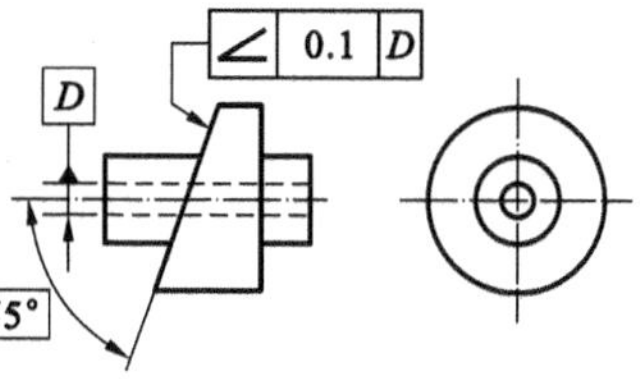 D | ∠ | 0.1 | D 75°

方向公差带具有如下特点：

（1）方向公差带相对于基准有确定的方向；而其位置往往是浮动的。

（2）方向公差带具有综合控制被测要素的方向和形状的功能。在保证使用要求的前提下，对被测要素给出方向公差后，通常不再对该要素提出形状公差要求。需要对被测要素的形状有进一步的要求时，可再给出形状公差，且形状公差值应小于方向公差值。

4. 位置公差

位置公差是关联实际要素对其具有确定位置的理想要素的允许变动量。理想要素的位置由基准及理论正确尺寸（长度或角度）确定。当理论正确尺寸为零，且基准要素和被测要素均为轴线时，称为同轴度公差（若基准要素和被测要素的轴线足够短，或均为中心点时，称为同心度公差）；当理论正确尺寸为零，基准要素或（和）被测要素为其他中心要素（中心平面）时，称为对称度公差；在其他情况下均称为位置度公差。表 4-6 列出了部分位置公差的公差带定义、标注和解释示例。

位置公差带具有如下特点：

（1）位置公差带相对于基准具有确定的位置，其中，位置度公差带的位置由理论正确尺寸确定，同轴度和对称度的理论正确尺寸为零，图上可省略不注。

（2）位置公差带具有综合控制被测要素位置、方向和形状的功能。在满足使用要求的前提下，对被测要素给出位置公差后，通常对该要素不再给出方向公差和形状公差。如果需要对方向和形状有进一步要求时，则可另行给出方向或（和）形状公差，但其数值应小于位置公差值。

表 4-6　位置公差带

特征		公差带定义	标注和解释
同轴度(符号 ◎)	轴线的同轴度	公差值前标注符号 ϕ,公差带为直径等于公差值 ϕt 的圆柱面所限定的区域。该圆柱面的轴线与基准轴线重合 	大圆柱面的提取(实际)中心线应限定在直径等于 $\phi 0.08$ mm,以公共基准轴线 $A—B$ 为轴线的圆柱面内 大圆柱面的提取(实际)中心线应限定在直径等于 $\phi 0.1$ mm,以基准轴线 A 为轴线的圆柱面内 大圆柱面的提取(实际)中心线应限定在直径等于 $\phi 0.1$ mm,以垂直于基准平面 A 的基准轴线 B 为轴线的圆柱面内
对称度(符号 ≡)	中心平面的对称度	公差带为间距等于公差值 t,对称于基准中心平面的两平行平面所限定的区域 	提取(实际)中心面应限定在间距等于 0.08 mm,对称于基准中心平面 A 的两平行平面之间 提取(实际)中心面应限定在间距等于 0.08 mm,对称于公共基准中心平面 $A—B$ 的两平行平面之间

特征	公差带定义	标注和解释
点的位置度	公差值前加注 $S\phi$，公差带为直径等于公差值 $S\phi t$ 的圆球面所限定的区域，该圆球面中心的理论正确位置由基准 A、B、C 和理论正确尺寸确定	提取（实际）球心应限定在直径等于 $S\phi0.3$ mm 的圆球面内。该圆球面的中心由基准平面 A、基准平面 B、基准中心平面 C 和理论正确尺寸 30 mm、25 mm 确定

位置度（符号 ⊕）

	公差带定义	标注和解释
线的位置度	公差值前加注符号 ϕ，公差带为直径等于公差值 ϕt 的圆柱面所限定的区域。该圆柱面的轴线的位置由基准平面 C、A、B 和理论正确尺寸确定	提取（实际）中心线应限定在直径等于 $\phi0.08$ mm 的圆柱面内。该圆柱面的轴线的位置应处于由基准平面 C、A、B 和理论正确尺寸 100 mm、68 mm 确定的理论正确位置上 各提取（实际）中心线应各自限定在直径等于 $\phi0.1$ mm 的圆柱面内。该圆柱面的轴线应处于由基准平面 C、A、B 和理论正确尺寸 20 mm、15 mm、30 mm 确定的各孔轴线的理论正确位置上
面的位置度	公差带为间距等于公差值 t，且对称于被测面理论正确位置的两平行平面所限定的区域。面的理论正确位置由基准平面、基准轴线和理论正确尺寸确定	提取（实际）表面应限定在间距等于 0.05 mm，且对称于被测面的理论正确位置的两平行平面之间。该两平行平面对称于由基准平面 A、基准轴线 B 和理论正确尺寸 15 mm、105°确定的被测面的理论正确位置

5. 跳动公差

与方向、位置公差不同,跳动公差是针对特定的检测方式而定义的公差特征项目。它是被测要素绕基准要素回转过程中所允许的最大跳动量,也就是指示器在给定方向上指示的最大读数与最小读数之差的允许值。跳动公差可分为圆跳动和全跳动。

圆跳动是指被测实际要素绕基准轴线做无轴向移动回转一周时,由固定的指示表在给定方向上测得的最大与最小读数之差。圆跳动公差是以上测量所允许的最大跳动量。圆跳动又分为径向圆跳动、端面圆跳动和斜向圆跳动三种。

全跳动公差是被测要素绕基准轴线做无轴向移动连续多周旋转,同时指示表做平行或垂直于基准轴线的直线移动时,在整个表面上所允许的最大跳动量。全跳动分为径向全跳动和端向全跳动两种。

跳动公差适用于回转表面或其端面。

表 4-7 列出了部分跳动公差带定义、标注和解释示例。

表 4-7　跳动公差带

特 征		公差带定义	标注和解释
圆跳动(符号 ↗)	径向圆跳动	公差带为在任一垂直于基准轴线的横截面内、半径差等于公差值 t、圆心在基准轴线上的两同心圆所限定的区域 **横截面**　**基准轴线**	在任一垂直于基准 A 的横截面内,提取(实际)圆应限定在半径差等于 0.1 mm,圆心在基准轴线 A 上的两同心圆之间 ↗ | 0.1 | A A 在任一平行于基准平面 B、垂直于基准轴线 A 的截面上,提取(实际)圆应限定在半径差等于 0.1 mm,圆心在基准轴线 A 上的两同心圆之间 ↗ | 0.1 | B | A A B 在任一垂直于公共基准轴线 A—B 的横截面内,提取(实际)圆应限定在半径差等于 0.1 mm,圆心在基准轴线 A—B 上的两同心圆之间 ↗ | 0.1 | A—B A　　　B

特　　征		公差带定义	标注和解释
圆跳动（符号 ↗）	轴向圆跳动	公差带为与基准轴线同轴的任一半径的圆柱截面上，间距等于公差值 t 的两圆所限定的圆柱面区域 	在与基准轴线 D 同轴的任一圆柱形截面上，提取（实际）圆应限定在轴向距离等于 0.1 mm 的两个等圆之间
	斜向圆跳动	公差带为与基准轴线同轴的某一圆锥截面上，间距等于公差值 t 的两圆所限定的圆锥面区域。 除非另有规定，测量方向应沿被测表面的法向 	在与基准轴线 C 同轴的任一圆锥截面上，提取（实际）线应限定在素线方向间距等于 0.1 mm 的两不等圆之间 当标注公差的素线不是直线时，圆锥截面的锥角要随所测圆的实际位置而改变
全跳动（符号 ↗↗）	径向全跳动	公差带为半径差等于公差值 t，与基准轴线同轴的两圆柱面所限定的区域 	提取（实际）表面应限定在半径差等于 0.1 mm，与公共基准轴线 $A—B$ 同轴的两圆柱面之间
	轴向全跳动	公差带为间距等于公差值 t，垂直于基准轴线的两平行平面所限定的区域 	提取（实际）表面应限定在间距等于 0.1 mm，垂直于基准轴线 D 的两平行平面之间

跳动公差带具有如下特点：

（1）跳动公差带的位置具有固定和浮动双重特点，一方面公差带的中心（或轴线）始终与基准轴线同轴，另一方面公差带的半径又随实际要素的变动而变动。

（2）跳动公差具有综合控制被测要素的位置、方向和形状的作用。例如，端面全跳动公差可同时控制端面对基准轴线的垂直度和它的平面度误差；径向全跳动公差可控制同轴度、圆柱度误差。

4.3　公　差　原　则

尺寸公差用于控制零件的尺寸误差，保证零件的尺寸精度要求；几何公差用于控制零件的几何误差，保证零件的几何精度要求。尺寸精度和几何精度是影响零件质量的两个关键要素。一般在一个零件的图样上都同时存在着这两种精度要求。根据零件的使用要求，尺寸公差和几何公差可能相互独立，也可能相互影响、相互补偿。为了保证设计要求，正确地判断零件是否合格，需要明确尺寸公差和几何公差的内在联系，公差原则正是解决这种联系的方法。公差原则是处理几何公差与尺寸公差的关系的基本原则。公差原则包含独立原则和相关原则，相关原则又可分为包容要求、最大实体要求（及其可逆要求）和最小实体要求（及其可逆要求）。

4.3.1　有关公差原则的术语及定义

1. 体外作用尺寸

在被测要素的给定长度上，与实际轴（外表面）体外相接的最小理想孔（内表面）的直径（或宽度）称为轴的体外作用尺寸 d_{fe}；与实际孔（内表面）体外相接的最大理想轴（外表面）的直径（或宽度）称为孔的体外作用尺寸 D_{fe}，如图 4-27 所示。对于关联实际要素，该体外相接的理想孔（轴）的轴线（非圆形孔、轴则为中心平面）必须与基准保持图样给定的几何关系。

2. 体内作用尺寸

在被测要素的给定长度上，与实际轴（外表面）体内相接的最大理想孔（内表面）的直径（或宽度）称为轴的体内作用尺寸 d_{fi}；与实际孔（内表面）体内相接的最小理想轴（外表面）的直径（或宽度）称为孔的体内作用尺寸 D_{fi}，如图 4-27 所示。对于关联实际要素，该体内相接的理想孔（轴）的轴线（非圆形孔、轴则为中心平面）必须与基准保持图样给定的几何关系。需要注意：作用尺寸是局部实际尺寸与几何误差综合形成的结果，作用尺寸是存在于实际孔、轴上的，表示其装配状态的尺寸。

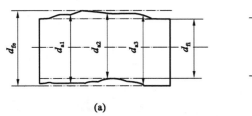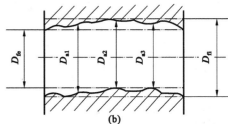

(a)　　　　　　　　　　　　　　　　　(b)

图 4-27　实际尺寸和作用尺寸

(a) 轴的实际尺寸和体内、外作用尺寸；(b) 孔的实际尺寸和体内、外作用尺寸

3. 最大实体状态和最大实体尺寸

最大实体状态（maximum material condition，MMC）是指实际要素在给定长度上，处处位

于极限尺寸之间并且实体最大时(占有材料量最多)的状态。最大实体状态对应的极限尺寸称为最大实体尺寸(maximum material size,MMS)。显然,轴的最大实体尺寸 d_M 就是轴的最大极限尺寸 d_{max},即

$$d_M = d_{max} \tag{4-1}$$

孔的最大实体尺寸 D_M 就是孔的最小极限尺寸 D_{min},即

$$D_M = D_{min} \tag{4-2}$$

4. 最小实体状态和最小实体尺寸

最小实体状态(least material condition,LMC)是实际要素在给定长度上,处处位于极限尺寸之间并且实体最小时(占有材料量最少)的状态。最小实体状态对应的极限尺寸称为最小实体尺寸(least material size,LMS)。显然,轴的最小实体尺寸 d_L 就是轴的最小极限尺寸 d_{min},即

$$d_L = d_{min} \tag{4-3}$$

孔的最小实体尺寸 D_L 就是孔的最大极限尺寸 D_{max},即

$$D_L = D_{max} \tag{4-4}$$

5. 最大实体实效状态和最大实体实效尺寸

最大实体实效状态(maximum material virtual condition,MMVC)是在给定长度上,实际要素处于最大实体状态,且其中心要素的形状或位置误差等于给出公差值时的综合极限状态。最大实体实效状态对应的体外作用尺寸称为最大实体实效尺寸(maximum material virtual size,MMVS)。对于轴,它等于最大实体尺寸 d_M 加上带有Ⓜ的几何公差值 t,即

$$d_{MV} = d_M + t Ⓜ \tag{4-5}$$

对于孔,它等于最大实体尺寸 D_M 减去带有Ⓜ的几何公差值 t,即

$$D_{MV} = D_M - t Ⓜ \tag{4-6}$$

6. 最小实体实效状态和最小实体实效尺寸

最小实体实效状态(least material virtual condition,LMVC)是在给定长度上,实际要素处于最小实体状态,且其中心要素的形状或位置误差等于给出公差值时的综合极限状态。最小实体实效状态对应的体内作用尺寸称为最小实体实效尺寸(least material virtual size,LMVS)。对于轴,它等于最小实体尺寸 d_L 减去带有Ⓛ的几何公差值 t,即

$$d_{LV} = d_L - t Ⓛ \tag{4-7}$$

对于孔,它等于最小实体尺寸 D_L 加上带有Ⓛ的几何公差值 t,即

$$D_{LV} = D_L + t Ⓛ \tag{4-8}$$

需要注意:最大实体状态和最小实体状态只要求具有极限状态的尺寸,不要求具有理想形状。最大实体实效状态和最小实体实效状态只要求具有实效状态的尺寸,不要求具有理想形状。最大实体状态和最大实体实效状态由带有Ⓜ的几何公差值 t 相联系;最小实体状态和最小实体实效状态由带有Ⓛ的几何公差值 t 相联系。

7. 边界

边界(boundary)是设计所给定的具有理想形状的极限包容面。这里需要注意,孔(内表面)的理想边界是一个理想轴(外表面);轴(外表面)的理想边界是一个理想孔(内表面)。依据极限包容面的尺寸,理想边界有最大实体边界 MMB(maximum material boundary)、最小实体边界 LMB(least material boundary)、最大实体实效边界 MMVB(maximum material virtual boundary)和最小实体实效边界 LMVB(least material virtual boundary),如图 4-28 所示。

各种理想边界尺寸的计算公式如下:

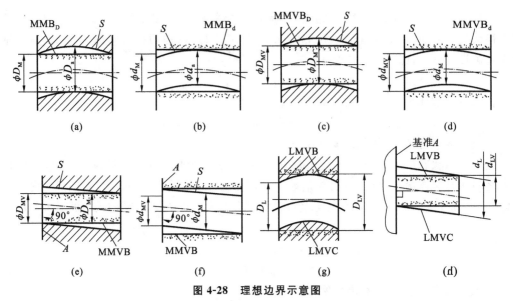

图 4-28　理想边界示意图

（a）单一孔的最大实体边界；（b）单一轴的最大实体边界；

（c）单一孔的最大实体实效边界；（d）单一轴的最大实体实效边界；（e）关联孔的最大实体实效边界；

（f）关联轴的最大实体实效边界；（g）单一孔的最小实体实效边界；（h）关联轴的最小实体实效边界

孔的最大实体边界尺寸：$\mathrm{MMB_D} = D_M = D_{\min}$

轴的最大实体边界尺寸：$\mathrm{MMB_d} = d_M = d_{\max}$

孔的最小实体边界尺寸：$\mathrm{LMB_D} = D_L = D_{\max}$

轴的最小实体边界尺寸：$\mathrm{LMB_d} = d_L = d_{\min}$

孔的最大实体实效边界尺寸：$\mathrm{MMVB_D} = D_{MV} = D_M - t \, Ⓜ = D_{\min} - t \, Ⓜ$

轴的最大实体实效边界尺寸：$\mathrm{MMVB_d} = d_{MV} = d_M + t \, Ⓜ = d_{\max} + t \, Ⓜ$

孔的最小实体实效边界尺寸：$\mathrm{LMVB_D} = D_{LV} = D_L + t \, Ⓛ = D_{\max} + t \, Ⓛ$

轴的最小实体实效边界尺寸：$\mathrm{LMVB_d} = d_{LV} = d_L - t \, Ⓛ = d_{\min} - t \, Ⓛ$

为方便记忆，将以上有关公差原则的术语及表示符号和公式列在表 4-8 中。

表 4-8　公差原则术语及对应的表示符号或公式

术　　语	符号或公式	术　　语	符号或公式
孔的体外作用尺寸	$D_{fe} = D_a - f$	最大实体尺寸	MMS
轴的体外作用尺寸	$d_{fe} = d_a + f$	孔的最大实体尺寸	$D_M = D_{\min}$
孔的体内作用尺寸	$D_{fi} = D_a + f$	轴的最大实体尺寸	$d_M = d_{\max}$
轴的体内作用尺寸	$d_{fi} = d_a - f$	最小实体尺寸	LMS
最大实体状态	MMC	孔的最小实体尺寸	$D_L = D_M$
最大实体实效状态	MMVC	轴的最小实体尺寸	$d_L = d_M$
最小实体状态	LMC	最大实体实效尺寸	MMVS
最小实体实效状态	LMVC	孔的最大实体实效尺寸	$D_{MV} = D_M - t \, Ⓜ$
最大实体边界	MMB	轴的最大实体实效尺寸	$d_{MV} = d_M + t \, Ⓜ$
最大实体实效边界	MMVB	最小实体实效尺寸	LMVS
最小实体边界	LMB	孔的最小实体实效尺寸	$D_{LV} = D_L + t \, Ⓛ$
最小实体实效边界	LMVB	轴的最小实体实效尺寸	$d_{LV} = d_L - t \, Ⓛ$

4.3.2　独立原则

独立原则是几何公差和尺寸公差不相干的公差原则,或者说几何公差和尺寸公差要求是各自独立的。大多数机械零件的几何精度都是遵循独立原则的,尺寸公差控制尺寸误差,几何公差控制几何误差,图样上不需任何附加标注。尺寸公差包括线性尺寸公差和角度尺寸公差,以及未注公差的尺寸标注,都是独立原则的极好实例。本书前面大部分插图的尺寸标注都是独立原则,读者可以自行分析,不赘述。

独立原则的适用范围较广,尺寸公差、几何公差二者要求都严、一严一松、二者要求都松的情况下,使用独立原则都能满足要求。如印刷机滚筒几何公差要求严、尺寸公差要求松,连杆的小头孔尺寸公差、几何公差二者要求都严。如图 4-29 所示。

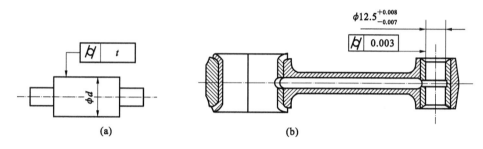

图 4-29　独立原则的适用实例

4.3.3　相关原则

1. 包容要求

1) 包容要求的公差解释

包容要求是相关公差原则中的三种要求之一。适用包容要求的被测实际要素(单一要素)的实体(体外作用尺寸)应遵守最大实体边界,被测实际要素的局部实际尺寸受最小实体尺寸所限;几何公差 t 与尺寸公差 $T_h(T_s)$ 有关,在最大实体状态下给定的几何公差值为零;当被测实际要素偏离最大实体状态时,几何公差获得补偿,补偿量来自尺寸公差(被测实际要素偏离最大实体状态的量,相当于尺寸公差富余的量,可作补偿量),补偿量的一般计算公式为 $t_2 = |\ \mathrm{MMS} - D_a(d_a)\ |$;当被测实际要素为最小实体状态时,几何公差获得补偿量最多,即 $t_{2\max} = T_h(T_s)$,这种情况下允许几何公差的最大值为

$$t_{\max} = t_{2\max} = T_h(T_s) \tag{4-9}$$

几何公差 t 与尺寸公差 $T_h(T_s)$ 的关系可以用动态公差图表示,如图 4-30(b)所示。由于给定形状公差值 t_1 为零,故动态公差图的图形一般为直角三角形。

2) 包容要求的标注标记、应用与合格性判定

包容要求主要用于需要保证配合性质的孔、轴单一要素的中心轴线的直线度。包容要求在零件图样上的标注标记是在尺寸公差带代号后面加写Ⓔ,如图 4-30(a)所示。符合包容要求的被测实体(D_{fe}、d_{fe})不得超越最大实体边界 MMB,被测要素的局部实际尺寸(D_a、d_a)不得超越最小实体尺寸 LMS。生产中采用光滑极限量规(一种成对的,按极限尺寸判定孔、轴合格性的定值量具,见第 6 章光滑极限量规)检验符合包容要求的被测实际要素。通规检验体外作用尺寸(D_{fe}、d_{fe})是否超越最大实体边界,即通规测头模拟最大实体边界 MMB,通规测头

通过为合格；止规检验局部实际尺寸(D_a、d_a)是否超越最小实体尺寸，即止规测头给出最小实体尺寸，止规测头止住（不通过）为合格。

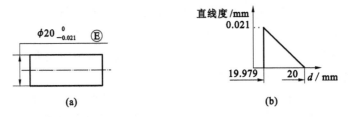

图 4-30　包容要求的标注标记与动态公差图

(a) 包容要求的标注标记；(b) 动态公差图

符合包容要求的被测实际要素的合格条件如下。

对于孔（内表面）：

$$D_{fe} \geqslant D_M = D_{min}, \quad D_a \leqslant D_L = D_{max}$$

对于轴（外表面）：

$$d_{fe} \leqslant d_M = d_{max}, \quad d_a \geqslant d_L = d_{min}$$

综上所述，在使用包容要求的情况下，图样上所标注的尺寸公差具有双重职能：① 控制尺寸误差；② 控制形状误差。

3）包容要求的实例分析

例 4-1　对图 4-30(a) 做出解释。

解　① T、t 标注解释。被测轴的尺寸公差 $T_s = 0.021$ mm，$d_M = d_{max} = 20$ mm，$d_L = d_{min}$ $= 19.979$ mm，在最大实体状态下($\phi 20$ mm)给定形状公差（轴线的直线度）$t = 0$。当被测要素尺寸偏离最大实体状态的尺寸时，形状公差获得补偿；当被测要素尺寸为最小实体状态的尺寸 $\phi 19.979$ mm 时，形状公差（直线度）获得补偿最多，此时形状公差（轴线的直线度）的最大值可以等于尺寸公差 T_s，即 $t_{max} = 0.021$ mm。

② 动态公差图。T、t 的动态公差图如图 4-30(b) 所示，图形形状为直角三角形。

③ 遵守边界。遵守最大实体边界 MMB，其边界尺寸为 $d_M = 20$ mm。

④ 检验与合格条件。对于大批量生产，可采用光滑极限量规检验（用孔型的通规测头——模拟被测轴的最大实体边界）。其合格条件为

$$d_{fe} \leqslant 20 \text{ mm}, \quad d_a \geqslant 19.979 \text{ mm}$$

2. 最大实体要求

1）最大实体要求的公差解释

最大实体要求也是相关公差原则中的三种要求之一。适用最大实体要求的被测实际要素（多为关联要素）的实体（体外作用尺寸）应遵守最大实体实效边界，被测实际要素的局部实际尺寸同时受最大实体尺寸和最小实体尺寸所限；几何公差 t 与尺寸公差 T_h（或 T_s）有关，在最大实体状态下给定几何公差（多为位置公差）值 t_1 不为零（一定大于零，当为零时，是一种特殊情况——最大实体要求的零几何公差）；当被测实际要素偏离最大实体状态时，几何公差获得补偿，补偿量来自尺寸公差（即被测实际要素偏离最大实体尺寸的量，相当于尺寸公差富余的量，可作为补偿量），补偿量的一般计算公式为

$$t_2 = | \text{MMS} - D_a(d_a) | \qquad (4\text{-}10)$$

当被测实际要素为最小实体状态时，几何公差获得补偿量最多，即 $t_{2max} = T_h(T_s)$，这种情

况下允许几何公差的最大值为

$$t_{\max} = t_{2\max} + t_1 = T_{\text{h}}(T_{\text{s}}) + t_1 \tag{4-11}$$

几何公差 t 与尺寸公差 $T_{\text{h}}(T_{\text{s}})$ 的关系可以用动态公差图表示,如图 4-31(b)所示。由于给定几何公差值 t_1 不为零,故动态公差图的图形一般为直角梯形。

2)最大实体要求的应用与检测

最大实体要求主要用于需保证装配成功率的螺栓或螺钉连接处(即法兰盘上的连接用孔组或轴承端盖上的连接用孔组)的中心要素,一般是孔组轴线的位置度,还有槽类的对称度和同轴度。最大实体要求在零件图样上的标注标记是在几何公差框格内的几何公差给定值 t_1 后面加写Ⓜ,如图 4-31(a)所示。

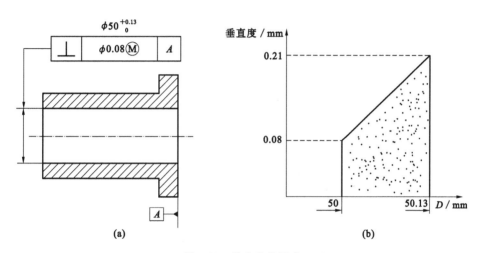

图 4-31 最大实体要求

(a)标注标记;(b)动态公差图

当基准(中心要素如轴线)也适用最大实体要求时,则在几何公差框格内的基准字母后面也加写Ⓜ,如图 4-32 所示。符合最大实体要求的被测实体(D_{fe}、d_{fe})不得超越最大实体实效边界 MMVB,被测要素的局部实际尺寸(D_{a}、d_{a})不得超越最大实体尺寸 MMS 和最小实体尺寸 LMS。生产中采用位置量规(只有通规,专为按最大实体实效尺寸判定孔、轴作用尺寸合格性而设计制造的定值量具,可以参考几何误差检验的相关标准和有关书籍)检验使用最大实体要求的被测实际要素的实体,位置量规(通规)检验体外作用尺寸(D_{fe}、d_{fe})是否超越最大实体实效边界,即位置量规测头模拟最大实体实效边界 MMVB,位置量规测头通过为合格;被测实际要素的局部实际尺寸(D_{a}、d_{a})采用通用量具按两点法测量,以判定是否超越最大实体尺寸和最小实体尺寸,局部实际尺寸落入极限尺寸内为合格。符合最大实体要求的被测实际要素的合格条件如下。

对于孔(内表面):

$$D_{\text{fe}} \geqslant D_{\text{MV}} = D_{\min} - t_1; \quad D_{\min} = D_{\text{M}} \leqslant D_{\text{a}} \leqslant D_{\text{L}} = D_{\max}$$

对于轴(外表面):

$$d_{\text{fe}} \leqslant d_{\text{MV}} = d_{\max} + t_1; \quad d_{\max} = d_{\text{M}} \geqslant d_{\text{a}} \geqslant d_{\text{L}} = d_{\min}$$

3)最大实体要求的零几何公差

这是最大实体要求的特殊情况,在零件图样上的标注标记是在位置公差框格的第二格内,即位置公差值的格内写 0 Ⓜ(ϕ0 Ⓜ),如图 4-33(a)所示。此种情况下,被测实际要素的最

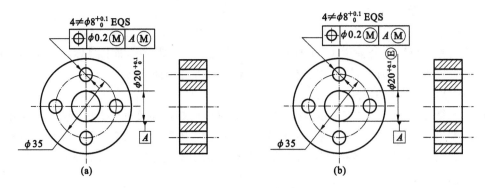

图 4-32　基准(中心要素)适用最大实体要求

(a) 基准自身几何公差采用未注要求；(b) 基准自身几何公差采用包容要求

大实体实效边界就变成了最大实体边界。对于位置公差而言，最大实体要求的零几何公差相比于起最大实体要求来，显然更严格。由于零几何公差的缘故，动态公差图的形状由直角梯形(最大实体要求)转为直角三角形(相当于裁掉直角梯形中的矩形)，如图 4-33(b)所示。

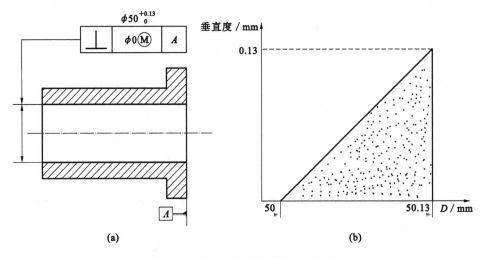

图 4-33　最大实体要求的零几何公差

(a) 标注标记；(b) 动态公差图

　　另外，需要限制几何公差的最大值时，可以采用如图 4-34(a)所示的双格几何公差值的标注方法，一般将几何公差最大值写在双格的下格内。注意：在几何公差最大值的后面，不再加写Ⓜ。此时，由于几何公差最大值的缘故，动态公差图的形状由直角梯形(最大实体要求)转为具有三个直角的五边形(相当于裁掉直角梯形中的部分三角形)，如图 4-34(b)所示。

　　4) 可逆要求用于最大实体要求

　　在不影响零件功能的前提下，位置公差可以反过来补给尺寸公差，即位置公差有富余的情况下，允许尺寸误差超过给定的尺寸公差，显然在一定程度上能够降低工件的废品率。在零件图样上，可逆要求用于最大实体要求的标注标记是在位置公差框格的第二格内位置公差值后面加写Ⓡ，如图 4-35(a)所示。此时，尺寸公差有双重职能：① 控制尺寸误差；② 协助控制几何误差。而位置公差也有双重职能：① 控制几何误差；② 协助控制尺寸误差。可逆要求用于最大实体要求的动态公差图，由于尺寸误差可以超差的缘故，其图形形状由直角梯形(最大实体要求)转为直角三角形(相当于在直角梯形的基础上加一个三角形)，如图 4-35(b)所示。

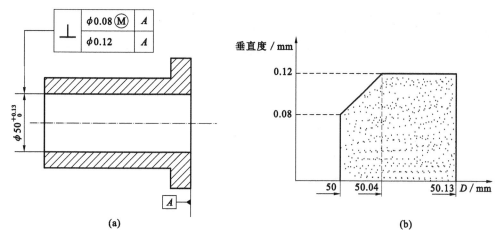

图 4-34　几何公差值受限的最大实体要求

（a）标注标记；（b）动态公差图

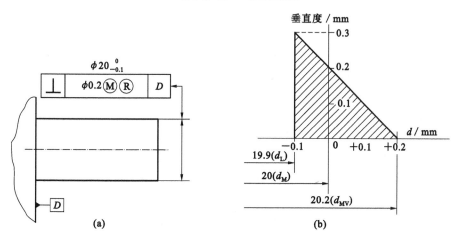

图 4-35　可逆要求用于最大实体要求

（a）标注标记；（b）动态公差图

5）最大实体要求的实例分析

例 4-2　对图 4-31（a）做出解释。

解　① T、t 标注解释。被测孔的尺寸公差为 $T_h = 0.13$ mm，$D_M = D_{min} = 50$ mm，$D_L = D_{max} = 50.13$ mm；在最大实体状态下（$\phi 50$ mm）给定几何公差（垂直度）$t_1 = 0.08$ mm，当被测要素尺寸偏离最大实体状态的尺寸时，几何公差（垂直度）获得补偿，当被测要素尺寸为最小实体状态的尺寸 $\phi 50.13$ mm 时，几何公差获得补偿最多，此时几何公差（垂直度）具有的最大值可以等于给定几何公差 t_1 与尺寸公差 T_h 的和，即 $t_{max} = (0.08 + 0.13)$ mm $= 0.21$ mm。

② 动态公差图。T、t 的动态公差图如图 4-31（b）所示，图形形状为具有两个直角的梯形。

③ 遵守边界。被测孔遵守最大实体实效边界 MMVB，其边界尺寸为

$$D_{MV} = D_{min} - t_1 = (50 - 0.08)\text{mm} = 49.92 \text{ mm}$$

④ 检验与合格条件。采用位置量规（轴型通规——模拟被测孔的最大实体实效边界）检验被测要素的体外作用尺寸 D_{fe}，采用两点法检验被测要素的局部实际尺寸 D_a。其合格条件为

$$D_{fe} \geqslant 49.92 \text{ mm}, \quad 50 \text{ mm} \leqslant D_a \leqslant 50.13 \text{ mm}$$

例 4-3　对图 4-33(a)做出解释。

解　① T、t 标注解释。如图 4-33(a)所示,这是最大实体要求的零几何公差。被测孔的尺寸公差为 $T_h=0.13$ mm,即 $D_M=D_{min}=50$ mm,$D_L=D_{max}=50.13$ mm;在最大实体状态下 ($\phi 50$ mm)给定被测孔轴线的几何公差(垂直度)$t_1=0$,当被测要素尺寸偏离最大实体状态的尺寸时,几何公差获得补偿,当被测要素尺寸为最小实体状态的尺寸 $\phi 50.13$ mm 时,几何公差(垂直度)获得补偿最多,此时几何公差(垂直度)具有的最大值可以等于给定几何公差 t_1 与尺寸公差 T_h 的和,即 $t_{max}=(0+0.13)$ mm$=0.13$ mm。

② 动态公差图。T、t 的动态公差图如图 4-33(b)所示,图形形状为直角三角形,恰好与包容要求的动态公差图形状相同。

③ 遵守边界。遵守最大实体实效边界 MMVB,其边界尺寸为 $D_{MV}=D_{min}-t_1=50-0=50$ mm,显然就是最大实体边界(因为给定的 $t_1=0$)。

④ 检验与合格条件。采用位置量规(轴型通规——模拟被测孔的最大实体实效边界)检验被测要素的体外作用尺寸 D_{fe},采用两点法检验被测要素的实际尺寸 D_a。其合格条件为 $D_{fe}\geqslant 50$ mm,50 mm$\leqslant D_a\leqslant 50.13$ mm。

例 4-4　对图 4-34(a)做出解释。

解　① T、t 标注解释。由图 4-34(a)可见,这是几何公差最大值受限的最大实体要求。尺寸公差为 $T_h=0.13$ mm,即 $D_M=D_{min}=50$ mm,$D_L=D_{max}=50.13$ mm;在最大实体状态下 ($\phi 50$ mm)给定几何公差 $t_1=0.08$ mm,并给定几何公差最大值 $t_{max}=0.12$ mm。当被测要素尺寸偏离最大实体状态的尺寸时,或当被测要素尺寸为最小实体状态尺寸 $\phi 50.13$ mm 时,几何公差均可获得补偿。但最多可以补偿 t_{max} 与 t_1 的差值,即 $(0.12-0.08)$ mm$=0.04$ mm,几何公差(垂直度)具有的最大值就等于给定几何公差(垂直度)的最大值,即 $t_{max}=0.12$ mm。

② 动态公差图。T、t 的动态公差图如图 4-34(b)所示,由于 $t_{max}=0.12$ mm,图形形状为具有三个直角的五边形。

③ 遵守边界。遵守最大实体实效边界 MMVB,其边界尺寸为 $D_{MV}=D_{min}-t_1=(50-0.08)$ mm$=49.92$ mm。

④ 检验与合格条件。采用位置量规(轴型通规——模拟被测孔的最大实体实效边界)检验被测要素的体外作用尺寸 D_{fe},采用两点法检验被测要素的实际尺寸 D_a,采用通用量具检验被测要素的形位误差(垂直度误差)$f_\perp$。其合格条件为

$$D_{fe}\geqslant 49.92 \text{ mm}, \quad 50 \text{ mm}\leqslant D_a\leqslant 50.13 \text{ mm}, \quad f_\perp\leqslant 0.12 \text{ mm}$$

例 4-5　对图 4-35(a)做出解释。

解　① T、t 标注解释。图 4-35(a)所示为可逆要求用于最大实体要求的轴线问题。轴的尺寸公差为 $T_s=0.1$ mm,即 $d_M=d_{max}=20$ mm,$d_L=d_{min}=19.9$ mm;在最大实体状态下($\phi 20$ mm)给定几何公差 $t_1=0.2$ mm,当被测要素尺寸偏离最大实体状态的尺寸时,几何公差获得补偿,当被测要素尺寸为最小实体状态的尺寸 $\phi 19.9$ mm 时,几何公差获得补偿最多,此时几何公差具有的最大值可以等于给定几何公差 t_1 与尺寸公差 T_s 的和,即 $t_{max}=(0.2+0.1)$ mm$=0.3$ mm。

② 可逆解释。在被测要素轴的几何误差(轴线垂直度)小于给定几何公差的条件下,即 $f_\perp<0.2$ mm 时,被测要素的尺寸误差可以超差,即被测要素轴的实际尺寸可以超出极限尺寸 $\phi 20$ mm,但不可以超出所遵守的边界(最大实体实效边界)尺寸 $\phi 20.2$。图 4-35(b)中横轴的 $\phi 20\sim\phi 20.2$ mm 为尺寸误差可以超差的范围(或称可逆范围)。

③ 动态公差图。T、t 的动态公差图如图 4-35(b)所示,其形状是三角形。

④ 遵守边界。遵守最大实体实效边界 MMVB,其边界尺寸为 $d_{MV} = d_{max} + t_1 = 20\ mm + 0.2\ mm = 20.2\ mm$。

⑤ 检验与合格条件。采用位置量规(孔型通规——模拟被测轴的最大实体实效边界)检验被测要素的体外作用尺寸 d_{fe},采用两点法检验被测要素的实际尺寸 d_a。

其合格条件为 $d_{fe} \leqslant 20.2\ mm$,$19.9\ mm \leqslant d_a \leqslant 20\ mm$;

当 $f_\perp < 0.2\ mm$ 时,$19.9\ mm \leqslant d_a \leqslant 20.2\ mm$。

3. 最小实体要求

1) 最小实体要求的公差解释

最小实体要求也是相关公差原则中的三种要求之一。适用最小实体要求的被测实际要素(关联要素)的实体(体内作用尺寸)遵循最小实体实效边界,被测实际要素的局部实际尺寸同时受最大实体尺寸和最小实体尺寸所限;几何公差 t 与尺寸公差 $T_h(T_s)$ 有关,在最小实体状态下给定几何公差(多为位置公差)值 t_1 不为零(一定大于零,当为零时,是一种特殊情况——最小实体要求的零几何公差);当被测实际要素偏离最小实体状态时,几何公差获得补偿,补偿量来自尺寸公差(被测实际要素偏离最小实体状态的量,相当于尺寸公差富余的量,可作补偿量),补偿量的一般计算公式为

$$t_2 = |\,LMS - D_a(d_a)\,| \tag{4-12}$$

当被测实际要素为最大实体状态时,几何公差获得补偿量最多,即 $t_{2max} = T_h(T_s)$,这种情况下允许几何公差的最大值为

$$t_{max} = t_{2max} + t_1 = T_h(T_s) + t_1 \tag{4-13}$$

几何公差 t 与尺寸公差 $T_h(T_s)$ 的关系可以用动态公差图表示,如图 4-36(b)所示。由于给定几何公差值 t_1 不为零,故动态公差图的图形一般为直角梯形。

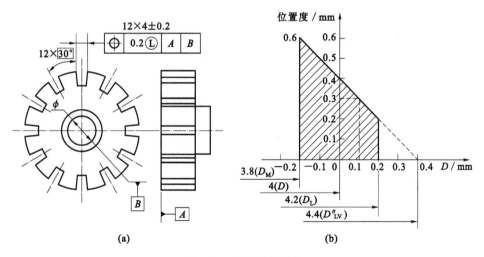

图 4-36 最小实体要求

(a) 标注标记;(b) 动态公差图

2) 最小实体要求的应用与检测

最小实体要求主要用于需要保证最小壁厚处(如空心的圆柱凸台、带孔的小垫圈等)的中心要素,一般是中心轴线的位置度、同轴度等。最小实体要求在零件图样上的标注是在几何公差框格的几何公差给定值 t_1 后面加写 Ⓛ,如图 4-36(a)所示。

当基准(中心要素如轴线)也使用最小实体要求时,则在几何公差框格内的基准字母后面也加写Ⓛ。符合最小实体要求的被测实体(D_{fi}、d_{fi})不得超越最小实体实效边界 LMVB;被测要素的局部实际尺寸(D_a、d_a)不得超越最大实体尺寸 MMS 和最小实体尺寸 LMS。目前尚没有检验用量规,因为按最小实体实效尺寸判定孔、轴体内作用尺寸的合格性问题,在于量规无法实现检测过程(量规测头不可能进入被测要素的体内)。生产中一般采用通用量具检验被测实际要素的体内作用尺寸(D_{fi}、d_{fi})是否超越最小实体实效边界,即测量足够多点的数据,用绘图法(在具备良好的测量条件时,使用坐标机测量,并由计算机处理测量数据会更好)求得被测要素的体内作用尺寸(D_{fi}、d_{fi}),再判定其是否超越最小实体实效边界 LMVB,不超越为合格;被测实际要素的局部实际尺寸(D_a、d_a)按两点法测量,以判定是否超越最大实体尺寸和最小实体尺寸,局部实际尺寸落入极限尺寸内为合格。符合最小实体要求的被测实际要素的合格条件如下。

对于孔(内表面):
$$D_{fi} \leqslant D_{LV} = D_{max} + t_1, \quad D_{min} = D_M \leqslant D_a \leqslant D_L = D_{max}$$

对于轴(外表面):
$$d_{fi} \geqslant d_{LV} = d_{min} - t_1, \quad d_{max} = d_M \geqslant d_a \geqslant d_L = d_{min}$$

3) 最小实体要求的零几何公差

这是最小实体要求的特殊情况,允许在最小实体状态时给定位置公差值为零。在零件图样上的标注标记是在位置公差框格的第二格内,即位置公差值的格内写 0 Ⓛ ($\phi0$ Ⓛ),如图 4-37(a) 所示。此种情况下,被测实际要素的最小实体实效边界就变成了最小实体边界。对于位置公差而言,最小实体要求的零几何公差比起最小实体要求来,显然更严格。图 4-37(b)是图 4-37(a) 的动态公差图,其形状为直角三角形。动态公差图的形状恰好与同类要素的最大实体要求的零几何公差的动态公差图形状(见图 4-33(b))相同,但斜边的方向相反(成镜像关系)。

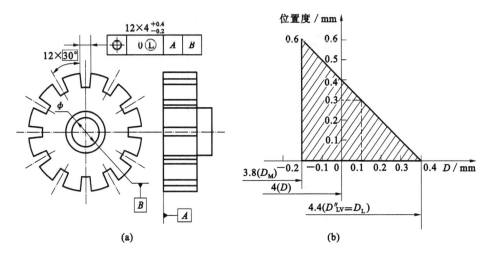

图 4-37　最小实体要求的零几何公差

(a) 标注标记;(b) 动态公差图

4) 可逆要求用于最小实体要求

在不影响零件功能的前提下,位置公差可以反过来补给尺寸公差,即位置公差有富余的情况下,允许尺寸误差超过给定的尺寸公差,显然在一定程度上能够降低工件的废品率。在零件图样上,可逆要求用于最小实体要求的标注标记是在位置公差框格的第二格内位置公差值后面加写Ⓛ Ⓡ,如图 4-38(a)所示。此时尺寸公差有双重职能:① 控制尺寸误差;② 协助控制几何误差。而位置公差也有双重职能:① 控制几何误差;② 协助控制尺寸误差。图 4-38(a)所示的槽位置度,其可逆要求用于最小实体要求的动态公差如图 4-38(b)所示,图中横轴(槽宽尺寸)上 4.2～4.4 mm 即为槽宽尺寸可以超差的范围(注意:只当位置度误差小于0.2 mm时有效)。可逆要求用于最小实体要求的动态公差图,其形状由直角梯形(最小实体要求的动态公差图)转为直角三角形(在直角梯形的直角短边处加一三角形)。

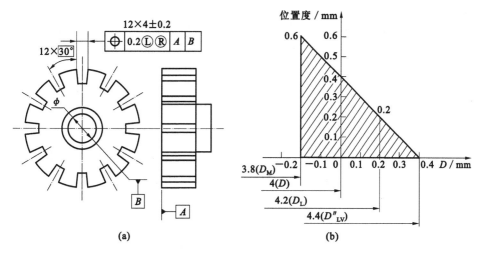

图 4-38 可逆要求用于最小实体要求

(a) 标注标记;(b) 动态公差图

5) 最小实体要求的实例分析

例 4-6 对图 4-36(a) 做出解释。

解 ① T、t 标注解释。被测槽宽的尺寸公差 $T_h = 0.4$ mm,$D_M = D_{min} = 3.8$ mm,$D_L = D_{max} = 4.2$ mm;在最小实体状态下给定几何公差(位置度)$t_1 = 0.2$ mm,当被测要素尺寸(槽宽)偏离最小实体状态的尺寸 4.2 mm 时,几何公差位置度获得补偿,当被测要素尺寸为最大实体状态的尺寸 3.8 mm 时,几何公差位置度获得补偿最多,此时几何公差具有的最大值可以等于给定几何公差 t_1 与尺寸公差 T_h 的和,即

$$t_{max} = (0.2 + 0.4)\text{mm} = 0.6 \text{ mm}$$

② 动态公差图。T、t 的动态公差图如图 4-36(b)所示,图形形状为具有二直角的梯形。

③ 遵守边界。遵守最小实体实效边界 LMVB,其边界尺寸为

$$D_{LV} = D_{max} + t_1 = (4.2 + 0.2)\text{mm} = 4.4 \text{ mm}$$

④ 合格条件。被测要素的体内作用尺寸 D_{fi} 和局部实际尺寸 D_a 的合格条件为

$$D_{fi} \leqslant 4.4 \text{ mm}, \quad 3.8 \leqslant D_a \leqslant 4.2 \text{ mm}$$

例 4-7 对图 4-37(a) 做出解释。

解 ① T、t 标注解释。如图 4-37(a)所示,这是最小实体要求的零几何公差。被测槽宽的尺寸公差 $T_h = 0.6$ mm,$D_M = D_{min} = 3.8$ mm,$D_L = D_{max} = 4.4$ mm;在最小实体状态下(4.4 mm)给定几何公差(位置度)$t_1 = 0$,当被测要素尺寸偏离最小实体状态时,几何公差获得补偿,当被测要素尺寸为最大实体状态的尺寸 3.8 mm 时,几何公差(位置度)获得补偿最多,此时几何公差具有的最大值可以等于给定几何公差 t_1 与尺寸公差 T_h 的和,即

$$t_{max} = (0 + 0.6)\text{mm} = 0.6 \text{ mm}$$

② 动态公差图。T、t 的动态公差图如图 4-37(b)所示,图形形状为直角三角形。

③ 遵守边界。遵守最小实体实效边界 LMVB,其边界尺寸为

$$D_{LV} = D_{max} + t_1 = (4.2 + 0)mm = 4.2\ mm$$

显然就是最小实体边界(因为给定的 $t_1 = 0$)。

④ 合格条件。被测要素的体内作用尺寸 D_{fi} 和局部实际尺寸 D_a 的合格条件为

$$D_{fi} \leqslant 4.2\ mm, \quad 3.8\ mm \leqslant D_a \leqslant 4.2\ mm$$

例 4-8　对图 4-38(a)做出解释。

解　① T、t 标注解释。图 4-38(a)所示为可逆要求用于最小实体要求的槽的位置度问题。槽宽的尺寸公差为 $T_h = 0.4\ mm$,即 $D_M = D_{min} = 3.8\ mm$,$D_L = D_{max} = 4.2\ mm$;在最小实体状态下(4.2 mm)给定位置度公差 $t_1 = 0.2\ mm$,当被测要素尺寸(槽宽的尺寸)偏离最小实体状态的尺寸时,位置度公差获得补偿,当被测要素尺寸为最大实体状态的尺寸 3.8 mm 时,位置度公差获得补偿最多,此时位置度公差具有的最大值可以等于给定位置度公差 t_1 与尺寸公差 T_h 的和,即 $t_{max} = (0.2 + 0.4)mm = 0.6\ mm$。

② 可逆解释。在被测要素槽的位置度误差小于给定位置度公差的条件下,即 $f < 0.2\ mm$ 时,被测要素槽的尺寸误差可以超差,即被测要素槽的实际尺寸可以超出极限尺寸 4.2 mm,但不可以超出所遵守边界的尺寸 4.4 mm。图 4-38(b)中横轴的 4.2～4.4 mm 为槽的尺寸误差可以超差的范围(或称可逆范围)。

③ 动态公差图。T、t 的动态公差图如图 4-38(b)所示,其形状是三角形。

④ 遵守边界。遵守最小实体实效边界 LMVB,其边界尺寸为

$$D_{LV} = D_{max} + t_1 = (4.2 + 0.2)mm = 4.4\ mm$$

⑤ 合格条件。被测要素的体内作用尺寸 D_{fi} 和被测要素的局部实际尺寸 D_a。其合格条件为

$$D_{fi} \leqslant 4.4\ mm, \quad 3.8\ mm \leqslant D_a \leqslant 4.2\ mm$$

当 $f < 0.2\ mm$ 时,

$$3.8\ mm \leqslant d_a \leqslant 4.4\ mm$$

综上所述,公差原则是解决生产第一线中尺寸误差与几何误差关系等实际问题的常用规则。但由于相关原则的术语、概念较多,各种要求适用范围迥然不同,补偿、可逆、零公差、动态公差图等都是前面几章所未有的,再加上几何公差的问题本来就较尺寸公差的复杂,不免难以学透、不易用好。相关公差原则三种要求的比较如表 4-9 所示。

表 4-9　相关公差原则三种要求的比较

相关公差原则			包容要求	最大实体要求	最小实体要求
标注标记			Ⓔ	Ⓜ,可逆要求为ⓂⓇ	Ⓛ,可逆要求为ⓁⓇ
几何公差的给定状态及 t_1 值			最大实体状态下给定 $t_1 = 0$	最大实体状态下给定 $t_1 > 0$	最小实体状态下给定 $t_1 > 0$
特殊情况			无	$t_1 = 0$ 时,称为最大实体要求的零几何公差	$t_1 = 0$ 时,称为最小实体要求的零几何公差
遵守的理想边界	边界名称		最大实体边界	最大实体实效边界	最小实体实效边界
	边界尺寸计算公式	孔	$MMB_D = D_M = D_{min}$	$MMVB_D = D_M = D_{min} - t_1$	$LMVB_D = D_L = D_{max} + t_1$
		轴	$MMB_d = d_M = d_{max}$	$MMVB_d = d_M = d_{max} + t_1$	$LMVB_d = d_L = d_{min} - t_1$

续表

相关公差原则		包容要求	最大实体要求	最小实体要求
几何公差 t 与尺寸公差 $T_h(T_s)$ 关系	最大实体状态	$t_1=0$	$t_1>0$	$t_{\max}=T_h(T_s)+t_1$
	最小实体状态	$t_{\max}=T_h(T_s)$	$t_{\max}=T_h(T_s)+t_1$	$t_1>0$
合格条件	孔	$D_{fe}\geqslant D_M$ $D_a\leqslant D_L$	$D_{fe}\geqslant D_{MV}$ $D_M\leqslant D_a\leqslant D_L$	$D_{fi}\leqslant D_{LV}$ $D_M\leqslant D_a\leqslant D_L$
	轴	$d_{fe}\leqslant d_M$ $d_a\geqslant d_L$	$d_{fe}\leqslant d_{MV}$ $d_M\geqslant d_a\geqslant d_L$	$d_{fi}\geqslant d_{LV}$ $d_M\geqslant d_a\geqslant d_L$
几何公差获得尺寸公差补偿量的一般计算公式		$t_2=\lvert\ MMS-D_a(d_a)\ \rvert$	$t_2=\lvert\ MMS-D_a(d_a)\ \rvert$	$t_2=\lvert\ LMS-D_a(d_a)\ \rvert$
检验方法及量具		采用光滑极限量规，通规检测 $D_{fe}(d_{fe})$、止规检测 $D_a(d_a)$	$D_{fe}(d_{fe})$ 采用位置量规 $D_a(d_a)$ 采用二点法测量	尚无量规，形位误差采用通用量具，$D_a(d_a)$ 采用二点法测量
适用范围		保证配合性质的单一要素	保证容易装配的关联中心要素	保证最小壁厚的关联中心要素
可逆要求		不适用。尺寸公差只能补给几何公差	适用。不仅尺寸公差能补给几何公差，而且，在一定条件下尺寸公差也可以获得来自于几何公差的补偿	适用。不仅尺寸公差能补给几何公差，而且，在一定条件下尺寸公差也可以获得来自于几何公差的补偿
动态公差图形状		一般为直角三角形，限制几何公差最大值则为具有二直角的梯形	一般为具有二直角的梯形，限制几何公差最大值则为具有三直角的五边形，适用可逆要求时(不限制几何公差最大值)则为直角三角形，零几何公差时也为直角三角形	一般为具有二直角的梯形，限制几何公差最大值则为具有三直角的五边形，适用可逆要求时(不限制几何公差最大值)则为直角三角形，零几何公差时也为直角三角形，与最大实体要求的动态公差图形状呈现镜像关系(关于镜面对称)

4.4　几何公差的选用

几何误差直接影响着零部件的旋转精度、连接强度、密封性以及荷载均匀性等，因此，正确、合理地选用几何公差，对保证机器或仪器的功能要求和提高经济效益具有十分重要的意义。

几何公差的选用主要包括几何公差项目的选择、基准的选择、公差值的选择和公差原则的选择。

4.4.1　几何公差项目的选择

几何公差项目的选择原则：根据要素的几何特征、结构特点及零件的使用要求，并考虑检测的方便和经济效益。

形状公差项目主要是按要素的几何形状特征确定的,因此要素的几何特征自然是选择单一要素公差项目的基本依据。例如,控制平面的形状误差应选择平面度;控制圆柱面的形状误差应选择圆度或圆柱度。

位置公差项目是按要素间几何方位关系确定的,所以关联要素的公差项目应以它与基准间的几何方位关系为基本依据。例如,对轴线、平面可规定定向和定位公差,对点只能规定位置度公差,回转类零件才可以规定同轴度公差和跳动公差。

零件的功能要求不同,对几何公差应提出不同的要求。如减速器转轴的两个轴颈的几何精度,由于在功能上它们是转轴在减速器箱体上的安装基准,因此,要求它们同轴,可以规定它们公共轴线的同轴度公差或径向圆跳动公差。

考虑检测的方便性,有时可将所需的公差项目用控制效果相同或相近的公差项目来代替。例如,要素为一圆柱面时,圆柱度是理想的项目,但是由于圆柱度检测不方便,故可选用圆度、直线度和素线平行度几个分项进行控制。又如径向圆跳动可综合控制圆度和同轴度误差,而径向圆跳动检测简单易行,所以在不影响设计要求的前提下,可尽量选用径向圆跳动公差项目。

4.4.2 基准要素的选择

基准是确定关联要素间方向和位置的依据。在选择位置公差项目时,需要正确选用基准。选择基准时,一般应从以下几方面考虑。

(1)根据零件各要素的功能要求,一般以主要配合表面,如轴颈、轴承孔、安装定位面、重要的支承面等作为基准,如轴类零件,常以两个轴承为支承运转,其运动轴线是安装轴承的两轴颈的共有轴线,因此,从功能要求来看,应选这两处轴颈的公共轴线(组合基准)为基准。

(2)根据装配关系应选零件上相互配合、相互接触的定位要素作为各自的基准。如盘、套类零件,一般是以其内孔轴线径向定位装配或以其端面轴向定位,因此根据需要可选其轴线或端面作为基准。

(3)根据加工定位的需要和零件结构,应选择较宽大的平面、较长的轴线作为基准,以使定位稳定。对结构复杂的零件,一般应选三个基准面,根据对零件使用要求影响的程度,确定基准的顺序。

(4)根据检测的方便程度,应选择在检测中装夹定位的要素为基准,并尽可能将装配基准、工艺基准与检测基准统一起来。

4.4.3 公差值的选择

公差值的选择原则:在满足零件功能要求的前提下,考虑工艺经济性和检测条件,选择最经济的公差值。

根据零件功能要求、结构、刚度和加工经济性等条件,采用类比法,按公差数值表确定要素的公差值时,还应考虑以下几点。

(1)在同一要素上给出的形状公差值应小于位置公差值,即 $t_{形状} < t_{位置}$。如同一平面上,平面度公差值应小于该平面对基准平面的平行度公差值。

(2)圆柱形零件的形状公差,除轴线直线度以外,一般情况下应小于其尺寸公差。如最大实体状态下,形状公差在尺寸公差之内,形状公差包含在位置公差带内。

(3)选用形状公差等级时,应考虑结构特点和加工的难易程度,在满足零件功能要求的前提下,对于下列情况应适当降低 1~2 级精度:① 细长的轴或孔;② 距离较大的轴或孔;③ 宽度大于 1/2 长度的零件表面;④ 线对线和线对面相对于面对面的平行度;⑤ 线对线和线对面相对于面对面的垂直度。

(4) 选用形状公差等级时,还应注意协调形状公差与表面粗糙度之间的关系。通常情况下,表面粗糙度的数值约占形状误差值的 20%~25%。

(5) 在通常情况下,零件被测要素的形状误差比位置误差小得多,因此给定平行度或垂直度公差的两个平面,其平面度的公差等级,应不低于平行度或垂直度的公差等级;同一圆柱面的圆度公差等级应不低于其径向圆跳动公差等级。

表 4-10 至表 4-13 列出了各种几何公差等级的应用举例,供选择时参考。

表 4-10　直线度、平面度公差等级应用举例

公差等级	应 用 举 例
1,2	精密量具、测量仪器以及精度要求很高的精密机械零件,如 0 级样板平尺、0 级宽平尺、工具显微镜等精密测量仪器的导轨面
3	1 级宽平尺工作面、1 级样板平尺的工作面,测量仪器圆弧导轨,测量仪器的测杆外圆柱面
4	0 级平板,测量仪器的 V 形导轨,高精度平面磨床的 V 形导轨和滚动导轨,轴承磨床及平面磨床的床身导轨
5	1 级平板,2 级宽平尺,平面磨床的纵导轨、垂直导轨、工作台,液压龙门刨床导轨
6	普通机床导轨面,卧式镗床、铣床的工作台,机床主轴箱的导轨,柴油机机体结合面
7	2 级平板,机床的床头箱体,滚齿机床身导轨,摇臂钻底座工作台,液压泵盖结合面,减速器壳体结合面,0.02 游标卡尺尺身的直线度
8	自动车床底面,柴油机汽缸体,连杆分离面,缸盖结合面,汽车发动机缸盖,曲轴箱结合面,法兰连接面
9	3 级平板,自动车床床身底面,摩托车曲轴箱体,汽车变速箱壳体,车床挂轮的平面

表 4-11　圆度、圆柱度公差等级应用举例

公差等级	应 用 举 例
0,1	高精度量仪主轴,高精度机床主轴,滚动轴承的滚珠和滚柱
2	精密测量仪主轴、外套、套阀,纺锭轴承,精密机床主轴轴颈,针阀圆柱表面,喷油泵柱塞及柱塞套
3	高精度外圆磨床轴承,磨床砂轮主轴套筒,喷油嘴针、阀体,高精度轴承内外圈等
4	较精密机床主轴、主轴箱孔,高压阀门、活塞、活塞销、阀体孔,高压油泵柱塞,较高精度滚动轴承配合轴,铣削动力头箱体孔
5	一般计量仪器主轴,测杆外圆柱面,一般机床主轴轴颈及轴承孔,柴油机、汽油机的活塞、活塞销,与 P6 级滚动轴承配合的轴颈
6	一般机床主轴及前轴承孔,泵、压缩机的活塞、汽缸,汽油发动机凸轮轴,纺机锭子,减速传动轴轴颈,拖拉机曲轴主轴颈,与 P6 级滚动轴承配合的外壳孔
7	大功率低速柴油机曲轴轴颈、活塞、活塞销、连杆、汽缸,高速柴油机箱体轴承孔,千斤顶或压力油缸活塞,机车转动轴,水泵及通用减速器转轴轴颈
8	低速发动机、大功率曲柄轴轴颈,内燃机曲轴轴颈,柴油机凸轮轴承孔
9	空气压缩机缸体,通用机械杠杆与拉杆用套筒销子,拖拉机活塞环、套筒孔

表 4-12　平行度、垂直度、倾斜度、端面圆跳动公差等级应用举例

公差等级	应 用 举 例
1	高精度机床、测量仪器、量具等主要工作面和基准面
2,3	精密机床、测量仪器、量具、夹具的工作面和基准面,精密机床的导轨,精密机床主轴轴向定位面,滚动轴承座圈端面,普通机床的主要导轨,精密刀具、量具的工作面和基准面,光学分度头心轴端面
4,5	普通机床导轨,重要支承面,机床主轴孔对基准的平行度,精密机床重要零件,计量仪器、量具、模具的工作面和基准面,床头箱体重要孔,通用减速器壳体孔,齿轮泵的油孔端面,发动机轴和离合器的凸缘,汽缸支承端面,安装精密滚动轴承壳体孔的凸肩
6,7,8	一般机床的工作面和基准面,压力机和锻锤的工作面,中等精度钻模的工作面,机床一般轴承孔对基准的平行度,变速器箱体孔,主轴花键对定心直径部位表面轴线的平行度,一般导轨、主轴箱体孔、刀架、砂轮架、汽缸配合面对基准轴线,活塞销孔对活塞中心线的垂直度,滚动轴承内、外圈端面对轴线的垂直度
9,10	低精度零件,重型机器型滚动轴承端盖,柴油机、曲轴颈、花键轴和轴肩端面,带式运输机法兰盘等端面对轴线的垂直度,减速器壳体平面

表 4-13　同轴度、对称度、径向跳动公差等级应用举例

公差等级	应 用 举 例
1,2	旋转精度要求很高、尺寸公差高于 1 级的零件,如精密测量仪器的主轴和顶尖,柴油机喷油嘴针阀
3,4	机床主轴轴颈,砂轮轴轴颈,汽轮机主轴,测量仪器的小齿轮轴,安装高精度齿轮的轴颈
5	机床主轴轴颈,机床主轴箱孔,计量仪器的测杆,蜗轮机主轴,柱塞油泵转子,高精度滚动轴承外圈,一般精度轴承内圈
6,7	内燃机曲轴,凸轮轴轴颈,柴油机机体主轴承孔,水泵轴,油泵柱塞,汽车后桥输出轴,安装一般精度齿轮的轴颈,蜗轮盘,普通滚动轴承内圈,印刷机传墨辊的轴颈,键槽
8,9	内燃机凸轮轴孔,水泵叶轮,离心泵体,汽缸套外径配合面对工作面,运输机机械滚筒表面,棉花精梳机前、后滚子,自行车中轴

4.4.4　公差原则的选择

公差原则的选择原则:根据被测要素的功能要求,综合考虑各种公差原则的应用场合和采用该公差原则的可行性和经济性。

公差原则主要根据被测要素的功能要求、零件尺寸大小和检测方便来选择,并应考虑充分利用给出的尺寸公差带,还应考虑用被测要素的几何公差补偿其尺寸公差的可能性。

按独立原则给出的几何公差是固定的,不允许几何误差值超出图样上标注的几何公差值。而相关要求给出的几何公差是可变的,在遵守给定边界的条件下,允许几何公差值增大。有时独立原则、包容要求和最大实体要求都能满足某种同一功能要求,但在选用它们时应注意到它们的经济性和合理性。例如,孔或轴采用包容要求时,它的实际尺寸与形状误差之间可以相互调整(补偿),从而使整个尺寸公差带得到充分利用,技术经济效益较高。但另一方面,包容要求所允许的形状误差的大小,完全取决于实际尺寸偏离最大实体尺寸的数值。如果孔或轴的实际尺寸处处皆为最大实体尺寸或者趋近于最大实体尺寸,那么,它必须具有理想形状或者接近于理想形状才合格,而实际上极难加工出这样精确的形状。又如,从零件尺

寸大小和检测的方便程度来看,按包容要求用最大实体边界控制形状误差,对于中小型零件,便于使用量规检验。但是,对于大型零件,就难以使用笨重的量规检验。在这种情况下按独立原则的要求进行检测就比较容易实现。

表 4-14 对公差原则的应用场合进行了总结,供选择公差原则时参考。

表 4-14　公差原则的应用场合

公差原则	应 用 场 合
独立原则	尺寸精度与几何精度需要分别满足要求,如齿轮箱体孔、连杆活塞销孔、滚动轴承内圈及外圈滚道
	尺寸精度与几何精度要求相差较大,如滚筒类零件、平板、通油孔、导轨、汽缸
	尺寸精度与几何精度之间没有联系,如滚子链条的套筒或滚子内、外圆柱面的轴线与尺寸精度,发动机连杆上尺寸精度与孔轴线间的位置精度
	未注尺寸公差或未注几何公差,如退刀槽、倒角、圆角
包容要求	用于单一要素,保证配合性质,如 $\phi40H7$ 孔与 $\phi40h7$ 轴配合,保证最小间隙为零
最大实体要求	用于中心要素,保证零件的可装配性,如轴承盖上用于穿过螺钉的通孔,法兰盘上用于穿过螺栓的通孔,同轴度的基准轴线
最小实体要求	保证零件强度和最小壁厚

4.4.5　未注几何公差的规定

图样上没有具体注明几何公差值的要素,根据国家标准规定,其几何精度由未注几何公差来控制,按以下规定执行。

(1) GB/T 1184—1996 对未注直线度、平面度、垂直度、对称度和圆跳动各规定了 H、K、L 三个公差等级,其公差值如表 4-15 至表 4-18 所示。

表 4-15　直线度和平面度未注公差值　　　　　　　(单位:μm)

公差等级	基本长度范围					
	≤10	>10~30	>30~100	>100~300	>300~1000	>1000~3000
H	0.02	0.05	0.1	0.2	0.3	0.4
K	0.05	0.1	0.2	0.4	0.6	0.8
L	0.1	0.2	0.4	0.8	1.2	1.6

表 4-16　垂直度未注公差值　　　　　　　(单位:μm)

公差等级	基本长度范围			
	≤100	>100~300	>300~1000	>1000~3000
H	0.2	0.3	0.4	0.5
K	0.4	0.6	0.8	1
L	0.6	1	1.5	2

表 4-17　对称度未注公差值　　　　　　　　　（单位：μm）

公差等级	基本长度范围			
	≤100	>100～300	>300～1000	>1000～3000
H	0.5	0.5	0.5	0.5
K	0.6	0.6	0.8	1
L	0.6	1	1.5	2

表 4-18　圆跳动未注公差值　　　　　　　　　（单位：μm）

公差等级	H	K	L
公差值	0.2	0.3	0.4

（2）圆度的未注公差值等于直径公差值，但不能大于表 4-18 中的径向圆跳动值。

（3）圆柱度的未注公差值不做规定，但圆柱度误差由圆度、直线度和素线平行度误差三部分组成，而其中每一项误差均由它们的注出公差或未注公差控制。

（4）平行度的未注公差值等于尺寸公差值或直线度和平面度未注公差值中的较大者。

（5）同轴度的未注公差值可以和表 4-18 中的圆跳动的未注公差值相等。

（6）线轮廓度、面轮廓度、倾斜度、位置度和全跳动的未注公差值均由各要素的注出或未注线性尺寸公差或角度公差控制。

习题 4

4-1　哪些几何公差的公差值前应该加注"ϕ"？

4-2　几何公差带由哪几个要素组成？它们各自的特点是什么？

4-3　国家标准规定了哪些公差原则或要求？它们主要用在什么场合？

4-4　举例说明什么是可逆要求？有何实际意义？

4-5　什么是最大实体实效尺寸？对于内、外表面，其最大实体实效尺寸的表达式是什么？

4-6　什么是最小实体实效尺寸？对于内、外表面，其最小实体实效尺寸的表达式是什么？

4-7　设某轴的直径为 $\phi30^{-0.1}_{-0.5}$，其轴线直线度公差为 $\phi0.2$，试画出其动态公差带图。若同轴的实际尺寸处处为 29.75 mm，其轴线直线度公差可增大至何值？

4-8　设某轴的尺寸为 $\phi35^{+0.25}_{0}$，其轴线直线度公差为 $\phi0.05$，求其最大实体实效尺寸 D_{MV}。

4-9　试解释图 4-39 注出的各项几何公差（说明被测要素、基准要素、公差带形状、大小和方位）。

4-10　将下列各项几何公差要求标注在图 4-40 上。

（1）$\phi160f6$ 圆柱表面对 $\phi85K7$ 圆孔轴线的圆跳动公差为 0.03 mm。

（2）$\phi150f6$ 圆柱表面对 $\phi85K7$ 圆孔轴线的圆跳动公差为 0.02 mm。

（3）厚度为 20 mm 的安装板左端面对 $\phi150f6$ 圆柱面的垂直度公差为 0.03 mm。

（4）安装板右端面对 $\phi160f6$ 圆柱面轴线的垂直度公差为 0.03 mm。

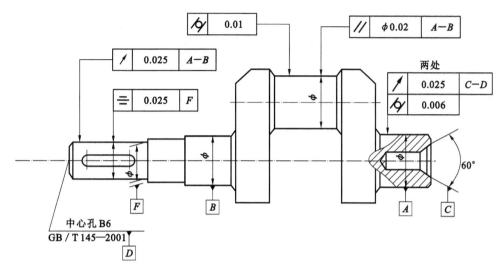

图 4-39 题 4-9 图

(5) $\phi125H6$ 圆孔的轴线对 $\phi85K7$ 圆孔轴线的同轴度公差为 $\phi0.05$ mm。

(6) $5\times\phi21$ 孔对与 $\phi160f6$ 圆柱面轴线同轴,直径尺寸 $\phi210$ mm 确定并均匀分布的理想位置的位置度公差为 $\phi0.125$ mm。

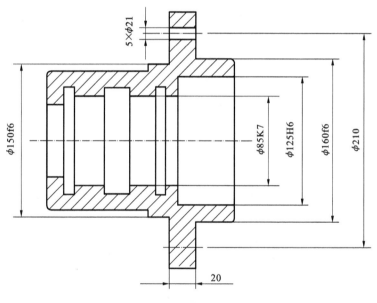

图 4-40 题 4-10 图

4-11 将下列几何公差要求标注在图 4-41 上。

(1) 圆锥截面圆度公差为 0.006 mm;

(2) 圆锥素线直线度公差为 7 级($L=50$ mm),并且只允许材料向外凸起;

(3) $\phi80H7$ 遵守包容要求,$\phi80H7$ 孔表面的圆柱度公差为 0.005 mm;

(4) 圆锥面对 $\phi80H7$ 轴线的斜向圆跳动公差为 0.02 mm;

(5) 右端面对左端面的平行度公差为 0.005 mm;

4-12 指出图 4-42 中几何公差的标注错误,并加以改正(不允许改变几何公差特征符号)。

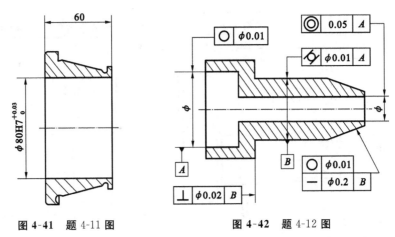

图 4-41　题 4-11 图　　　　　　图 4-42　题 4-12 图

4-13　指出图 4-43 中几何公差的标注错误,并加以改正(不允许改变几何公差特征符号)。

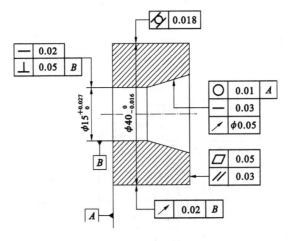

图 4-43　题 4-13 图

4-14　按图 4-44 上标注的尺寸公差和几何公差填表,对于遵守相关要求的应画出动态公差带图。

图样序号	遵守公差原则或公差要求	遵守边界及边界尺寸	最大实体尺寸/mm	最小实体尺寸/mm	最大实体状态时几何公差/μm	最小实体状态时几何公差/μm	$d_a(D_a)$范围/mm
(a)							
(b)							
(c)							
(d)							
(e)							
(f)							

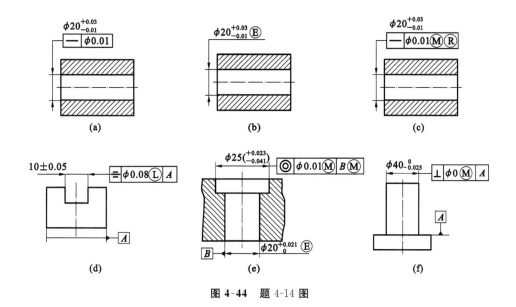

图 4-44　题 4-14 图

第5章　表面粗糙度

5.1　概　　述

为了保证产品质量,在设计零件时除了要考虑尺寸精度和几何公差外,还必须考虑工件的表面质量。零件的表面质量包括表面几何形状、表面波纹度、表面缺陷及表面粗糙度等,在这里我们只讨论表面粗糙度。

5.1.1　表面粗糙度

零件的表面质量是由一系列的波峰和波谷组成的,如果波峰和波谷之间的距离(波距)大于 10 mm,则属于宏观几何形状误差;波峰和波谷之间的距离(波距)小于 1 mm 为表面粗糙度;波峰和波谷之间的距离(波距)介于 1~10 mm,为表面波纹度,如图 5-1 所示为零件表面几何形状误差分析图例。

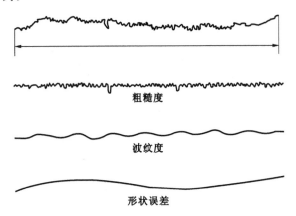

图 5-1　零件表面几何形状误差

表面粗糙度属于微观几何形状误差,用肉眼难以辨别。表面粗糙度值越小,表面越光滑。表面粗糙度产生的根源是加工过程中刀具和工件之间摩擦,切屑与工件分离时物料的破损以及加工过程中工艺系统的高频振动等。

5.1.2　表面粗糙度对机械零件使用性能的影响

表面粗糙度直接影响零件的使用性能,对零件的配合精度、耐磨损性、抗腐蚀性等方面都会产生一定的影响,主要表现在以下几个方面:

(1)表面粗糙度影响配合性质的稳定性。对于间隙配合,表面越粗糙越容易引起局部磨损,从而使间隙越来越大,影响配合精度。对于过盈配合,表面太粗糙会引起受力不均匀。

(2)表面粗糙度影响零件的耐磨性。表面越粗糙,配合表面间的有效接触面积越小,磨损越厉害。

(3)表面粗糙度影响零件的抗腐蚀性。表面过于粗糙,容易使腐蚀性气体和液体滞留在凹槽里,渗透到金属内层,造成表面腐蚀。

　　(4) 表面粗糙度影响零件的密封性。粗糙的表面之间不能严密地贴合,气体和液体可以渗入。

　　(5) 表面粗糙度影响零件的寿命。粗糙的零件表面,存在着较大的波峰、波谷,对应力集中很敏感,所以会影响零件的疲劳强度。

　　此外,表面粗糙度对零件的外观、测量精度也有一定的影响。一般来说要根据具体的工作环境选择合适的表面粗糙度,并不是零件的表面粗糙度越小越好。为了获得较小的表面粗糙度,零件要经过复杂的加工,会引起加工成本的急剧增加。另外,表面粗糙度太小,不利于润滑油的储存,容易引起干摩擦或者边界摩擦。因此,表面粗糙度的参数值在设计过程中应该合理选择。

5.2　表面粗糙度的评定

　　测量和评定表面粗糙度时,首先要确定评定对象。表面轮廓就是表面粗糙度的评定对象。表面轮廓是指横截面与实际表面相交所得的曲线,如图 5-2 所示。根据截面方向的不同,可以形成横向表面轮廓和纵向表面轮廓。如果没有特殊说明,在测量和评定表面粗糙度时,是指横向表面轮廓(与加工纹理方向垂直的轮廓)。

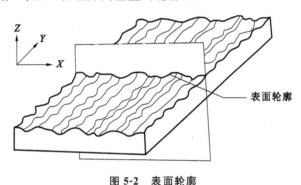

图 5-2　表面轮廓

5.2.1　基本术语和定义

　　在测量和评定表面粗糙度时,还需要确定取样长度、评定长度、基准线和长度参数,以限制和减弱表面波纹度对表面粗糙度测量结果的影响。

　　1. 轮廓峰和轮廓谷

　　轮廓峰是指连接两相邻点向外(从材料到周围介质)的轮廓部分;轮廓谷是指连接两相邻点向内(从周围介质到材料)的轮廓部分。

　　2. 轮廓单元

　　轮廓单元是指轮廓峰和轮廓谷的组合,如图 5-3所示。

　　3. 轮廓峰高 Zp 和轮廓谷深 Zv

　　轮廓峰高 Zp 指轮廓最高点距离 X 轴的距离;轮廓谷深 Zv 指轮廓最低点距离 X 轴的距离,如图 5-3所示。

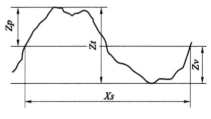

图 5-3　轮廓单元

4. 取样长度 lr

取样长度是指用于判别被评定轮廓的不规则特征,沿 X 轴方向所取轮廓试样的长度,即测量和评定表面粗糙度时所规定的一段基准线长度,一般应包含 5 个以上的轮廓峰和轮廓谷,如图 5-4 中的 lr。

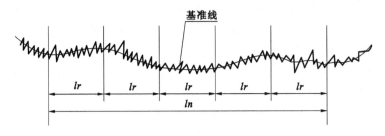

图 5-4　取样长度与评定长度

取样长度过长,表面粗糙度的测量值中可能会包含有表面波纹度的成分;取样长度过短,则不能客观地反映表面粗糙度的实际情况,因此取样长度应与表面粗糙度的大小相适应。

5. 评定长度 ln

评定长度是指用于判别被评定轮廓的 X 轴方向上的长度,它一般按 5 个取样长度来确定,称为"标准长度",如图 5-4 所示。也可取非标准长度,如被测表面加工性较好(如车、铣、刨加工表面),可取 $ln<5lr$;如被测表面加工性较差(如磨、研磨加工表面),可取 $ln>5lr$。取样长度与表面粗糙度的大小以及评定长度之间的关系如表 5-1 所示。

表 5-1　取样长度和评定长度的选用值(摘自 GB/T 1031—2009)

轮廓的算术偏差 $Ra/\mu m$	轮廓的最大偏差 $Rz/\mu m$	取样长度 lr/mm	评定长度 $ln(ln=5lr)/mm$
$\geqslant 0.008\sim 0.02$	$\geqslant 0.025\sim 0.1$	0.08	0.4
$>0.02\sim 0.1$	$>0.1\sim 0.5$	0.25	1.25
$>0.1\sim 2.0$	$>0.5\sim 10.0$	0.8	4.0
$>2.0\sim 10.0$	$>10.0\sim 50.0$	2.5	12.5
$>10.0\sim 80.0$	$>50.0\sim 320$	8.0	40.0

6. 轮廓中线

轮廓中线是具有几何轮廓形状并划分轮廓的基准线。中线包括轮廓最小二乘中线和轮廓算术平均中线。

(1)轮廓最小二乘中线　轮廓最小二乘中线是指在取样长度内,使轮廓线上各点的轮廓偏距 Z_i 的平方和最小,即 $\int_0^{lr} Z_i^2 \mathrm{d}x$ 最小。轮廓偏距的测量方向 Z 如图 5-5 所示。

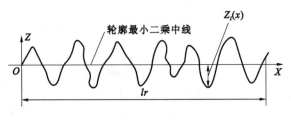

图 5-5　轮廓中线

（2）轮廓算术平均中线　　轮廓算术平均中线是在取样长度内,由一条假想线将实际轮廓分成上下两部分,使上半部分的面积之和等于下半部分的面积之和,这条假想线就叫轮廓算术平均中线,如图 5-6 所示。

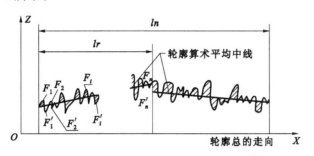

图 5-6　轮廓算术平均中线

5.2.2　表面粗糙度评定参数

为了满足零件的不同功能要求,国家标准 GB/T 3505—2009 规定了几种评定表面粗糙度的参数,如幅值参数、间距参数、形状参数等。下面介绍几种常用的评定参数。

1. 幅值参数（高度参数）

1）轮廓的算术平均偏差 Ra

轮廓的算术平均偏差是指在一个取样长度内,纵坐标值 $Z(x)$ 绝对值的算术平均值,如图 5-7所示。用公式表示为

$$Ra = \frac{1}{lr}\int_0^{lr} |Z(x)| \, \mathrm{d}x \tag{5-1}$$

也可以近似为

$$Ra = \frac{1}{n}\sum_{i=1}^{n} |Z_i| \tag{5-2}$$

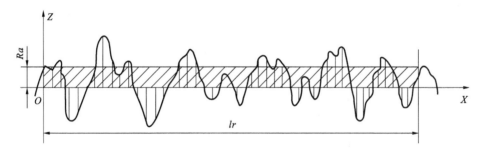

图 5-7　轮廓的算术平均偏差

Ra 值越大,表面越粗糙,Ra 能客观地反映零件表面微观几何形状的特性,但因受到计量器具精度的限制,不宜用作过于粗糙或太光滑的评定参数,仅适用于 Ra 值为 $0.025\sim6.3\ \mu\mathrm{m}$ 的表面。轮廓的算术平均偏差 Ra 的参数值如表 5-2 所示。

表 5-2　轮廓的算术平均偏差 Ra 的数值（摘自 GB/T 1031—2009）　　　　　（单位：$\mu\mathrm{m}$）

Ra	0.012	0.2	3.2	50
	0.025	0.4	6.3	100
	0.05	0.8	12.5	—
	0.1	1.6	25	—

2）轮廓的最大高度 Rz

Rz 是指在一个取样长度内，最大轮廓峰高 Rp 和最大轮廓谷深 Rv 的和，如图 5-8 所示。用公式表示为

$$Rz = Rp + Rv \qquad (5\text{-}3)$$

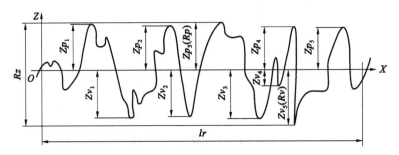

图 5-8　轮廓的最大高度

Rz 值越大，也表明表面越粗糙，但它对表面粗糙度的反映程度不如 Ra 客观，轮廓的最大高度 Rz 的数值如表 5-3 所示。

表 5-3　轮廓的最大高度 Rz 的数值（摘自 GB/T 1031—2009）　　　　（单位：μm）

Rz	0.025	0.4	6.3	100	1600
	0.05	0.8	12.5	200	—
	0.1	1.6	25	400	—
	0.2	3.2	50	800	—

幅值参数是标准规定必须标注的参数（二者只需取其一），故又称为基本参数。

2. 间距参数

轮廓单元的平均宽度 Rsm 是指在一个取样长度内所有轮廓单元宽度 Xs 的平均值，如图 5-9所示。用公式表示为

$$Rsm = \frac{1}{m} \sum_{i=0}^{m} Xs_i \qquad (5\text{-}4)$$

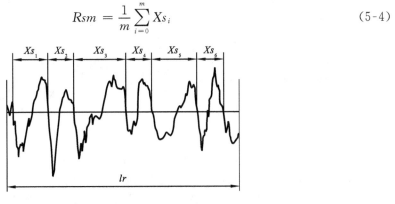

图 5-9　轮廓单元的宽度

轮廓单元的平均宽度的大小反映了轮廓表面峰谷的疏密程度。Rsm 越小，峰谷越密，密封性越好。另外，零件表面的可漆性与轮廓单元的平均宽度有一定的关系，合适的 Rsm 可以改善零件表面的可漆性。轮廓单元平均宽度 Rsm 的参数值如表 5-4 所示。

表 5-4　轮廓单元平均宽度 Rsm 的参数值（摘自 GB/T 1031—2009）　　（单位：μm）

Rsm	0.006	0.1	1.6
	0.0125	0.2	3.2
	0.025	0.4	6.3
	0.05	0.8	12.5

3. 形状参数

轮廓支承长度率 $Rmr(c)$ 是指在给定的水平截面高度 c 上轮廓的实体材料长度 $Ml(c)$ 与评定长度 ln 的比率。轮廓的实体材料长度 $Ml(c)$，是指在评定长度内，一条平行于 X 轴的直线从峰顶向下移一水平截面高度 c 时，与轮廓相截所得的各段截线长度之和，如图 5-10 所示。用公式表示为

$$Rmr(c) = \frac{Ml(c)}{ln} \tag{5-5}$$

$$Ml(c) = Ml_1 + Ml_2 + \cdots + Ml_i + \cdots + Ml_n \tag{5-6}$$

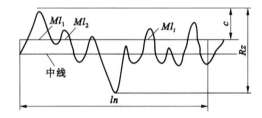

图 5-10　轮廓支撑长度率曲线

从图 5-10 可以看出，支承长度率是随着水平截面高度的大小而变化的。

间距参数和形状参数称为附加参数，其应用仅限于零件的重要表面，并且有特殊的使用要求时。

5.3　表面粗糙度的标注

图样上所标注的表面粗糙度符号是该表面加工完成后的表面粗糙度要求。表面粗糙度的标注应符合国家标准 GB/T 131—2006 的规定。

5.3.1　表面粗糙度的符号

根据 GB/T 131—2006 的规定，图样上表示零件表面粗糙度的符号有 5 种，如表 5-5 所示。

表 5-5　表面粗糙度符号

符　　号	意义及说明
√	基本符号，表示表面可以用任何方法获得。当不加注粗糙度参数值或有关说明时，仅适用于简化代号标注
√	基本符号加一短画，表示表面是用去除材料的方法获得。如车、铣、钻、磨、电火花加工等
√	基本符号加一小圆，表示表面是用不去除材料的方法获得。如铸、锻、冲压变形、热轧、粉末冶金等。 或用于保持原供应状况的表面（包括保持上道工序的状况）

续表

符　　号	意义及说明
 $\sqrt{}$　$\sqrt{}$　$\sqrt{}$	在上述三个符号的长边均加一横线,用于标注有关参数和说明
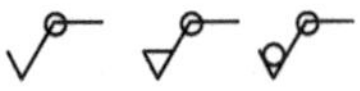 $\sqrt{}$　$\sqrt{}$　$\sqrt{}$	上述三个符号上均加一小圆,表示所有表面具有相同的表面粗糙度要求

5.3.2　表面粗糙度的代号及其标注方法

表面粗糙度的参数代号、数值及其他的补充要求(如传输带、取样长度、加工工艺、表面纹理及方向、加工余量等)在符号中的注写位置如图 5-11 所示。

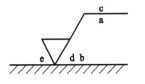

图 5-11　表面粗糙度的注写位置

图 5-11 中各位置符号含义如下:

(1) 位置 a 处标注方法为

传输带或取样长度(mm)/粗糙度参数代号及其数值

如 $-0.9/Ra\,3.2$。注写第一个表面结构要求,若评定长度为 $5lr$,则可省略标注。

(2) 位置 b 处注写第二个表面结构要求。如果要注写更多的表面结构要求,图形符号应在垂直方向扩大,并且 a 和 b 的位置随之上移。

(3) 位置 c 处注写加工方法(如车、模、铣等)、表面处理、涂层和其他加工工艺要求等。

(4) 位置 d 处注写表面纹理和方向。表面纹理和方向符号如表 5-6 所示。

(5) 位置 e 处注写加工余量。注写的加工余量数值单位为 mm。

表 5-6　表面纹理和方向符号(摘自 GB/T 131—2006)

符号	说　　明	示　意　图	符号	说　　明	示　意　图
二	纹理平行于视图所在的投影面		C	纹理呈近似同心圆且与表面中心相关	
⊥	纹理垂直于视图所在的投影面		R	纹理呈近似放射状且与表面圆心相关	
×	纹理呈两斜向交叉且与视图所在的投影面相交		P	纹理呈微粒、凸起,无方向	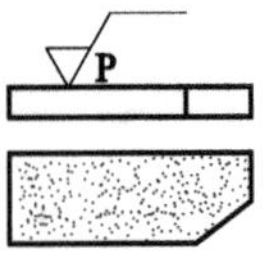
M	纹理呈多方向				

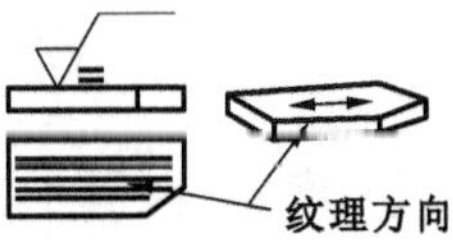

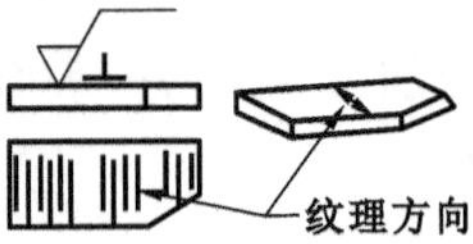

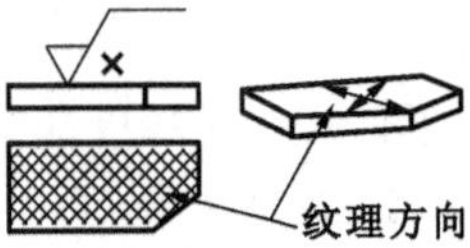

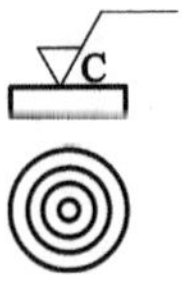

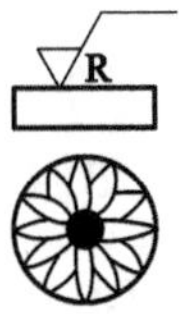

1. 表面粗糙度基本参数的标注

表面粗糙度基本参数是指在图纸上必须标出的参数,指幅度参数 Ra 和 Rz。表面粗糙度幅度参数的各种标注方法及意义见表 5-7。

表 5-7　表面粗糙度幅度参数的标注（摘自 GB/T 131—2006）

代　号	意　义	代　号	意　义
$\sqrt{Ra\,3.2}$	用任何方法获得的表面粗糙度，Ra 的上限值为 3.2 μm	$\sqrt{Ramax\,3.2}$	用任何方法获得的表面粗糙度，Ra 的最大值为 3.2 μm
$\sqrt{Ra\,3.2}$	用去除材料方法获得的表面粗糙度，Ra 的上限值为 3.2 μm	$\sqrt{Ramax\,3.2}$	用去除材料方法获得的表面粗糙度，Ra 的最大值为3.2 μm
$\sqrt{Ra\,3.2}$	用不去除材料方法获得的表面粗糙度，Ra 的上限值为 3.2 μm	$\sqrt{Ramax\,3.2}$	用不去除材料方法获得的表面粗糙度，Ra 的最大值为 3.2 μm
$\sqrt{\begin{array}{l}U\,Ra\,3.2\\L\,Ra\,1.6\end{array}}$	用去除材料方法获得的表面粗糙度，Ra 的上限值为 3.2 μm，Ra 的下限值为 1.6 μm	$\sqrt{\begin{array}{l}Ramax\,3.2\\Ramin\,1.6\end{array}}$	用去除材料方法获得的表面粗糙度，Ra 的最大值为3.2 μm，Ra 的最小值为1.6 μm
$\sqrt{Rz\,3.2}$	用任何方法获得的表面粗糙度，Rz 的上限值为 3.2 μm	$\sqrt{Rzmax\,3.2}$	用任何方法获得的表面粗糙度，Rz 的最大值为3.2 μm
$\sqrt{\begin{array}{l}U\,Rz\,3.2\\L\,Rz\,1.6\end{array}}$ $\sqrt{\begin{array}{l}Rz\,3.2\\Rz\,1.6\end{array}}$	用去除材料方法获得的表面粗糙度，Rz 的上限值为 3.2 μm，Rz 的下限值为 1.6 μm（在不引起误会的情况下，也可省略标注 U、L）	$\sqrt{\begin{array}{l}Rzmax\,3.2\\Rzmin\,1.6\end{array}}$	用去除材料方法获得的表面粗糙度，Rz 的最大值为 3.2 μm，Rz 的最小值为1.6 μm
$\sqrt{\begin{array}{l}U\,Ra\,3.2\\U\,Rz\,1.6\end{array}}$	用去除材料方法获得的表面粗糙度，Ra 的上限值为 3.2 μm，Rz 的上限值为 1.6 μm	$\sqrt{\begin{array}{l}Ramax\,3.2\\Rzmin\,1.6\end{array}}$	用去除材料方法获得的表面粗糙度，Ra 的最大值为 3.2 μm，Rz 的最小值为1.6 μm
$\sqrt{0.008-0.8/Ra\,3.2}$	用去除材料方法获得的表面粗糙度，Ra 的上限值为 3.2 μm，传输带 0.008～0.8 mm	$\sqrt{-0.8/Ra3\,3.2}$	用去除材料方法获得的表面粗糙度，Ra 的上限值为3.2 μm，取样长度为 0.8 mm，评定长度包含 3 个取样长度

2. 表面粗糙度附加参数的标注

间距参数和混合特性参数是表面粗糙度的附加参数，仅在零件重要表面且具有特殊使用要求时才标注，其标注方式如图 5-12 所示。

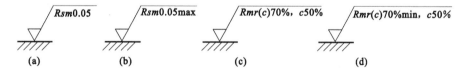

图 5-12　表面粗糙度附加参数的标注

3. 表面粗糙度其他项目的标注

若取样长度为 5 个波距，评定长度为 5 个取样长度，在图样上可以不标出取样长度的大小；若取样长度选用非标准值或者评定长度不是 5 个取样长度，则应在相应位置标注出取样长度的值，如图 5-13(a)所示。

若表面粗糙度要求用指定的方法加工，则应在指定的位置标注出加工方法，如图 5-13(b)所示，表示用铣削的方法加工。

图 5-13　表面粗糙度其他项目的标注

若需要标注出加工余量,则在相应的位置标注,如图 5-13(c)所示。

若需要控制加工纹理的方向,则许在相应位置标注出加工纹理的方向,如图 5-13(c)所示。

5.3.3　表面粗糙度在图样上的标注方法

每一加工面只能标注一次表面粗糙度要求,并且尽可能和尺寸公差标注在同一视图上,以便加工者观察更加直接。除非另有说明,所标注的表面粗糙度是指零件加工完成后的表面粗糙度要求。在图样上标注表面粗糙度时应按以下几点要求标注。

1. 表面粗糙度的标注位置和方向

总体来说表面粗糙度的标注和读取方向应和尺寸的标注和读取方向一致,符号的尖端必须从材料外指向被加工表面,如图 5-14 所示。

1) 标注在轮廓线或指引线上

表面粗糙度要求可标注在轮廓线上。必要时,也可以用带箭头或黑点的指引线引出标注,如图 5-15 所示。

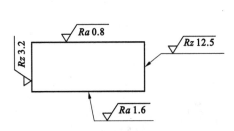

图 5-14　表面结构要求的注写方向

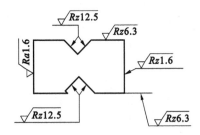

图 5-15　表面结构要求在轮廓线上的标注

2) 标注在特征尺寸的尺寸线上

如果空间允许,为了幅面整齐也可以将表面粗糙度要求标注在特征尺寸的尺寸线上,如图 5-16 所示。

3) 标注在几何公差框格的上方

表面粗糙度要求也可标注在几何公差框格的上方,如图 5-17 所示。

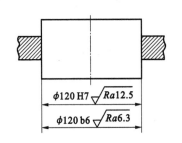

图 5-16　表面结构要求标注在尺寸线上

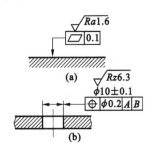

图 5-17　表面结构要求标注在几何公差框格的上方

4) 标注在轮廓的延长线上

表面粗糙度要求可直接标注在轮廓的延长线上,或者用带箭头的指引线引出标注,如图 5-18 所示。

5) 标注在圆柱表面

圆柱或棱柱表面的粗糙度要求只允许标注一次,如果每个圆柱或棱柱表面粗糙度要求各不相同,则要分别单独标注,如图 5-19 所示。

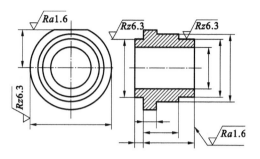

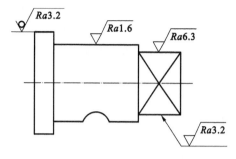

图 5-18   表面结构要求标注在圆柱特征的延长线上　　　图 5-19   圆柱和棱柱的表面结构要求的注法

2. 表面粗糙度的简化标注

当零件表面除标出的表面外,其余表面具有相同的表面粗糙度要求时,表面粗糙度要求可以统一标注在图样的标题栏附近,不同的表面粗糙度要求应直接标注在图样中,如图 5-20和图 5-21 所示,两种标准方法都符合标注要求。

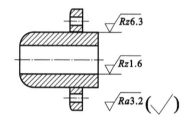

图 5-20   大多数表面有相同表面结构
要求的简化注法(一)

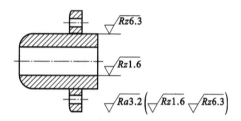

图 5-21   大多数表面有相同表面结构
要求的简化注法(二)

当零件的多个表面具有相同的表面粗糙度要求,或者图纸空间有限也可采用简化标注法以等式的形式标出,如图 5-22 所示。

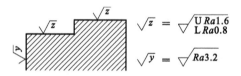

图 5-22   在图纸空间有限时的简化注法

5.4   表面粗糙度的选用

5.4.1   评定参数的选用

表面粗糙度参数的正确选择,对保证机械产品质量和控制生产成本具有重要意义。选择参数时,在满足使用性能要求的情况下,尽量选择较大的粗糙度数值等级。

表面粗糙度参数的选择包括参数及参数值的选择。

5.4.2   参数值的选用

1. 评定参数的选择

在国家标准中,规定了 Ra、Rz、Rsm、$Rmr(c)$ 四个主要的表面粗糙度参数,其中 Ra、Rz 两个高度参数为基本参数，Rsm、$Rmr(c)$ 两个为附加参数。它们从不同的角度反映了零件的表面形貌特征。在具体选用时要根据零件的功能要求、材料性能、结构特点以及测量条件等情况适当选用一个或几个作为评定参数。

1）如果没有特殊要求，一般选用高度参数

高度参数常用的数值范围为：Ra $0.025 \sim 6.3\ \mu m$，Rz $0.1 \sim 25\ \mu m$。优先选用 Ra 值，因为 Ra 能较充分反映零件表面轮廓的特征，但以下几种情况除外：

（1）当表面过于粗糙（$Ra > 6.3\ \mu m$）或太光滑（$Ra < 0.025\ \mu m$）时，可选用 Rz，因为此范围便于用仪器进行测量。

（2）零件材质较软时，不能选用 Ra，因为 Ra 值一般采用触针测量，用于软材料测量时不仅会划伤表面，而且测量结果也不准确。

（3）如果测量面积很小，在取样长度内，轮廓的峰或谷少于 5 个时，可以选用 Rz 值。

2）当表面有特殊功能要求时，可同时选用几个综合参数

（1）当表面要求耐磨时，可以选用 Ra、Rz 和 $Rmr(c)$。

（2）当表面要求承受交变应力时，可以选用 Rz 和 $Rmr(c)$。

（3）当表面着重要求外观质量和可漆性时，可以选用 Ra 和 $Rmr(c)$。

2. 评定参数的允许值的选择

表面粗糙度参数值选择是否合理，不仅会影响到产品的使用性能，而且直接关系到产品的质量和生产成本。选择粗糙度值时，通常可以参照一些经过验证的实例，用类比法来确定。

在确定表面粗糙度参数值时应考虑以下几点因素。

（1）同一零件上，工作表面的粗糙度参数值小于非工作表面的粗糙度参数值。

（2）受交变载荷作用的表面，或者引起应力集中的部分（如圆角、沟槽），粗糙度参数值应该小一些。

（3）配合精度要求比较高的结合面，配合间隙小的结合面以及要求连接可靠、承受重载的过盈配合表面等，都应取较小的粗糙度参数值。

（4）摩擦表面应比非摩擦表面的粗糙度参数值小；滚动摩擦表面应比滑动摩擦表面的粗糙度参数值小；运动速度高的摩擦表面应比运动速度低的摩擦表面粗糙度参数值小；单位压力大的摩擦表面应比单位压力小的摩擦表面粗糙度参数值小。

（5）配合性质相同，零件尺寸越小，则表面粗糙度参数值应越小；同一精度等级，小尺寸比大尺寸的表面粗糙度参数值要小，轴比孔的表面粗糙度参数值要小。

通常情况下，零件的同一表面，尺寸公差、表面形状公差要求较高时，表面粗糙度的要求也高。它们之间有一定的对应关系。设表面形状公差为 T，尺寸公差为 IT，表面粗糙度为 Ra 的值可参照下面对应关系。

① 普通精度：　　　　$T \approx 0.6\text{IT}$，　　$Ra \leqslant 0.05\text{IT}$，　　$Rz \leqslant 0.2\text{IT}$

② 较高精度：　　　　$T \approx 0.4\text{IT}$，　　$Ra \leqslant 0.025\text{IT}$，　　$Rz \leqslant 0.1\text{IT}$

③ 中高精度：　　　　$T \approx 0.25\text{IT}$，　　$Ra \leqslant 0.012\text{IT}$，　　$Rz \leqslant 0.05\text{IT}$

④ 高精度：　　　　　$T \approx 0.25\text{IT}$，　　$Ra \leqslant 0.15\text{IT}$，　　$Rz \leqslant 0.6\text{IT}$

在实际生产中也有例外的情况，出现零件同一表面尺寸公差、表面形状公差要求较低，而表面粗糙度却要求很高的情况，如机床的手轮和手柄的表面。此时它们之间不再存在确定的函数关系，也不再遵守上述函数关系。表 5-8 给出了轴和孔的表面粗糙度参数 Ra 的推荐值，在设计过程中可根据应用实际进行选择。

表 5-8　轴和孔的表面粗糙度参数推荐值

应用场合			Ra/μm	
示　例	公差等级	表面	公称尺寸/mm	
			≤50	50~500
经常拆装的零件的配合面	IT5	轴	≤0.2	≤0.4
		孔	≤0.4	≤0.8
	IT6	轴	≤0.4	≤0.8
		孔	≤0.8	≤1.6
	IT7	轴	≤0.8	≤1.6
		孔		
	IT8	轴	≤0.8	≤1.6
		孔	≤1.6	≤3.2

示例		公差等级	表面	公称尺寸/mm		
				≤50	>50~500	>50~500
过盈配合的配合表面	压力机装配	IT5	轴	≤0.2	≤0.4	≤0.4
			孔	≤0.4	≤0.8	≤0.8
		IT6~IT7	轴	≤0.4	≤0.8	≤1.6
			孔	≤0.8	≤1.6	≤1.6
		IT8	轴	≤0.8	≤1.6	≤3.2
			孔	≤1.6	≤3.2	≤3.2
	热胀法装配		轴	≤1.6		
			孔	≤3.2		

示例	公差等级	表面	径向跳动公差/μm					
			2.5	4	6	10	16	25
精密配合零件的配合表面		轴	≤0.05	≤0.1	≤0.1	≤0.2	≤0.4	≤0.8
		孔	≤0.1	≤0.2	≤0.2	≤0.4	≤0.8	≤1.6
滑动轴承的配合表面	IT6~IT7	轴	≤0.8					
		孔	≤1.6					
	IT10~IT12	轴	≤3.2					
		孔	≤3.2					
	流体润滑	轴	≤0.4					
		孔	≤0.8					

　　通常表面粗糙度反映加工要求,不同的加工方法,不同的加工余量会得到不同的表面粗糙度,因此正确选择表面粗糙度的参数值会简化加工程序,降低加工成本。

5.5　表面粗糙度的测量

对表面粗糙度的评定分为定性评定和定量评定两种。定性评定是指借助放大镜、显微镜或者表面粗糙度样块,根据检验者的目测和感触,通过比较法来判断被测面的表面粗糙度。定量评定是指借助各种检测仪器,准确地测出被测表面粗糙度参数值。

目前,常用的表面粗糙度测量方法有比较法、光切法、针描法、干涉法及激光反射法等。

1. 比较法

比较法是将被测表面与已知其评定参数值的粗糙度样板进行比较,从而估计出被测表面粗糙度的一种测量方法。采用比较法时,比较样板的材料、形状与加工方法尽量与被测工件相同。

比较法简单适用,多用于生产现场判断零件的表面粗糙度,比较法判断的准确程度和检验人员的技术熟练程度有关。

2. 光切法

光切法是利用光切原理来测量表面粗糙度的一种测量方法。常用的仪器为光切显微镜。光切显微镜的工作原理示意图如图 5-23 所示。主要用于测量车、铣、刨等去除余量加工方法得到的平面和外圆表面的轮廓最大高度 Rz 值,测量范围为0.5~60 μm。

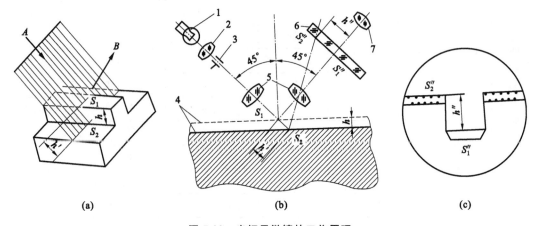

图 5-23　光切显微镜的工作原理

图 5-22(a)所示被测面为阶梯面,阶梯的高度为 h。由光源发出的光线经过狭缝后形成一个光带,此光带与被测表面成 45°角。被测表面的轮廓影像反射后在目镜 7 中可观察到,如图 5-23(c)所示。显微镜的光路系统如图 5-23(b)所示。光源 1 通过聚光镜 2、狭缝 3 和物镜 5,以 45°方向投射到工作表面 4 上,形成一条狭长光带。光带与被测表面的交线的波峰在 S_1 点反射,波谷在 S_2 点反射,通过物镜5,分别成像在分隔板 6 的 S''_1 和 S''_2 点,峰、谷影像值高度差为 h'',由仪器的测微装置可以读出此值,从而测出 Rz 值。光切显微镜下的测量范围为0.8~80 μm。

3. 针描法

针描法是一种接触式测量表面粗糙度的方法,最常用的仪器是电动轮廓仪,该仪器可直接测出 Ra 值,其测量范围为 0.025~6.3 μm,也可以测出 Rz 值。

电动轮廓仪的原理如图 5-24 所示。测量时,仪器的金刚石触针针尖与被测表面相接触,当触针在被测表面轻轻滑过,被测表面的微观不平度使触针做垂直方向的位移,该位移通过位移传感器转换成电量信号,再经过滤波器将表面轮廓上属于形状误差和表面波纹度的成分滤去,留下只属于表面粗糙度的轮廓曲线信号,经信号放大器后送入计算机,在显示器上显示出 Ra 值来,也可经放大器驱动记录器,画出被测的轮廓曲线。

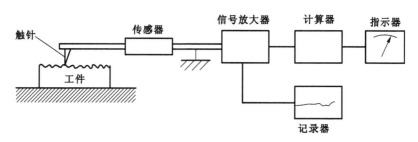

图 5-24　电动轮廓仪的原理框图

4. 干涉法

干涉法是利用光波干涉原理测量表面粗糙度的方法。常用的测量仪器为干涉显微镜,干涉法测量原理如图 5-25(a)所示。由光源 1 发出的光线经平面镜 5 反射向上,经半透半反分光镜 9 后分成两束。一束向上射向被测表面 18 后返回,另一束向左射向参考镜 13 返回。两束光线汇合后形成一组干涉条纹。干涉条纹的相对弯曲程度反映被测面的表面微观不平度,如图 5-25(b)所示。干涉法可测出评定参数 Rz 的值,其测量范围为 $0.025 \sim 0.8\ \mu m$。

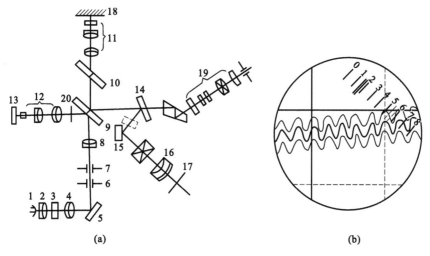

图 5-25　干涉法测表面粗糙度

5. 激光反射法

激光反射法的基本测量原理是用激光以一定的角度照射到被测表面,除一小部分光线被吸收外,大部分光线被反射镜散射。反射光与散射光的强度与分布于被测表面的微观不平度状况有关。反射光较为集中形成光斑,散射光则分布在光斑周围形成较弱的光带。较为光洁的表面光斑较强、光带较弱且宽度较小;较为粗糙的表面则光斑较弱、光带较强且宽度较大。

习题 5

5-1　表面粗糙度的幅值参数包括哪些？试解释它们的含义。

5-2　表面粗糙度对零件的使用性能有何影响？

5-3　表面粗糙度的图样标注中，什么情况下注出评定参数的上限值、下限值？什么情况下要注出最大值、最小值？

5-4　$\phi 60\dfrac{H7}{f6}$ 和 $\phi 60\dfrac{H7}{h6}$ 相比，哪种配合需要选用较小的表面粗糙度 Ra 和 Rz 值，为什么？

5-5　常用的测量表面粗糙度的方法有几种？各适用于测量哪些参数？

5-6　将下列表面粗糙度要求标注在图 5-26 中。

零件均采用去除材料的加工方法加工：

（1）直径为 $\phi 50$ mm 的圆柱外表面粗糙度 Rz 的上限值为 6.3 μm。

（2）左端面的表面粗糙度 Ra 的最大值为 1.6 μm。

（3）直径为 $\phi 50$ mm 的圆柱右端面的表面粗糙度 Rz 的最大值为 0.8 μm。

（4）内控表面的粗糙度 Ra 的上限值为 0.8 μm。

（5）螺纹工作表面的表面粗糙度 Rz 的上限值为 1.6 μm。

（6）其余各加工面的表面粗糙度 Ra 值的上限值为 12.5 μm。

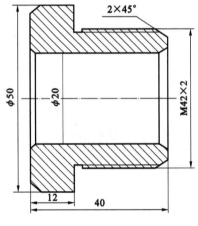

图 5-25　题 5-6 图

第6章 光滑极限量规

6.1 概　述

光滑极限量规是指被检验工件为光滑孔或者光滑轴所用的极限量规的总称,简称量规。在大批量生产时,为了提高产品质量和检验效率,常常采用量规进行检验。量规结构简单、使用方便,用量规检验零件的优点是方便、迅速、可靠、检验效率高,并能保证互换性。因此,量规在机械制造行业大批量生产中得到了广泛的应用。

6.1.1 量规的作用

量规是一种没有刻度的定值专用检验量具,适用于大批量生产中遵守包容原则的孔、轴的检验。目前我国机械行业中使用的量规种类很多,除有检验孔、轴尺寸的光滑极限量规外,还有螺纹量规、圆锥量规、花键量规、位置量规及直线尺寸量规等。

一种规格的量规只能检验同种尺寸的零件,用它来检验零件时,凡是检验合格的零件,只能判断零件的实际尺寸是否在规定允许的验收极限尺寸范围之内,而不能测量出零件的实际尺寸和几何误差的具体数值。

当图样上被测要素的尺寸公差和形状公差按独立原则标注时,一般使用通用计量器具分别测量。当单一要素的尺寸公差和形状公差采用包容要求标注时,则应使用量规来检验,把尺寸误差和形状误差都控制在极限尺寸范围内。

量规结构简单,通常是一些具有准确尺寸和形状的实体,如圆柱体、圆锥体、块体平板等。量规分通规和止规,通规控制零件的作用尺寸,止规控制零件的实际尺寸。

检验孔用的量规称为塞规,如图 6-1(a)所示;检验轴用的量规称为卡规(或环规),如图 6-1(b)所示。

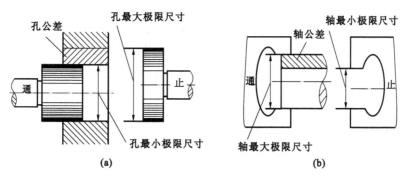

图 6-1　量规

量规都是通规和止规成对使用的,通规用来检验孔或轴的作用尺寸是否超过最大实体尺寸,止规用来检验孔或轴的作用尺寸是否超过最小实体尺寸。因此,通规应按零件的最大实体尺寸制造,止规用零件的最小实体尺寸制造。

检验零件时,塞规的通规应该通过被检验孔,表示被检验孔的体外作用尺寸大于最小极限尺寸(最大实体边界);止规应不能通过被检验孔,表示被检验孔实际尺寸小于最大极限尺寸。当通规通过被检验孔而止规不能通过时,说明被检验孔的尺寸误差和形状误差都控制在极限尺寸范围内,被检验孔是合格的。

卡规的通规按被检验轴的最大实体尺寸(最大极限尺寸)制造,卡规的止规按被检验轴的最小实体尺寸(最小极限尺寸)制造。检验轴时,卡规的通规应通过被检验轴,表示被检验轴的体外作用尺寸小于最大极限尺寸(最大实体边界尺寸);止规应该不能通过被检验轴,表示被检验轴的实际尺寸大于最小极限尺寸。当通规通过被检验轴而止规不能通过时,说明被检验轴的尺寸误差和形状误差都控制在极限尺寸范围内,被检验轴是合格的。

综上所述,量规的通规用于控制零件的体外作用尺寸,止规用于控制零件的实际尺寸。用量规检验工件时,其合格标志是通规能通过,止规不能通过;否则即为不合格。因此,用量规检验工件时,必须通规和止规成对使用,才能判断被测孔或者轴是否合格。

6.1.2 量规的种类

量规按其用途分为工作量规、验收量规和校对量规三种。

1. 工作量规

工作量规是在零件制造过程中,生产者对零件进行检验时所使用的量规。生产者使用的量规应是新的或者磨损较少的通规。工作量规是通规用"T"来表示,是止规用"Z"来表示。

2. 验收量规

验收量规是检验部门或用户代表在验收产品时所使用的量规。验收量规一般不需要另行设计和制造,它的通规是从磨损较多,但未超过磨损极限的工作量规中挑选出来的,当工作量规的通端磨损到接近磨损极限时,该通端转为验收量规的通端;验收量规的止端应该接近零件的最小实体尺寸,工作量规的止端也就是验收量规的止端。检验人员检验零件时应该使用与生产人员形式相同但磨损较多、未超过磨损极限的通端;止规则与工作量规相同。这样操作,生产者用工作量规自检合格的零件,验收人员用验收量规验收时一般也应该判定合格。

如用量规检验零件有争议时,应使用下述尺寸量规解决:通规应等于或接近工件的最大实体尺寸,止规应等于或接近零件的最小实体尺寸。

3. 校对量规

校对量规是专门为检验轴用工作量规(环规或卡规)制造的量规。由于孔用工作量规测量方便,不需要校对量规,所以只有轴用工作量规才需要使用校对量规。校对量规分以下三种。

校通—通量规(代号 TT)——检验轴用工作量规通端的校对量规,其作用是防止通规尺寸小于其最小极限尺寸,故其公差带是从通规的下偏差起,向轴用通规公差带内分布。检验时,通过轴用工作量规的通端,该通规合格。

校止—通量规(代号 ZT)——检验轴用工作量规止端的校对量规,其作用是防止止规尺寸小于其最小极限尺寸,故其公差带是从止规的下偏差起,向轴用止规公差带内分布。检验时,通过轴用工作量规的止端,该止规合格。

校通—损量规(代号 TS)——检验轴用验收量规的通端是否已达到或者超过磨损极限的量规,其作用是防止轴用通规在使用过程中超过磨损极限尺寸,故其公差带是从轴用通规的磨损极限起,向轴用通规公差带内分布。检验时,通过通端,则验收量规已超过磨损极限,不应该继续使用。

6.2 量规设计

由于零件存在着形状尺寸误差,加工出来的孔或轴的实际形状尺寸不可能是一个理想的圆柱体。所以仅控制实际尺寸在极限尺寸范围内,还是不能保证配合性质。为了准确地评定遵守包容要求的孔和轴是否合格,国家标准从设计角度出发,提出包容原则。标准又从零件检验角度出发,在设计光滑极限量规时,对要求遵守包容原则的孔和轴提出了应遵守泰勒原则(极限尺寸判断原则)的规定。

6.2.1 泰勒原则及量规的结构

如图 6-2 所示,泰勒原则是指孔或轴的实际尺寸与形状误差综合形成的体外作用尺寸(D_{fe} 或 d_{fe})不允许超出最大实体尺寸(D_M 或者 d_M);在孔或轴任何位置上的实际尺寸(D_a 或 d_a)不允许超出最小实体尺寸(D_L 或 d_L)。符合泰勒原则的量规要求如下。

对于孔: $$D_{fe} \geqslant D_{min} \quad 且 \quad D_a \leqslant D_{max}$$

对于轴: $$d_{fe} \leqslant d_{max} \quad 且 \quad d_a \geqslant d_{min}$$

式中 D_{max} 与 D_{min}——孔的最大与最小极限尺寸;

d_{max} 与 d_{min}——轴的最大与最小极限尺寸。

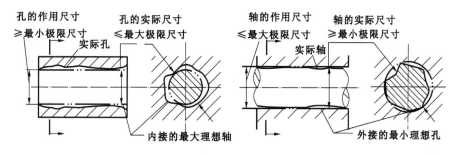

图 6-2 孔、轴体外作用尺寸与实际尺寸

包容要求是从设计的角度出发,反应对孔、轴的设计要求,而泰勒原则是从验收的角度出发,反应对孔、轴的验收要求。从保证孔与轴配合性质的角度看,两者是一致的。

当用光滑极限量规检验零件时,对符合泰勒原则的量规有如下要求:通规用来控制零件的作用尺寸,应设计成全形量规,其测量面应该具有与被测孔或被测轴相应的完整表面;通规的尺寸应等于被测孔或被测轴的最大实体尺寸,且通规的长度应与被测孔或轴的配合长度一致;止规应设计成两点式的非全形量规,两点间的距离应等于被测孔或轴的最小实体尺寸。

用符合泰勒原则的量规检验零件时,若通规能通过且止规不能通过,则表示零件合格,否则即为不合格。量规的形状对测量结果有影响,如图 6-3 所示。当孔存在形状误差时,若将止规制成全形量规,就发现不了这种形状误差,会将零件误判为合格品。若将止规制成非全形量规,检验时,与被测孔是两点接触,只需稍稍转动,就可能发现这种过大的形状误差,判它为不合格品。

严格遵守泰勒原则设计的量规,具有既能控制零件尺寸,同时又能控制零件形状误差的优点。但在实际生产中,由于量规制造和使用方面的原因,允许光滑极限量规偏离泰勒原则,如采用非全形通规、全形止规或长度不够的量规等。例如,为了使用标准化的量规,允许通规的程度小于结合面的全长;对于尺寸大于 $\phi100$ mm 的孔,用全形塞规很笨重,不方便使用,允许使用非全形塞规;环规通规不能检验正在顶尖上加工的零件及曲轴,允许使用卡规代替;检验小孔的塞规止规,常使用便于制造的全形塞规;刚度差的零件,由于考虑受力变形,也常使用全形塞规或环规。必须指出,只有在保证被检验零件的形状误差不致影响配合性质的前提下,才允许使用偏离泰勒原则的量规。当采用不符合泰勒原则的量规检验零件时,使用光滑极限量规应注意操作的正确性,在零件的多方位上进行多次检验,并从工艺上采取措施以限制零件的形状误差,尽量避免由于检验操作不当而造成的误判。

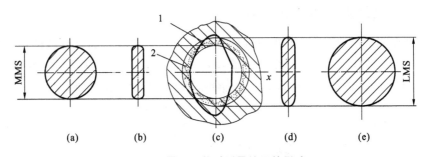

图 6-3　量规形状对测量结果的影响

1—工件实际轮廓;2—允许轮廓变动的区域

6.2.2　量规公差带

虽然量规是一种精密的检验工具,量规的制造精度比被检验零件的精度要求更高,但在制造时也不可避免地会产生误差,不可能将量规的工作尺寸刚好加工到某一规定值,因此,对量规也必须规定制造公差。

由于通规在使用过程中经常通过零件的孔,因而会逐渐磨损。为了使通规具有一定的使用寿命,应当留出适当的磨损储备量,因此,对通规应规定磨损极限,即将通规公差带从最大实体尺寸向零件公差带内缩一个距离;而止规通常不通过零件,所以不需要留磨损储备量,故将止规公差带放在零件公差带内紧靠最小实体尺寸处。校对量规也不需要留磨损储备量。

1. 工作量规的公差带

(1) 工作量规尺寸公差 T_1 按国标 GB/T 1957—2006 的规定取值,如表 6-1 所示。国家标准规定量规的公差带不得超越零件的公差带,这样有利于防止误收,保证产品质量与互换性。但有时会把一些合格的零件检验成不合格的,实质上缩小了零件的公差范围,提高了零件的制造精度。

(2) 通端工作量规尺寸公差带中心线至工件最大实体尺寸 MMS 线的距离用 Z_1 表示。

(3) 止规公差带的位置 $T_1/2$ 是指量规尺寸公差 T_1 的中心线到零件最小实体尺寸 LMS 线的距离。

(4) 工作量规的形状公差的尺寸与形状公差之间的关系应遵守包容要求。形状公差取值为 $t=T_1/2$(但当 $T_1\leqslant0.002$ mm 时,取 $t=0.001$ mm)。

(5) 工作量规的表面粗糙度 Ra 值一般取 $0.025\sim0.4$ μm,如表 6-2 所示。

表 6-1　量规尺寸公差 T_1 值与 Z_1 值　　　　　　　　　　（单位：μm）

工件孔或轴的公称尺寸/mm	IT6			IT7			IT8		
	IT6	T_1	Z_1	IT7	T_1	Z_1	IT8	T_1	Z_1
0～3	6	1	1	10	1.2	1.6	14	1.6	2
＞3～6	8	1.2	1.4	12	1.4	2	18	2	2.6
＞6～10	9	1.4	1.6	15	1.8	2.4	22	2.4	3.2
＞10～18	11	1.6	2	18	2	2.8	27	2.8	4
＞18～30	13	2	2.4	21	2.4	3.4	33	3.4	5
＞30～50	16	2.4	2.8	25	3	4	39	4	6
＞50～80	19	2.8	3.4	30	3.6	4.6	46	4.6	7
工件孔或轴的公称尺寸/mm	IT9			IT10			IT11		
	IT9	T_1	Z_1	IT10	T_1	Z_1	IT11	T_1	Z_1
0～3	25	2	3	40	2.4	4	60	3	6
＞3～6	30	2.4	5	48	3	5	75	4	8
＞6～10	36	2.8	5	58	3.6	6	90	5	9
＞10～18	43	3.4	6	70	4	8	110	6	11
＞18～30	52	4	7	84	5	9	130	7	13
＞30～50	62	5	8	100	6	11	160	8	16
＞50～80	74	6	9	120	7	13	190	9	19

表 6-2　量规工作面的表面粗糙度参数 Ra 值

工 作 量 规	工作量规的公称尺寸 D/mm		
	$D\leqslant120$	$120<D\leqslant315$	$315<D\leqslant500$
	工作量规测量面的表面粗糙度 Ra/μm		
IT6 级孔用工作塞规	0.05	0.10	0.20
IT7 级～IT9 级孔用工作塞规	0.10	0.20	0.40
IT10 级～IT12 级孔用工作塞规	0.20	0.40	0.80
IT13 级～IT16 级孔用工作塞规	0.40	0.80	
IT6 级～IT9 级轴用工作环规	0.10	0.20	0.40
IT10 级～IT12 级轴用工作环规	0.20	0.40	0.80
IT13 级～IT16 级轴用工作环规	0.40	0.80	

2. 校对量规的公差带

（1）校对量规公差 T_p。校对量规公差取值为 $T_p = T_1/2$。

（2）T_p 的位置。对于 TT 规、ZT 规，T_p 在 T_1 的中心以下；对于 TS 规，T_p 在轴零件公差的最大实体尺寸 MMS 线以下。

（3）校对量规的几何公差。校对量规的几何公差与其尺寸公差之间的关系遵守包容要求。

（4）校对量规的表面粗糙度 Ra 值。取值比工作量规要小，约占工作量规表面粗糙度 Ra 值的一半。

由于校对量规精度高、制造困难，因此在实际生产中通常用量块或计量器具代替校对量规。

3. 量规公差带

光滑极限量规中的工作量规、校对量规的公差带如图 6-4 所示。

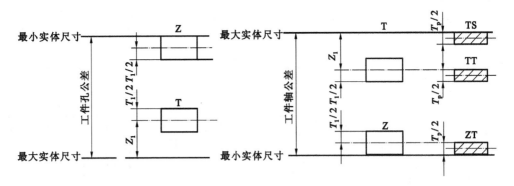

图 6-4 量规公差带分布

6.3 工作量规设计

工作量规的设计步骤一般如下。

（1）根据被检验零件的尺寸大小和结构特点等因素选择量规结构形式。

（2）根据被检验零件的公称尺寸和公差等级查出量规的尺寸公差 T_1 和位置要素 Z_1 值，画量规公差带图，计算量规工作尺寸的上、下偏差。

（3）确定量规结构尺寸，计算量规工作尺寸，绘制量规工作图，标注尺寸及技术要求。

6.3.1 量规的结构形式

检验圆柱形零件的光滑极限量规形式很多，选择和使用是否合理对正确判断测量结果影响很大，选用量规的结构形式时，必须考虑零件结构、大小、产量和检验效率等，图 6-5、图 6-6 分别给出了几种常用的孔用和轴用量规的结构形式及应用尺寸范围，供设计时选用。

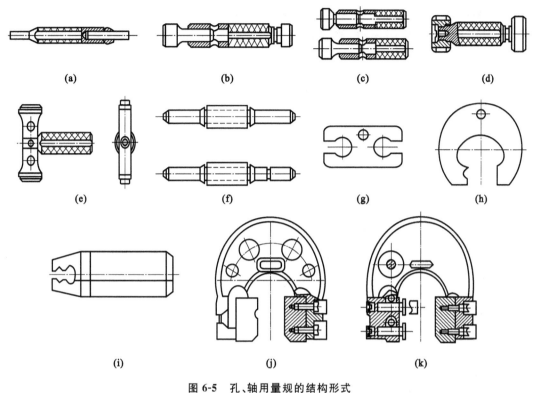

图 6-5　孔、轴用量规的结构形式

(a) 针式双头塞规；(b) 双头锥柄塞规；(c) 单头锥柄塞规；(d) 双头套式塞规；

(e) 单头非全形塞规；(f) 球端杆形塞规；(g) 片形双头卡规；(h) 圆形单头双极限卡规；

(i) 组合卡规；(j) 铸造镶嵌口单头卡规；(k) 可调整卡规

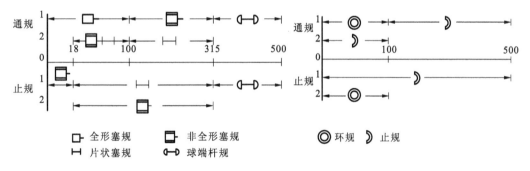

图 6-6　量规形式和应用尺寸范围

6.3.2　量规的技术要求

1. 量规材料

量规测量面的材料与硬度对量规的使用寿命有一定的影响。量规可用合金工具钢（如 CrMn、CrMnW、CrMoV）、碳素工具钢（如 T10A、T12A）、渗碳钢（如 15 钢、20 钢）及其他耐磨材料（如硬质合金）制造。手柄一般用 Q235、ZA11 等材料制造。量规测量面硬度一般为58～65 HRC，并经过稳定性处理。

2. 几何公差

国家标准规定了 IT6～IT16 零件的量规公差,量规的几何公差一般为量规制造公差的一半,考虑到制造和测量的困难,当量规的尺寸公差小于 0.002 mm 时,其几何公差仍取 0.001 mm。

3. 表面粗糙度

量规测量面不应有锈迹、毛刺、黑斑、划痕等明显影响外观和使用质量的缺陷。量规测量面的表面粗糙度参数 Ra 值见表 6-2。

6.3.3　量规工作尺寸的计算

光滑极限量规工作尺寸的计算通常按以下步骤进行:

(1) 由标准公差数值表、孔轴极限偏差数值表查出被检验零件孔或轴的上、下极限偏差;

(2) 由光滑极限量规公差表查出工作量规的制造公差 T_1 和通规尺寸公差带中心到被测孔或轴的最大实体尺寸之间的位置要素 Z_1 值,并确定量规的几何公差;

(3) 画出零件和量规的公差带图;

(4) 计算量规的极限偏差;

(5) 计算量规的极限尺寸以及磨损极限尺寸。

6.3.4　量规设计举例

例 6-1　设计检验 $\phi40H8/f7$ Ⓔ 孔用工作量规、轴用工作量规和校对量规。

解　(1) 查标准公差数值表、孔和轴基本偏差数值表得到孔和轴的极限偏差。

孔:$\phi40H8$　$ES=+0.039$ mm,　$EI=0$。

轴:$\phi40f7$　$es=-0.025$ mm,　$ei=-0.050$ mm。

(2) 查表 6-1 得工作量规的制造公差 T_1 和位置要素值 Z_1,并确定量规的几何公差和校对量规的制造公差。

检验 IT8 孔用工作量规公差数值:$T_1=4$ μm,$Z_1=6$ μm,几何公差 $T_1/2=2$ μm。

检验 IT7 轴用工作量规公差数值:$T_1=3$ μm,$Z_1=4$ μm,几何公差 $T_1/2=1.5$ μm。

检验 IT7 轴用校对量规公差数值:$T_p=1.5$ μm,$Z_1=4$ μm。

(3) 画出 $\phi40H8$ 孔、$\phi40f7$ 轴及其所有工作量规的公差带图,并标出所有的极限偏差数值,如图 6-7 所示。

(4) 计算量规的极限偏差。

$\phi40H8$ 孔用塞规:

通规(T)

$$上偏差=EI+Z_1+\frac{T_1}{2}=(0+0.006+0.002)mm=+0.008 \text{ mm}$$

$$下偏差=EI+Z_1-\frac{T_1}{2}=(0+0.006-0.002)mm=+0.004 \text{ mm}$$

所以,孔用塞规的通规尺寸为 $\phi40^{+0.008}_{+0.004}$ mm$=\phi40.008^{\ 0}_{-0.004}$ mm

止规(Z)

$$上偏差=ES=+0.039 \text{ mm}$$

$$下偏差=ES-T_1=(+0.039-0.004)mm=+0.035 \text{ mm}$$

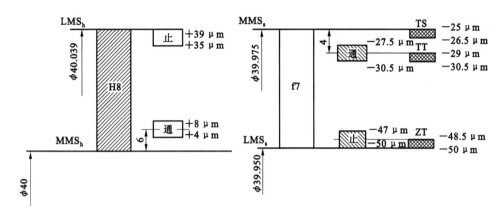

图 6-7　量规公差带图

所以,孔用塞规的止规尺寸为 $\phi 40^{+0.039}_{+0.035} = \phi 40.039^{\ 0}_{-0.004}$ mm

$\phi 40f7$ 轴用卡规:

通规(T)

$$上偏差 = es - Z_1 + \frac{T_1}{2} = (-0.025 - 0.004 + 0.0015)\,\text{mm} = -0.0275\ \text{mm}$$

$$下偏差 = es - Z_1 - \frac{T_1}{2} = (-0.025 - 0.004 - 0.0015)\,\text{mm} = -0.0305\ \text{mm}$$

所以,轴用卡规的通规尺寸为 $\phi 40^{-0.0275}_{-0.0305}$ mm $= \phi 39.9695^{\ +0.003}_{\ 0}$ mm

止规(Z)

$$上偏差 = ei + T_1 = (-0.050 + 0.003)\,\text{mm} = -0.047\ \text{mm}$$

$$下偏差 = ei = -0.050\ \text{mm}$$

所以,轴用卡规的止规尺寸为 $\phi 40^{-0.047}_{-0.050}$ mm $= \phi 39.950^{\ +0.003}_{\ 0}$ mm

$\phi 40f7$ 轴用校对规:

TT 规

$$上偏差 = es - Z_1 = (-0.025 - 0.004)\,\text{mm} = -0.029\ \text{mm}$$

$$下偏差 = es - Z_1 - \frac{T_1}{2} = (-0.025 - 0.004 - 0.0015)\,\text{mm} = -0.0305\ \text{mm}$$

所以,轴用校对规 TT 规尺寸为 $\phi 40^{-0.029}_{-0.0305}$ mm $= \phi 39.971^{\ 0}_{-0.0015}$ mm。

TS 规

$$上偏差 = es = -0.025\ \text{mm}$$

$$下偏差 = es - \frac{T_1}{2} = (-0.025 - 0.0015)\,\text{mm} = -0.0265\ \text{mm}$$

所以,轴用校对规 TS 规尺寸为 $\phi 40^{-0.025}_{-0.0265}$ mm $= \phi 39.975^{\ 0}_{-0.0015}$ mm。

ZT 规

$$上偏差 = ei + \frac{T_1}{2} = (-0.050 + 0.0015)\,\text{mm} = -0.0485\ \text{mm}$$

$$下偏差 = ei = -0.050\ \text{mm}$$

所以,轴用校对规 ZT 规尺寸为 $\phi 40^{-0.0485}_{-0.050}$ mm $= \phi 39.9515^{\ 0}_{-0.0015}$ mm。

（6）画出工作量规简图，如图 6-8 所示。

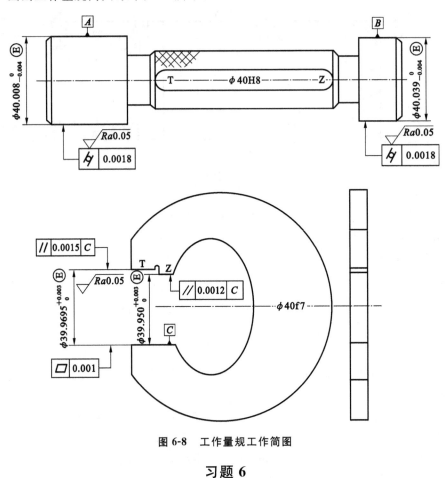

图 6-8　工作量规工作简图

习题 6

6-1　设计光滑极限量规时，应遵守极限尺寸判断原则（泰勒原则）的规定，试述泰勒原则的内容，以及包容原则与泰勒原则的异同之处。

6-2　试计算 $\phi50H7/e6$⑤ 孔用工作量规、轴用工作量规和校对量规的极限尺寸，并画出孔、轴工作量规和校对量规的尺寸公差带图。

第7章　常用结合件的互换性

7.1　滚动轴承与孔轴结合的互换性

7.1.1　滚动轴承的组成和形式

　　滚动轴承是机器上广泛应用的一种作为传动支承的标准部件,一般由内圈、外圈、滚动体和保持架(又称隔离圈)等组成,如图 7-1(a)所示。

　　滚动轴承的形式很多。按滚动体的形状不同,可分为球轴承和滚子轴承;按所受负荷的作用方向,则可分为向心轴承、推力轴承、向心推力轴承。如图 7-1 所示。

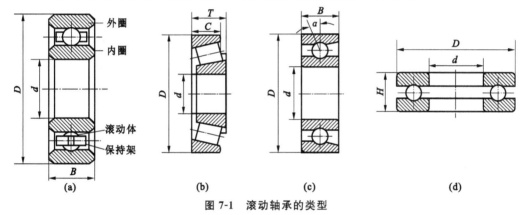

图 7-1　滚动轴承的类型

(a) 向心球轴承;(b) 圆锥滚子轴承;(c) 角接触球轴承;(d) 推力球轴承

　　通常,滚动轴承内圈装在传动轴的轴颈上,随轴一起旋转,以传递扭矩;外圈固定于机体孔中,起支承作用。因此,内圈的内径(d)和外圈的外径(D),是滚动轴承与结合件配合的基本尺寸。

7.1.2　滚动轴承的公差等级及其应用

1. 滚动轴承的公差等级

　　滚动轴承的公差等级由轴承的尺寸公差和旋转精度决定。前者是指轴承内径 d、外径 D、宽度 B 等的尺寸公差。后者是指轴承内、外圈做相对转动时跳动的程度,包括成套轴承内、外圈的径向圆跳动公差,成套轴承内、外圈端面对滚道的跳动公差,内圈基准端面对内孔的跳动公差等。

　　根据国标 GB/T 307.3—2005 规定,向心轴承(圆锥滚子轴承除外)的公差等级由低到高依次分为 0、6、5、4、2(相当于 GB/T 307.3—1984 规定的 G、E、D、C、B 级)五级,精度依次升高,0(G)级精度最低,2(B)级精度最高。其中,仅向心轴承有 2 级,而其他类型的轴承则无 2级。圆锥滚子轴承的公差等级分为 0、6x、5 和 4 四个级别,推力轴承的公差等级分为 0、6、5和 4 四个级别,圆锥滚子轴承有 6x 级而无 6 级。6x 级轴承与 6 级轴承的内径公差、外径公差和径向圆跳动公差均相同,仅前者装配宽度要求比较严格。凡属普通级的轴承,一般在轴承型号上不标注公差等级代号。

2. 滚动轴承公差等级的应用选择

总体来说,滚动轴承各级精度的应用情况可以归纳如下:

0级(通常称为普通级)——广泛应用于低、中速及旋转精度要求不高、运转平稳性要求不高的一般旋转机构,它在机械中应用最广。如普通机床变速箱、进给箱的轴承,汽车、拖拉机变速箱的轴承,普通电动机、水泵、压缩机等旋转机构中的轴承等。

6级、6x级、5级(中级或较高级)——多用于转速较高或旋转精度要求较高、运转平稳性要求较高的旋转机构。如普通机床的主轴轴系(前支承采用5级,后支承采用6级),精密仪器、仪表和机床变速箱的轴承等。

4级(高级)——多用于高速、高旋转精度要求的机床和机器的旋转机构。如高精度磨床和车床、精密螺纹车床和齿轮磨床的主轴轴系等。

2级(精密级)——用于转速很高、旋转精度要求也很高的机构。如齿轮磨床、精密坐标镗床的主轴轴承,高精度仪器仪表的主要轴承等。

3. 滚动轴承的内、外径公差带

滚动轴承的内、外圈都是宽度较小的薄壁件。在其加工状态和未与轴、外壳孔装配的自由状态下,容易变形(如变成椭圆形),但在装入外壳孔和轴上之后,这种变形又容易得到矫正。根据这种特点,滚动轴承标准不仅规定了两种尺寸公差带,还规定了两种形状公差。其目的是控制轴承的变形程度、轴承与轴颈或壳体孔相配合的尺寸精度。

两种尺寸公差:① 轴承单一内径(d_s)与外径(D_s)的偏差(Δ_d,Δ_D);② 轴承单一平面平均内径(d_{mp})与外径(D_{mp})的偏差(Δ_{dmp},Δ_{Dmp})。

两种形状公差:① 轴承单一径向平面内,内径(d_s)与外径(D_s)的变动量(V_{dp},V_{Dp});② 轴承平均内径(d_{mp})与外径(D_{mp})的变动量(V_{dmp},V_{Dmp})。

凡是合格的滚动轴承,应同时满足所规定的两种公差的要求,相应的计算公式如表7-1所示。计算滚动轴承与孔、轴结合的间隙或过盈时,应以平均尺寸为准。

表 7-1 滚动轴承内径尺寸计算公式

序号	术 语	代号	定 义	计算公式及说明
1	公称内径	d	包容圆柱形内孔理论内孔表面的圆柱体直径	一般作为实际内孔表面的基准值
2	单一内径	d_s	同一实际内孔表面与单一径向平面的交线相切的两条平行切线之间的距离	—
3	单一内径偏差	Δ_{ds}	单一内径与公称内径之差	$\Delta_{ds}=d_s-d$
4	内径变动量	V_{ds}	单个套圈最大与最小单一内径之差	—
5	平均内径	d_m	单个套圈最大与最小单一内径的算术平均值	—
6	平均内径偏差	Δ_{dm}	平均内径与公称内径之差	$\Delta_{dm}=d_m-d$
7	单一平面的平均内径	d_{mp}	在单一径向平面内最大与最小单一内径的算术平均值	—
8	单一平面的平均内径偏差	Δ_{dmp}	在单一平面平均内径与公称内径之差	$\Delta_{dmp}=d_{mp}-d$
9	单一径向平面内的内径变动量	V_{dp}	在单一径向平面内最大与最小单一内径之差	—
10	平均内径变动量	V_{dmp}	单个套圈最大与最小单一平面平均内径之差	—

由于滚动轴承属于标准零件,轴承内径和外径本身的公差带在轴承制造时已确定,因此,轴承内圈与轴颈、外圈与外壳孔的配合面间需要的配合性质,由轴颈和外壳孔的公差带决定,即轴承配合的选择就是确定轴颈和外壳孔的公差带。换句话说,由于轴承内圈与轴颈的配合属于基孔制的配合,轴承外圈与外壳孔的配合属于基轴制的配合,但是,其内径的公差带位置却与一般的基准孔不同,如图 7-2 所示。

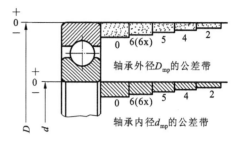

图 7-2　滚动轴承内、外径公差带图

国家标准 GB/T 307.1—2005《滚动轴承　向心轴承　公差》规定,内圈基准孔公差带位于公称内径 d 为零线的下方,即上极限偏差为零,下极限偏差为负值。这样分布主要是考虑在多数情况下,轴承的内圈随轴一起转动时,防止它们之间发生相对运动导致结合面磨损,则两者的配合应是过盈,但过盈量又不宜过大。外圈基准轴公差带位于以公称内径 D 为零线的下方,且上极限偏差为零(见图 7-2)。在轴承外圈与外壳孔的基轴制配合中,外壳孔的各种公差带,与一般圆柱结合基轴制配合中的孔公差带相同;作为基准轴的轴承外圈圆柱面,其公差带位置虽与一般基准轴相同,但其公差带的大小不同,所以其公差带也是特殊的,且两者之间不要求太紧,因此滚动轴承公差国标对所有精度级轴承外径的公差带位置,仍按一般基准轴的规定,分布在零线下侧,其上极限偏差为零,下极限偏差为负值。

0、6 级向心轴承和向心推力球轴承的内、外圈平均直径的极限偏差见表 7-2、表 7-3。

表 7-2　0、6 级内圈平均直径的极限偏差(摘自 GB/T 307.1—2005)

	d/mm		10~18	18~30	30~50	50~80	80~120	120~180
Δ_{dmp} /μm	0 级	上极限偏差	0	0	0	0	0	0
		下极限偏差	−8	−10	−12	−15	−20	−25
	6 级	上极限偏差	0	0	0	0	0	0
		下极限偏差	−7	−8	−10	−12	−15	−18

表 7-3　0、6 级外圈平均直径的极限偏差(摘自 GB/T 307.1—2005)

	D/mm		30~50	50~80	80~120	120~150	150~180	180~250
Δ_{Dmp} /μm	0 级	上极限偏差	0	0	0	0	0	0
		下极限偏差	−11	−13	−15	−18	−25	−30
	6 级	上极限偏差	0	0	0	0	0	0
		下极限偏差	−9	−11	−13	−15	−18	−20

7.1.3　滚动轴承与轴和外壳孔的配合

1. 滚动轴承与轴颈和外壳孔的配合公差要求

滚动轴承配合的国家标准 GB/T 307.1—2005 规定了与轴承内、外圈配合的轴和壳体孔的尺寸公差带、几何公差以及配合选择的基本原则和要求。分别从国标中选择与轴承配合的轴颈和外壳孔的公差带与标准轴承的内、外圈进行配合,可以得到松紧不同的各种配合。需要指出的是,轴承内圈与轴颈的配合属于基孔制,但是轴承公差带均采用上极限偏差为零、下极限偏差为负的单向制分布,故轴承内圈与轴颈得到的配合比相应光滑圆柱体按基孔制形成的配合要紧一些。国标推荐了与0、6、5、4级相配合的轴和孔的公差带。如表7-4所示。

表7-4 与滚动轴承各级精度相配合的轴和外壳孔公差带

轴承精度	轴 公 差 带		外壳孔公差带		
	过渡配合	过盈配合	间隙配合	过渡配合	过盈配合
0	g8 g6 g5 h7 h6 h5 j6 j5 js5	k6 k5 m6 m5 n6 p6 r6	G7 H8 H7 H6	J7 J6 JS7 JS6 K7 K6 M7 M6 N7 N6	P7 P6
6	g6 g5 h6 h5 j6 j5 js5	k6 k5 m6 m5 n6 p6 r6	G7 H8 H7 H6	J7 J6 JS7 JS6 K7 K6 M7 M6 N7 N6	P7 P6
5	h5 j5 js5 k6 k5	m6 m5	H6	JS6 K6 M6	
4	h5 js5	k5 m5		K6	

注:① 孔 N6 与 G 级精度轴承(外径 $D<150$ mm)和 E 级精度轴承(外径 $D<315$ mm)的配合为过盈配合。
② 轴 r6 用于内径 $d=120\sim500$ mm;轴 r7 用于内径 $d=180\sim500$ mm。

由于内圈是薄壁零件,又常需维修拆换,故过盈量不宜过大。而一般基准孔,其公差带是布置在零线上侧,若选用过盈配合,则其过盈量太大;如果改用过渡配合,又可能出现间隙,使内圈与轴在工作时发生相对滑动,导致结合面磨损。当其与 k6、m6、n6 等轴构成配合时,将获得比一般基孔制过渡配合规定的过盈量稍大的过盈配合;当与 g6、h6 等轴构成配合时,不再是间隙配合,而成为过渡配合。国家标准 GB/T 307.1—2005 对与滚动轴承配合的轴颈规定了 17 种常用公差带,对外壳孔规定了 16 种常用公差带,如图 7-3 所示。

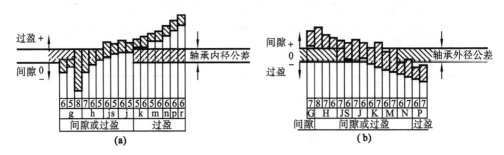

图7-3 与滚动轴承配合的轴、外壳孔常用公差带
(a) 轴承内圈孔与轴颈的配合;(b) 轴承外圈轴与外壳孔的配合

上述公差带只适用于:对轴承的旋转精度和运转平稳性无特殊要求,轴为实心或厚壁钢制轴;外壳为铸钢或铸铁制件,轴承的工作温度不超过 100 ℃ 的使用场合。

2. 配合表面的其他技术要求

为了保证轴承正常运转,除了正确选择轴承与轴颈及外壳孔的公差等级及配合以外,还应对轴颈及外壳孔的几何公差及表面粗糙度提出要求。

1) 配合表面及端面的几何公差

因轴承套圈为薄壁件,装配后靠轴颈和外壳孔来矫正,故套圈工作时的形状与轴颈及外壳孔表面形状密切相关。为保证轴承正常工作,应规定轴颈和外壳孔的表面圆柱度公差要求。

另外,为了保证轴承工作时有较高的旋转精度,应限制与套圈端面接触的轴肩及壳体孔轴向圆跳动公差。

2）配合表面及端面的粗糙度要求

表面粗糙度的大小直接影响配合的性质和连接强度，因此，凡是与轴承内、外圈配合的表面，通常都对粗糙度提出了较高的要求。

滚动轴承配合的国家标准规定了与轴承配合的轴颈和外壳孔表面的圆柱度公差、轴肩及外壳孔端面的轴向圆跳动公差、各表面的粗糙度要求等，如表 7-5、表 7-6 所示。

表 7-5　轴和外壳孔的几何公差

公称尺寸 /mm		圆柱度 t				轴向圆跳动 t₁			
		轴　颈		外　壳　孔		轴　肩		外　壳　孔　肩	
		轴承公差等级							
		0	6(6x)	0	6(6x)	0	6(6x)	0	6(6x)
		公差值/μm							
大于	至								
—	6	2.5	1.5	4.0	2.5	5.0	3.0	8.0	5.0
6	10	2.5	1.5	4.0	2.5	6.0	4.0	10.0	6.0
10	18	3.0	2.0	5.0	3.0	8.0	5.0	12.0	8.0
18.0	30.0	4.0	2.5	6.0	4.0	10.0	6.0	15.0	10.0
30.0	50.0	4.0	2.5	7.0	4.0	12.0	8.0	20.0	12.0
50.0	80.0	5.0	3.0	8.0	5.0	15.0	10.0	25.0	15.0
80.0	120.0	6.0	4.0	10.0	6.0	15.0	10.0	25.0	15.0
120.0	180.0	8.0	5.0	12.0	8.0	20.0	12.0	30.0	20.0
180.0	250.0	10.0	7.0	14.0	10.0	20.0	12.0	30.0	20.0
250.0	315.0	12.0	8.0	16.0	12.0	25.0	15.0	40.0	25.0
315.0	400.0	13.0	9.0	18.0	13.0	25.0	15.0	40.0	25.0
400.0	500.0	15.0	10.0	20.0	15.0	25.0	15.0	40.0	25.0

表 7-6　配合面的表面粗糙度　　　　　　　　　（单位：μm）

轴或轴承座 直径/mm		轴或外壳配合表面直径公差等级								
		IT7			IT6			IT5		
		表面粗糙度								
大于	至	Rz	Ra		Rz	Ra		Rz	Ra	
			磨	车		磨	车		磨	车
—	80	10	1.6	3.2	6.3	0.8	1.6	4	0.4	0.8
80	500	16	1.6	3.2	10	1.6	3.2	6.3	0.8	1.6
端面		25	3.2	6.3	25	3.2	6.3	10	1.6	3.2

3. 滚动轴承配合的标注

1）装配图上的标注

装配图上标注滚动轴承与轴和壳体孔配合时，只需标注轴和壳体孔的公差带代号，滚动轴承的公差代号可以省略，如图 7-4 所示。

2）零件图上的标注

由于滚动轴承为标准件，不需要绘制相关零件图，因此，其尺寸公差精度和几何公差精度通过与之配合的轴肩和壳体孔的零件图来体现，其标注如图 7-5 所示。

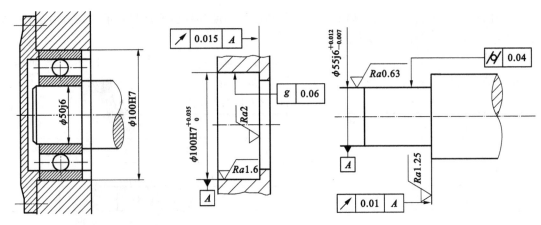

图 7-4　滚动轴承装配图标注　　　　　　图 7-5　滚动轴承零件图标注

7.1.4　滚动轴承配合的选用

选择轴承配合时,应该综合考虑:轴承的工作条件,作用在轴承上的负荷的大小、方向和性质,工作温度,轴承类型和尺寸,旋转精度和速度等一系列因素。正确选择轴承的配合,有利于保证机器正常运转,提高轴承使用寿命,充分发挥其承载能力。

1. 负荷类型

轴承转动时,作用在轴承上的径向负荷一般由定向负荷和旋转负荷合成,如图 7-6 所示。根据作用于轴承上合成径向负荷相对套圈的旋转情况,可将所受负荷分为局部负荷、循环负荷和摆动负荷三类。

1) 局部负荷

径向负荷始终不变地作用在套圈滚道的局部区域上,即作用于轴承上的合成径向负荷与套圈相对静止。图 7-6(a)固定的外圈和 7-6(b)固定的内圈均受到一个方向一定的径向负荷 P_r 的作用,此负荷为局部负荷。承受这类负荷的套圈与壳体孔或轴的配合,一般选较松的过渡配合或较小的间隙配合,以便让套圈滚道间的摩擦力矩带动转矩,延长轴承的使用寿命。

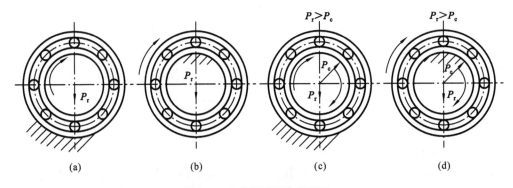

图 7-6　轴承承受的负荷类型

(a) 内圈—循环负荷;外圈—局部负荷;(b) 内圈—局部负荷;外圈—循环负荷;

(c) 内圈—循环负荷;外圈—摆动负荷;(d) 内圈—摆动负荷;外圈—循环负荷

2) 循环负荷

径向负荷相对于套圈旋转,并依次作用在套圈滚道的整个圆周上,该套圈所承受的这种负荷性质,称为循环负荷。图 7-6(a)和(c)的内圈,图 7-6(b)和(d)的外圈均受到一个作用位置依次改变的径向负荷 P_r 的作用,此负荷为循环负荷。通常承受循环负荷的套圈与轴(或壳体孔)的配合应选过盈配合或较紧的过渡配合,其过盈量的大小以不使套圈与轴或壳体孔配合表面间产生爬行现象为原则。

3) 摆动负荷

径向负荷作用在套圈的部分滚道上,其大小和方向按一定规律变化,此时套圈相对于负荷方向摆动。如图 7-7 所示,轴承受到定向负荷 P_r 和较小的旋转负荷 P_c 的同时作用,二者的合成负荷由小到大、再由大到小地周期变化。图 7-6(c)固定的外圈和图 7-6(d)固定的内圈受到摆动负荷。承受摆动负荷的套圈,其配合要求与循环负荷相同或略为松一些。

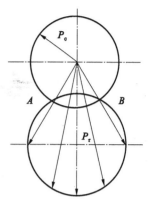

图 7-7　摆动负荷的合成负荷

2. 负荷大小

滚动轴承套圈与轴或壳体孔配合的最小过盈取决于负荷的大小。而负荷的大小,一般用当量径向负荷 P 与轴承的额定动负荷 C(轴承能够旋转 10^5 次而不发生点蚀破坏的概率为 90% 时的载荷值)的比值来划分。一般把径向负荷 $P \leqslant 0.07C$ 的称为轻负荷;$0.07C < P \leqslant 0.15C$ 称为正常负荷;$P > 0.15C$ 称为重负荷。

承受较重的负荷或冲击负荷时,轴承会产生较大的变形,使结合面间实际过盈减小或轴承内部的实际间隙增大,这时为了使轴承运转正常,应选较大的过盈配合。同理,承受较轻的负荷时,可选用较小的过盈配合。

当轴承内圈承受循环负荷时,它与轴配合所需的最小过盈 $Y_{\text{min计算}}$(mm)为

$$Y_{\text{min计算}} = \frac{-13Rk}{10^6 b} \tag{7-1}$$

式中　R——轴承承受的最大径向负荷,kN;

　　　k——与轴承系列有关的系数,轻系列 $k=2.8$,中系列 $k=2.3$,重系列 $k=2$;

　　　b——轴承内圈的配合宽度,m;$b=B-2r$,B 为轴承宽度,r 为内圈倒角。

为避免套圈破裂,最大过盈 $Y_{\text{max计算}}$(mm)必须按不允许超出套圈的允许强度来计算

$$Y_{\text{max计算}} = \frac{-11.4kd[\sigma_p]}{(2k-2) \times 10^3} \tag{7-2}$$

式中　$[\sigma_p]$——允许的拉应力,10^5 Pa,轴承钢的拉应力 $[\sigma_p] \approx 400 \times 10^5$ Pa;

　　　d——轴承内圈内径,m。

根据计算得到 $Y_{\text{min计算}}$,便可从相关标准中选取最接近的配合。

3. 工作温度的影响

轴承工作时,由于摩擦发热和其他原因,轴承套圈的温度往往高于与其相配合零件的温度。这样,内圈与轴的配合可能松动,外圈与孔的配合可能变紧,所以在选择配合时,必须考虑轴承工作温度的影响。轴承工作温度一般应低于 100 ℃,在高于此温度中工作的轴承,应将所选用的配合适当修正。

4. 轴承尺寸大小

滚动轴承的尺寸越大,选取的配合应越紧。也就是说,选择的过盈配合过盈应越大,间隙配合间隙应越小。但对于重型机械上使用的特大尺寸的轴承,应采用较松的配合。

5. 旋转精度和速度的影响

对于负荷较大、有较高旋转精度要求的轴承,为消除弹性变形和振动的影响,应避免采用间隙配合。对精密机床的轻负荷轴承,为避免孔和轴的形状误差对轴承精度的影响,常采用较小的间隙配合。

6. 轴承径向游隙

GB/T 4604—2006《滚动轴承　径向游隙》规定,向心轴承的径向游隙共分五组:2 组、N 组、3 组、4 组、5 组,游隙的大小依次由小变大。其中,N 组为基本游隙组。

游隙过小时,若轴承与轴颈、外壳孔的配合为过盈配合,则会使轴承中滚动体与套圈产生较大的接触应力,并增加轴承工作时的摩擦发热,降低轴承寿命。游隙过大时,就会使转轴产生较大的径向圆跳动和轴向跳动,致使轴承工作时产生较大的振动和噪声。因此,游隙的大小应适度。

具有 N 组游隙的轴承,在常温状态的一般条件下工作时,它与轴颈、外壳孔配合的过盈应适中。对于游隙比 N 组游隙大的轴承,配合的过盈应增大。反之,应减小。采用过盈配合会导致轴承游隙的减小,应检验安装后轴承的游隙是否满足使用要求,以便正确选择配合及轴承游隙。

7. 其他因素的影响

选用轴承配合时,还应考虑轴和外壳孔的结构与材料、强度和导热性能,从外部进入轴承的及在轴承中产生的热、导热途径和热量,支承的安装和调整性能等因素对配合的影响。

空心轴颈比实心轴颈、薄壁壳体比厚壁壳体、轻合金壳体比钢或铸铁壳体采用的配合要紧一些。

剖分式壳体比整体式壳体采用的配合要松一些,以免过盈将轴承外圈夹扁甚至将轴卡住。

对紧于 K7 的配合或壳体孔的标准公差小于 IT6 时,选用整体式壳体。

为了考虑轴承安装与拆卸的方便,对用于重型机械的大型或特大型轴承,宜采用较松的配合。如果既要求装拆方便,又需较紧配合时,可采用分离型轴承,或采用内圈带锥孔、带紧定套和退卸套的轴承。

由于过盈配合使轴承径向游隙减小,如轴承的两套圈之一须采用过盈特大的过盈配合时,应选择具有大于基本组的径向游隙的轴承。

当要求轴承的内圈或外圈能沿轴向游动时,该内圈与轴或外圈与壳体孔的配合,应选较松的配合。

综上所述,影响滚动轴承配合选用的因素较多,通常难以用计算法确定,所以在实际生产中常用类比法。表 7-7 至表 7-10 列出了国家标准推荐的安装向心轴承、角接触轴承和推力轴承的轴和外壳孔的公差带的应用情况,供选用时参考。

表 7-7　向心轴承和轴的配合　轴公差带代号

圆 柱 孔 轴 承

运 转 状 态		负荷状态	深沟球轴承、调心球轴承和角接触球轴承	圆柱和圆锥滚子轴承	调心滚子轴承	公 差 带
说 明	举 例		轴 承 公 差 内 径/mm			
旋转的内圈负荷及摆动负荷	一般通用机械、电动机、机床主轴、泵、内燃机、正齿轮传动装置、铁路机车车辆轴箱、破碎机等	轻负荷	≤18 >18～100 >100～200 —	— ≤40 >40～140 >140～200	— ≤40 >40～100 >100～200	h5 j6① k6① m6①
		正常负荷	≤18 >18～100 >100～140 >140～200 >200～280 — —	— ≤40 >40～100 >100～140 >140～200 >200～400 —	— ≤40 >40～65 >65～100 >100～140 >140～280 >280～500	j6、js5 k5② m5② m6 n6 p6 r6
		重负荷	>50～140 >140～200 >200 —	>50～100 >100～140 >140～200 >200	n6 p6③ r6 r7	
固定的内圈负荷	静止轴上的各种轮子、张紧绳轮、振动筛、惯性振动器	所有负荷	所有尺寸			f6 g6① h6 j6
仅有轴向负荷			所用尺寸			j6、js6

圆 锥 孔 轴 承

所有负荷	铁路机车车辆轴箱	装在退卸套上的所有尺寸	h8(IT6)④⑤
	一般机械传动	装在紧定套上的所有尺寸	h9(IT6)④⑤

注:① 凡对精度有较高要求的场合,应用 j5、k5…代替 j6、k6…。
② 圆锥滚子轴承、角接触球轴承配合对游隙影响不大,可用 k6、m6 代替 k5、m5。
③ 重负荷下轴承游隙应选大于 0 组。
④ 凡有较高精度或转速要求的场合,应选用 h7(IT5)代替 h8(IT6)等。
⑤ IT6、IT7 表示圆柱度公差值。

表 7-8　向心轴承和外壳的配合　孔公差带代号

运 转 状 态		负 荷 状 态	其 他 状 况	公差带[1]	
说 明	举 例			球轴承	滚子轴承
固定的外圈负荷	一般机械、铁路机车车辆轴箱、电动机、泵、曲轴主轴承	轻、正常、重	轴向易移动,可采用剖分式外壳	H7、G7[2]	
		冲击	轴向能移动,可采用整体式或剖分式外壳	J7、JS7	
摆动负荷		轻、正常			
		正常、重		K7	
		冲击		M7	
旋转的外圈负荷	张紧滑轮、轮毂轴承	轻	轴向不移动,采用整体式外壳	J7	K7
		正常		K7、M7	M7、N7
		重		—	N7、P7

注:① 并列公差带随尺寸的增大从左至右选择,对旋转精度有较高要求时,可相应提高一个公差等级。
　　② 不适用剖分式外壳。

表 7-9　推力轴承和轴的配合轴　公差带代号

运 转 状 态	负 荷 状 态	推力球和推力滚子轴承	调心滚子轴承[2]	公差带
		轴承公称内径/mm		
仅有轴向负荷		所有尺寸		j6、js6
固定的轴圈负荷	径向和轴向联合负荷	—	≤250	j6、js6
		—	>250	
旋转的轴圈负荷或摆动负荷		—	≤200	k6[1]
		—	>200~400	m6[1]
		—	>400	n6[1]

注:① 要求较小过盈时,可分别用 j6、k6、m6 代替 k6、m6、n6。
　　② 也包括推力圆锥滚子轴承、推力角接触轴承。

表 7-10　推力轴承和外壳的配合　孔公差带代号

运 转 状 态	负 荷 状 态	轴 承 类 型	公差带	备　　注
仅有轴向负荷		推力球轴承	H8	
		推力圆柱、圆锥滚子轴承	H7	
		推力调心滚子轴承		外壳孔与座圈间间隙为 0.001D（D 为轴承公称外径）
固定的座圈负荷	径向和轴向联合负荷	推力角接触球轴承、推力调心滚子轴承、推力圆锥滚子轴承	H7	
旋转的座圈负荷或摆动负荷			K7	普通使用条件
			M7	有较大径向负荷时

例 7-1　有一圆柱齿轮减速器(见图 7-8),小齿轮轴要求较高的旋转精度,装有 0 级单列深沟球轴承,轴承尺寸为 50 mm×110 mm×27 mm,额定动负荷 C_r=32000 N,轴承受的径

向负荷 P_r＝4000 N。试用类比法确定轴颈和外壳孔的公差带代号,画出公差带图,并确定孔、轴的几何公差值和表面粗糙度,并将它们分别标注在装配图和零件图上。

解　按给定条件,可知 P_r＝$0.125C_r$,属于正常负荷。内圈负荷为旋转负荷,外圈负荷为定向负荷。参考表 7-4,选轴颈公差带为 k6,外壳孔公差带为 G7 或 H7。但由于该轴旋转精度要求较高,故选更紧一些的配合 J7 较为恰当。

从表 7-2 中查出轴承内、外圈单一平面平均直径的上、下极限偏差,再由光滑圆柱体配合的孔轴基本偏差表查出 k6 和 J7 的上、下极限偏差,从而画出公差带图,如图 7-9 所示。

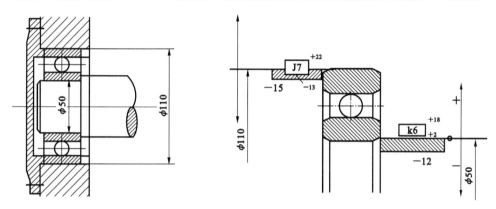

图 7-8　圆柱齿轮减速器结构图　　　　　图 7-9　轴承与孔、轴配合的公差带

从图中可算出内圈与轴 Y_{min}＝－0.002 mm,Y_{max}＝－0.030 mm;外圈与孔 X_{max}＝＋0.037 mm,Y_{max}＝－0.013 mm。

查表 7-5 得圆柱度要求:轴颈为 0.004 mm,外壳孔为 0.010 mm;轴向圆跳动要求:轴肩 0.012 mm,外壳孔肩 0.025 mm。

查表 7-6 得粗糙度要求:轴颈 Ra≤0.8 μm,轴肩 Ra≤3.2 μm,外壳孔 Ra≤1.6 μm,孔肩 Ra≤3.2 μm。

将选择的各项公差要求标注在图上,如图 7-10 所示。

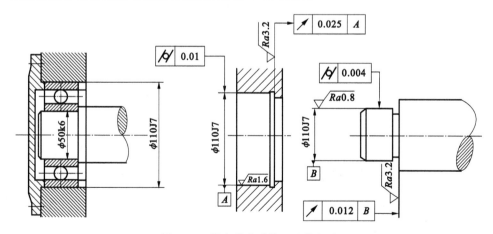

图 7-10　轴和外壳孔的公差带标注

例 7-2　在 C616 车床主轴后支承上,装有两个单列向心球轴承(见图 7-11),其外形尺寸为 $d×D×B$＝50 mm×90 mm×20 mm,试选定轴承的精度等级,轴承与轴、外壳孔的配合(C616 为普通车床,旋转精度和转速较高)。

解　（1）确定轴承的精度等级。

① C616 车床属于轻载的普通车床，主轴承受轻载荷。

② C616 车床的旋转精度和转速较高，选择 6(E)级精度的滚动轴承。

（2）确定轴承与轴、外壳孔的配合。

① 轴承内圈与主轴配合一起旋转，外圈装在壳体中不转。

② 主轴后支承主要承受齿轮传递力，故内圈承受旋转负荷，外圈承受定向负荷，前者配合应紧，后者配合略松。

③ 参考表 7-3、表 7-4 选出轴公差带为 j5，壳体孔公差带为 J6。

④ 机床主轴前轴承已轴向定位，若后轴承外圈与壳体孔配合无间隙，则不能补偿由于温度变化引起的主轴的伸缩性；若外圈与壳体孔配合有间隙，会引起主轴跳动，影响车床的加工精度。为了满足使用要求，将壳体孔公差带提高一挡，改用 K6。

⑤ 按滚动轴承公差国家标准，由表 7-2 查出 6 级轴承单一平面平均内径偏差 $\Delta_{d\text{mp}上} = 0$ mm，$\Delta_{d\text{mp}下} = -0.01$ mm；单一平面平均外径偏差 $\Delta_{D\text{mp}上} = 0$ mm，$\Delta_{D\text{mp}下} = -0.013$ mm。

由标准查得：轴为 $\phi 50\text{j}5^{+0.006}_{-0.005}$ mm，壳体孔为 $\phi 90\text{K}6^{+0.004}_{-0.018}$ mm。

图 7-12 为 C616 车床主轴后轴承的公差与配合图解，由此可知，轴承与轴的配合比外壳孔的配合要紧些。

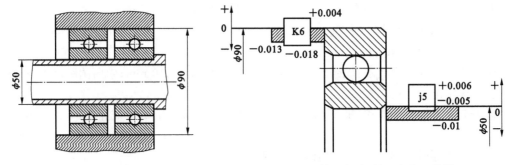

图 7-11　C616 车床主轴后轴承结构　　　　图 7-12　轴承与孔、轴配合的公差带

⑥ 查表 7-5 得圆柱度要求：轴颈为 0.0025 mm，外壳孔为 0.006 mm；轴向圆跳动要求：轴肩 0.008 mm。

查表 7-6 得粗糙度要求：轴颈 $Ra \leqslant 0.4$ μm，轴肩 $Ra \leqslant 1.6$ μm，外壳孔 $Ra \leqslant 1.6$ μm。

将选择的各项公差要求标注在图上，如图 7-13 所示。

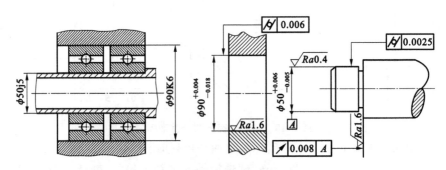

图 7-13　轴和外壳孔的公差带标注

7.2 键、花键结合的互换性

7.2.1 概述

1. 键连接的用途

键和花键在机械工程上应用广泛,主要用于轴和带毂零件(如齿轮、蜗轮等),实现轴向固定以传递转矩的轴毂连接。其中,有些配合件之间还可以轴向相对运动,实现轴向固定以传递轴向力,如变速箱中的齿轮可以沿花键轴向移动达到变速的目的,也可用作导向连接。

2. 键连接的分类

为了满足键连接的使用要求,并保证其互换性,我国发布了 GB/T 1095—2003《平键 键槽的剖面尺寸》和 GB/T 1144—2001《矩形花键尺寸、公差和检验》等国家标准。

键是标准零件,键的侧面是工作面,工作时,靠键与键槽的相互作用传递转矩。键连接可以分为两大类:单键连接和花键连接。

1) 单键连接

采用单键连接时,在孔和轴上均铣出键槽,再通过单键连接在一起。单键按其结构形状不同分为四种:① 平键,包括普通平键、导向平键和滑键;② 半圆键;③ 楔键,包括普通楔键和钩头楔键;④ 切向键。

普通平键用于静连接,按结构分为圆头的、方头的和一端圆头一端方头的;导向平键和滑键连接都是动连接,导向平键按结构分为圆头的和方头的,一般用螺钉紧固在轴上。半圆键用于静连接,主要用于载荷较轻的连接,也常用作锥形轴连接的辅助装置。楔键和切向键连接只能用于静连接。平键和半圆键连接制造简易,装拆方便,在一般情况下不影响被连接件的定心,因而应用相当广泛。键连接的尺寸系列及其选择,强度计算等可参考有关设计手册。单键的结构如表 7-11 所示。

表 7-11 单键的类型及结构

类 型		图 形	类 型		图 形
平键	普通平键	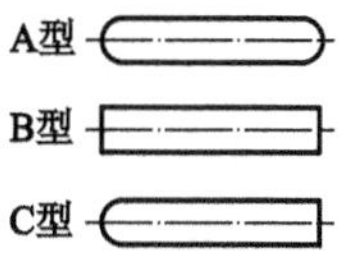 A型 〔▭〕 B型 〔▭〕 C型 〔▭〕		半圆键	 ◠
	导向平键	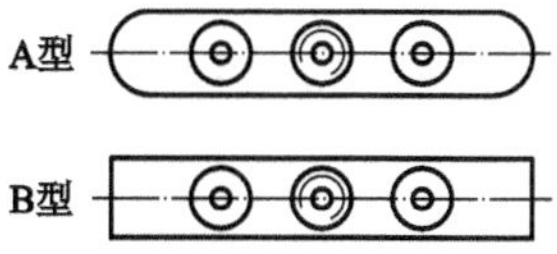 A型 〔◎◎◎〕 B型 〔◎◎◎〕	楔键	普通楔键	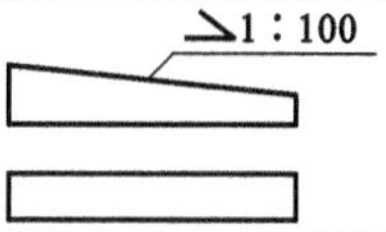 ⟋1:100
	滑键			钩头楔键	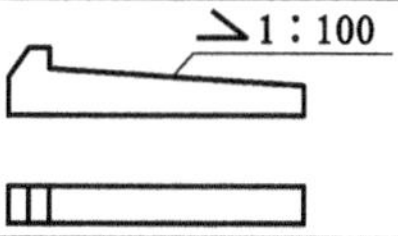 ⟋1:100
				切向键	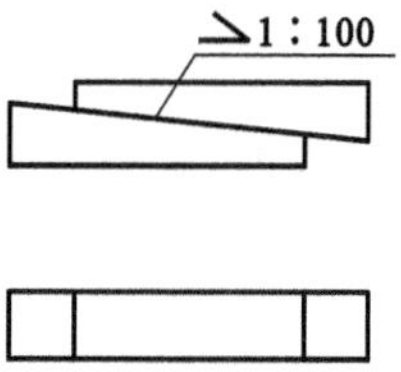

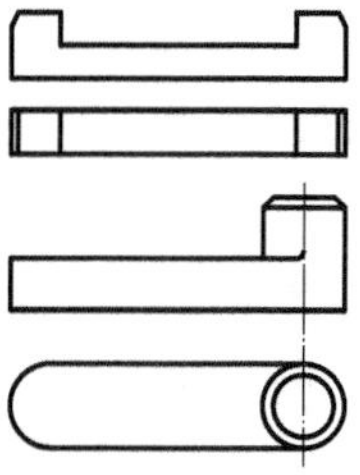

2）花键连接

花键连接分为固定连接与滑动连接两种。

花键连接的使用要求：保证连接强度及传递扭矩可靠；定心精度高；滑动连接还要求导向精度及移动灵活性，固定连接要求可装配性。花键连接按其键齿形状分为矩形花键、渐开线花键和三角形花键三种，其结构如图 7-14 所示。其中矩形花键应用最广泛。

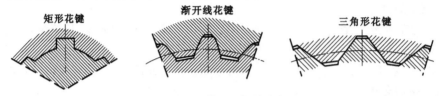

图 7-14　花键连接的种类

花键常用在下列三种场合：① 用于无滑移地传递相对较重负荷的联轴器轴；② 用于传递动力的齿轮、滑轮和其他旋转设备，安装方式可以分为滑移安装或固定式安装；③ 对于要求在角度位置上有位移或改变的附件。

两类键连接相比较，花键连接有如下优点：

① 键与轴或孔为一整体，强度高，负荷分布均匀，可传递较大的转矩。

② 连接可靠，导向精度高，定心性好，易达到较高的同轴度要求。

但是，由于花键的加工制造比单键复杂，故其成本较高。

7.2.2　单键的公差与配合

单键中普通平键和半圆键应用最广，故本节仅介绍平键和半圆键的公差与配合。其结构尺寸如图 7-15 所示。

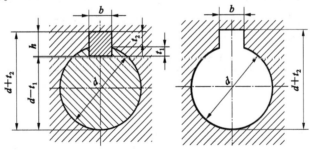

图 7-15　普通平键和半圆键的连接结构

1. 配合尺寸的公差与配合

键连接是通过键的侧面分别与轴槽和轮毂槽的侧面相互接触来传递运动和扭矩的。因此它们的宽度 b 是主要配合尺寸。其配合性质也是以键与键槽宽的配合性质来体现的，其他为非配合尺寸。

键是标准件，可用标准的精拔钢制造，因此键连接采用基轴制配合。

一般键与轴槽配合要求较紧，键与轮毂槽配合要求较松，相当于一个轴与两个孔相配合，且配合性质不同。平键连接采用基轴制，国标 GB/T 1095—2003《平键　键槽的剖面尺寸》对键宽只规定了一种公差带 h9，通过改变轴槽和轮毂槽宽度构成了三种不同性质的配合，以便键作为标准件进行生产。按照配合的松紧不同，普通平键连接分为较松连接、正常连接和较紧连接，半圆键分为一般连接和较紧连接。各种配合的配合性质及应用见表 7-12。键宽与键槽宽的公差带见图 7-16。

表 7-12　键与键槽的配合

键的类型	配合种类	尺寸 b 的公差带			配合性质及应用
		键	轴槽	轮毂槽	
平键	较松	h9	H9	D10	主要用于导向平键,导向平键装在轴上,用螺钉固定,轮毂可在轴上滑动,也用于薄型平键
	正常		N9	JS9	键在轴槽及轮毂槽中固定,用于传递一般载荷,也用于薄型平键
	较紧		P9	P9	键在轴槽和轮毂槽中固定,较正常连接更紧。主要用于传递重载、冲击载荷及双向传递扭矩的场合,也用于薄型平键
半圆键	一般		N9	JS9	定位及传递扭矩
	较紧		P9		

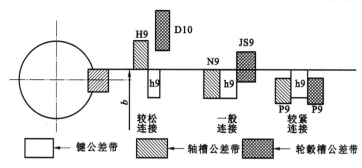

图 7-16　键公差配合图解

表 7-13 和表 7-15 分别为平键、半圆键的键与键槽的剖面尺寸及键槽的公差与极限偏差;表 7-14 和表 7-16 分别为平键、半圆键的公差与极限偏差。

表 7-13　平键的键和键槽剖面尺寸及键槽的公差与极限偏差(摘自 GB/T 1095—2003)(单位:mm)

轴	键	键槽										
		宽　度　b						深　度				
		公称尺寸 b	极 限 偏 差					轴 t_1		毂 t_2		半径 r
			松连接		正常连接		紧密连接					
公称直径 d	键尺寸 b×h		轴 H9	毂 D10	轴 N9	毂 JS9	轴和毂 P9	公称尺寸	极限偏差	公称尺寸	极限偏差	最小	最大
22～30	8×7	8	+0.036 0	+0.098 +0.040	0 −0.036	±0.018	−0.015 −0.051	4.0		3.3		0.16	0.25
30～38	10×8	10						5.0		3.3			
38～44	12×8	12	+0.043 0	+0.120 +0.050	0 −0.043	±0.0215	−0.018 −0.061	5.0		3.3		0.25	0.40
44～50	14×9	14						5.5		3.8			
50～58	16×10	16						6.0	+0.2 0	4.3	+0.2 0		
58～65	18×11	18						7.0		4.4			
65～75	20×12	20	+0.052 0	+0.149 +0.065	0 −0.052	±0.026	−0.022 −0.074	7.5		4.9		0.40	0.50
75～85	22×14	22						9.0		5.4			
85～95	25×12	25						9.0		5.4			
95～110	28×16	28						10.0		6.4			

表 7-14　平键的公差与极限偏差（摘自 GB/T1096—2003）　　　（单位：mm）

b	公称尺寸	8	10	12	14	16	18	20	22	25	28
	极限偏差 h8	0 −0.022		0 −0.027				0 −0.033			
h	公称尺寸	7	8	9	10	11	12	14	16		
	极限偏差 h11	0 −0.090					0 −0.110				

表 7-15　半圆键的键和键槽剖面尺寸及键槽的公差与极限偏差　　　（单位：mm）

轴径 d		键	键槽										
			宽度 b					深度				半径 r	
				极 限 偏 差				轴 t_1		毂 t_2			
键传递扭矩	键定位作用	键尺寸 $b\times h\times d_1$	公称尺寸	一般连接		较紧连接		公称尺寸	极限偏差	公称尺寸	极限偏差	最小	最大
				轴 N9	毂 JS9	轴和毂 P9							
>8~10	>12~15	3.0×5.0×13	3.0	−0.004 −0.029	±0.012	−0.006 −0.031		3.8		1.4		0.08	0.16
>10~12	>15~18	3.0×6.5×16	3.0					5.3		1.4			
>12~14	>18~20	4.0×6.5×16	4.0					5.0	+0.2 0	1.8	+0.1 0		
>14~16	>20~22	4.0×7.5×19	4.0					6.0		1.8			
>16~18	>22~25	5.0×6.5×16	5.0					4.5		2.3		0.16	0.25
>18~20	>25~28	5.0×7.5×19	5.0	0 −0.030	±0.015	−0.012 −0.042		5.5		2.3			
>20~22	>28~32	5.0×9.0×22	5.0					7.0		2.3			
>22~25	>32~36	6.0×9.0×22	6.0					6.5	+0.3 0	2.8	+0.2 0		
>25~28	>36~40	6.0×10.0×25	6.0					7.5		2.8			

表 7-16　半圆键的公差与极限偏差　　　（单位：mm）

键宽 b		键高 h		键直径 d	
公称尺寸	极限偏差 h9	公称尺寸	极限偏差 h11	公称尺寸	极限偏差 h12
3.0	0 −0.025	5.0	0 −0.075	13	0 −0.180
3.0		6.5	0 −0.090	16	
4.0		6.5		16	
5.0		7.5		16	
4.0		6.5		19	
5.0	0 −0.030	7.5		19	0 −0.210
5.0		9.0		22	
6.0		9.0		22	
6.0		10.0		25	

2. 非配合尺寸的公差与配合

平键和半圆键连接的非配合尺寸如图 7-15 所示。

非配合尺寸公差规定如下：

t_1（轴槽深）、t_2（轮毂槽深）——见表 7-13、表 7-15；

L（键长）——h14；

h（键高）——h11；

d_1（半圆键直径）——h12；

键的各要素公差如表 7-13 至表 7-16 所示。

3. 键和键槽的几何公差

为了保证键宽和键槽宽之间具有足够的接触面积和避免装配困难，国家标准还规定了轴槽对轴的轴线和轮毂槽对孔的轴线的对称度公差和键的两个配合侧面的平行度公差。

1）轴槽和轮毂槽的对称度公差

一般按 GB/T 1184—1996《形状和位置公差　未注公差值》中对称度公差 7～9 级选取。

2）键两侧面的对称度公差

当键长 L 与键宽 b 之比大于或等于 8 时，键的两侧面的平行度应符合 GB/T 1184—1996 的规定，当 $b \leqslant 6$ mm 选取 7 级；$b = 8 \sim 36$ mm 选取 6 级；$b \geqslant 40$ mm 选取 5 级。

同时，还规定了轴槽、轮毂槽宽 b 的两侧面的表面粗糙度参数：键槽侧面取 Ra 为 1.6～6.3 μm，其他非配合面（轴槽底面、轮毂槽底面等）取 Ra 为 6.3～12.5 μm。

键连接的尺寸公差及几何公差标注如图 7-17 所示。当形状误差的控制可由工艺保证时，图样上可不给出公差。

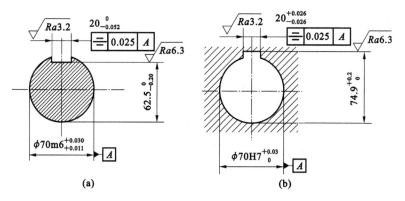

图 7-17　键槽尺寸和几何公差标注示例

（a）轴槽；（b）轮毂槽

7.2.3　矩形花键的公差与配合

1. 矩形花键的主要参数和定心方式

花键的连接主要技术要求是保证内、外花键连接后具有较高的同轴度，并能传递转矩。矩形花键有大径 D、小径 d 和键（槽）宽 B 三个主要尺寸参数，如图 7-18 所示。

键数规定为偶数，有 6、8、10 三种。按承载能力不同，矩形花键分为中、轻两个系列。中系列的键高尺寸较大，承载能力强；轻系列的键高尺寸较小，承载能力低。矩形花键的尺寸系列见表 7-17。

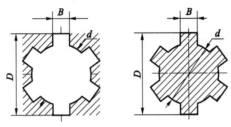

图 7-18　矩形花键的主要尺寸

表 7-17　　矩形花键尺寸系列(摘自 GB/T 1144—2001)　　　　　　(单位:mm)

小径 d	轻　系　列				中　系　列			
	规格 N×d×D×B	键数 N	大径 D	键宽 B	规格 N×d×D×B	键数 N	大径 D	键宽 B
11					6×11×14×3	6	14	3
13					6×13×16×3.5	6	16	3.5
16					6×16×20×4	6	20	4
18					6×18×22×5	6	22	5
21					6×21×25×5	6	25	5
23	6×23×26×6	6	26	6	6×23×28×6	6	28	6
28	6×28×32×7	6	32	7	6×28×34×7	6	34	7
32	8×32×36×6	8	36	6	8×32×38×6	8	38	6
62	8×62×68×12	8	68	12	8×62×72×12	8	72	12
72	10×72×78×12	10	78	12	10×72×82×12	10	82	12
112	10×112×120×28	10	120	18	10×112×125×28	10	125	18

若要求矩形花键的三个基本尺寸参数同时起配合定心作用,以保证内、外花键同轴度是很困难的,而且也无必要。因此,为了改善其加工工艺性,只需选择其中一个参数作为定心尺寸,将其按较高的精度加工保证定心精度,其他的可按较低的精度加工,起配合定心作用。由于扭矩的传递是通过键和键槽两侧面来实现的,因此,键和槽宽不论是否作为定心尺寸,都要求有较高的尺寸精度。

如图 7-19 所示,根据定心要素的不同,可分为三种定心方式:① 按大径 D 定心;② 按小径 d 定心;③ 按键宽 B 定心。

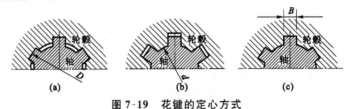

图 7-19　花键的定心方式

(a) 大径定心;(b) 小径定心;(c) 键宽定心

矩形花键国家标准(GB/T 1144—2001)规定,矩形花键用小径定心,这是因为如果采用大径定心,内花键定心表面的精度依靠拉刀保证。而当内花键定心表面硬度要求高(40HRC以上)时,热处理后的变形难以用拉刀修正;当内花键定心表面粗糙度要求高($Ra<0.63\ \mu m$)

时,用拉削工艺也难以保证;在单件、小批生产及大规格花键中,内花键也难以用拉削工艺,因为该种加工方式不经济。采用小径定心时,热处理后的变形可用内圆磨修复,而且内圆磨削可达到更高的尺寸精度和更高的表面粗糙度要求。因而小径定心的定心精度更高,定心稳定性较好,使用寿命长,有利于产品质量的提高。外花键小径精度可用成形磨削保证。

2. 矩形花键的公差与配合

国标 GB/T 1144—2001 规定,矩形花键的尺寸公差采用基孔制,目的是为了减少拉刀的数目。

矩形花键配合的精度,按其使用要求分为一般用和精密传动用两种。精密级用于机床变速箱中,其定心精度要求高或传递扭矩较大;一般级适用于汽车、拖拉机的变速箱中。GB/T 1144—2001 规定的小径 d、大径 D 及键(槽)宽 B 的尺寸公差带如图 7-20 及表 7-18 所示。对内花键规定了拉削后热处理和不热处理两种。标准中规定,按装配方式分为滑动、紧滑动和固定三种配合。其区别在于,前两种在工作过程中,可传递转矩,而且花键套还可在轴上移动;后者只用来传递转矩,花键套在轴上无轴向位移。不同的配合性质或装配形式可通过改变外花键的小径和键宽的尺寸公差带获得。

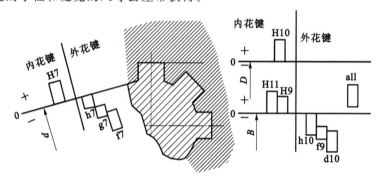

图 7-20　矩形花键的公差带

表 7-18　内、外花键尺寸公差带(摘自 GB/T 1144—2001)

内　花　键				外　花　键			装 配 形 式
小径 d	大径 D	键宽 B		小径 d	大径 D	键宽 B	
		拉削后不热处理	拉削后热处理				
一　般　用							
H7	H10	H9	H11	f7	d11	滑动	
				g7	a11	f9	紧滑动
				h7		h10	固定
精　密　传　动　用							
H5	H10	H7、H9		f5	a11	d8	滑动
				g5		f7	紧滑动
				h5		h8	固定
H6				f6		d8	滑动
				g6		f7	紧滑动
				h6		h8	固定

对于精密传动用的内花键,当需要控制键侧配合间隙时,槽宽公差带可选用 H7,一般情况下可选用 H9。当内花键小径公差带为 H6 和 H7 时,允许与高一级的外花键配合。

3. 矩形花键的几何公差

由于矩形花键连接表面复杂,键长与键宽比值较大,几何误差对花键连接的装配性能、传递扭矩与运动的性能影响很大,是影响连接质量的重要因素,因此,国标 GB/T 1144—2001 对矩形花键的几何公差作了以下规定。

1) 小径 d 的极限尺寸应遵守包容要求 Ⓔ

小径 d 是花键连接的定心配合尺寸,为了保证定心表面的配合性质,内、外花键小径(定心直径)的尺寸公差和几何公差的关系必须采用包容要求 Ⓔ。即当小径 d 的实际尺寸处于最大实体状态时,它必须具有理想形状,只有当小径 d 的实际尺寸偏离最大实体状态时,才允许有形状误差。

2) 花键的位置度公差应遵守最大实体要求 Ⓜ

在大批量生产时,采用花键综合量规来检验矩形花键,因此要求键宽遵守最大实体要求。花键的位置度公差综合控制花键各键之间的角位置、各键对轴线的对称度误差以及各键对轴线的平行度误差等。位置度公差应遵守最大实体要求,其图样标注如图 7-21 所示。

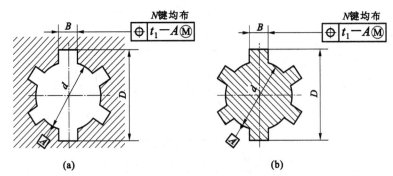

图 7-21 花键位置度公差标注示例

(a) 内花键;(b) 外花键

国家标准对键和键槽规定的位置度公差如表 7-19 所示。

表 7-19 矩形花键位置度公差值 t_1(摘自 GB/T 1144—2001)　　　　(单位:mm)

键槽宽或键宽 B		3	3.5~6	7~10	12~18
		t_1			
键槽宽		0.010	0.015	0.020	0.025
键宽	滑动、固定	0.010	0.015	0.020	0.025
	紧滑动	0.006	0.010	0.013	0.016

3) 键和键槽的对称度公差和等分度公差应遵守独立原则

在单件、小批量生产时,没有综合量规,这时,为控制花键的几何误差,一般在图样上分别规定其对称度公差和等分度公差。对键(键槽)宽规定对称度公差和等分度公差,并遵守独立原则,两者同值,对称度公差如表 7-20 所示,图样标注如图 7-22 所示。

对于较长的花键,国家标准未作规定,可根据产品性能,自行规定键(键槽)侧对小径 d 轴线的平行度公差。以小径定心时,矩形花键各结合面的表面粗糙度要求如表 7-21 所示。

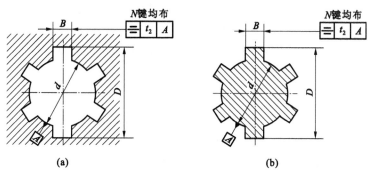

图 7-22　花键对称度公差标注示例

(a) 内花键；(b) 外花键

表 7-20　矩形花键对称度公差值 t_2（摘自 GB/T 1144—2001）　　（单位：mm）

键槽宽或键宽 B	3	3.5～6	7～10	12～18
	t_2			
一般用	0.010	0.012	0.015	0.018
精密传动用	0.006	0.008	0.009	0.011

表 7-21　矩形花键粗糙度推荐值

加工表面	内　花　键	外　花　键
	$Ra/\mu m$	
小径	≤1.6	≤0.9
大径	≤6.3	≤3.2
键侧	≤6.3	≤1.6

4. 矩形花键的图样标注

矩形花键的标注代号按顺序包括以下项目：键数 N、小径 d、大径 D、键（键槽）宽 B、花键公差代号。其各自的公差带代号或配合代号标注于公称尺寸之后。矩形花键各表面的粗糙度 Ra 的上限值推荐如下：

内花键：小径表面不大于 $0.8\ \mu m$，键槽侧面不大于 $3.2\ \mu m$，大径表面不大于 $6.3\ \mu m$；

外花键：小径表面不大于 $0.8\ \mu m$，键槽侧面不大于 $0.8\ \mu m$，大径表面不大于 $3.2\ \mu m$。

例 7-3　某矩形花键，键数 $N=8$，小径 $d=40$ mm，配合为 H6/f6；大径 $D=54$ mm，配合为 H10/a11；键（键槽）宽 $B=9$ mm，配合为 H9/d8。其标注如下。

花键规格：

$$N \times d \times D \times B$$
$$8 \times 40 \times 54 \times 9$$

花键副：标注花键规格和配合代号

$$8 \times 40\ \frac{H6}{f6} \times 54\ \frac{H10}{a11} \times 9\ \frac{H9}{d8}\ \ GB/T\ 1144—2001$$

内花键：标注花键规格和尺寸公差带代号

$$8 \times 40H6 \times 54H10 \times 9H9 \quad GB/T\ 1144-2001$$

外花键:标注花键规格和尺寸公差带代号

$$8 \times 40f6 \times 54a11 \times 9d8 \quad GB/T\ 1144-2001$$

其图样标注如图 7-23 所示。

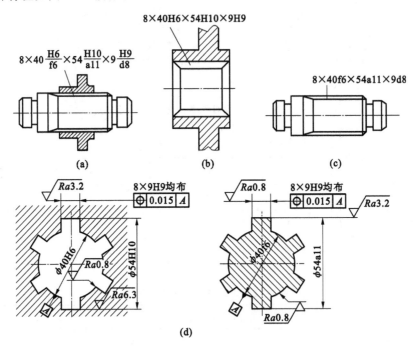

图 7-23　矩形花键的图样标注

7.3　螺纹连接的互换性

7.3.1　概述

螺纹件在机电产品和仪器中应用甚广,它是一种最典型的具有互换性的连接结构。内、外螺纹通过相互旋合及牙侧面的接触作用,实现零件间的连接、紧固及相对位移等功能。本节主要介绍使用最广泛的普通螺纹的公差、配合及其应用。

7.3.2　普通螺纹的种类及使用要求

按其连接性质和用途可分为紧固螺纹、传动螺纹和紧密螺纹三类。

1. 紧固螺纹

这类螺纹主要是用于连接和紧固零部件,如公制普通螺纹等。这是使用最广泛的一种螺纹连接。对这种螺纹连接的主要要求是可旋合性和连接的可靠性。所谓旋合性,即内、外螺纹易于旋入拧出,以便装配和拆换;所谓连接可靠性,是指具有一定的连接强度,螺牙不得过早损坏和自动松脱。

2. 传动螺纹

传动螺纹的作用是用于传递精确的位移和传动动力,如机床中的丝杠和螺母,千斤顶的起重螺杆等。对这种螺纹连接的主要要求是传动比恒定,传递动力可靠。

3. 紧密螺纹

紧密螺纹用于要求具有气密性或水密性的条件下,如管螺纹的连接,在管道中不得漏气、漏水或漏油。对这类螺纹连接的主要要求是具有良好的旋合性及密封性。

除上述三类螺纹外,还有一些专门用途的螺纹,如石油螺纹、气瓶螺纹、灯泡螺纹以及轮胎气门芯螺纹等。为了满足普通螺纹的使用要求,保证其互换性,我国发布了一系列普通螺纹国家标准,以下主要介绍使用最广泛的普通螺纹的公差、配合及其应用。

7.3.3　普通螺纹的基本牙型

普通螺纹的基本牙型如图 7-24 所示(小写字母为外螺纹的几何参数,大写字母为内螺纹的几何参数)。它是削去原始三角形顶部和底部所形成的内、外螺纹共有的理论牙型。它是确定螺纹设计牙型的基础。

从图中可以看出螺纹的主要几何参数有以下几种。

1. 大径(d 或 D)

与外螺纹牙顶或内螺纹牙底相切的假想圆柱体的直径,称为螺纹的大径。对外螺纹而言,大径为顶径;对内螺纹而言,大径为底径。国家标准规定,普通螺纹大径的基本尺寸为螺纹的公称尺寸。

2. 小径(d_1 或 D_1)

与外螺纹牙底或内螺纹牙顶相切的假想圆柱体的直径,称为螺纹的小径。对外螺纹而言,小径为底径;对内螺纹而言,小径为顶径。

3. 中径(d_2 或 D_2)

中径是一个假想圆柱的直径,该圆柱的母线通过牙型上沟槽和凸起宽度相等且等于 $P/2$ 的地方。此假想圆柱称为中径圆柱,如图 7-24 所示。

4. 单一中径

一个假想圆柱的直径,该圆柱的母线通过牙型上沟槽宽度等于螺距基本尺寸一半的地方。当螺距无误差时,螺纹的中径就是螺纹的单一中径。当螺距有误差时,单一中径与实际中径是不相等的,如图 7-25 所示。

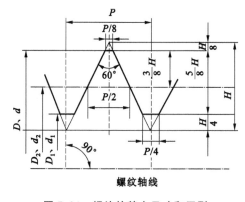

图 7-24　螺纹的基本尺寸和牙型

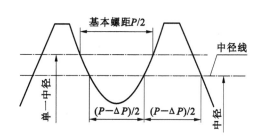

图 7-25　螺纹的中径和单一中径

5. 牙型角 α 和牙型半角($\alpha/2$)

在螺纹牙型上,两相邻牙侧间的夹角称为牙型角 α,对于公制普通螺纹,牙型角 $\alpha=60°$。牙侧与螺纹轴线的垂线间的夹角称为牙型半角,牙型半角 $\alpha/2=30°$。

6. 螺距(P)与导程(Ph)

螺距是指相邻两牙在中径线上对应两点间的轴向距离；导程是指在同一条螺旋线上相邻两牙在中径线上对应两点间的轴向距离。对单线螺纹，导程等于螺距；对多头(线)螺纹，导程等于螺距与线数(n)的乘积：$Ph = nP$。

7. 螺纹旋合长度(L)

它是指两个相互配合的螺纹，沿螺纹轴线方向相互旋合部分的长度。

8. 原始三角形高度(H)和牙型高度

原始三角形高度是指由原始三角形顶点沿垂直于螺纹轴线方向到其底边的距离($H = \sqrt{3}P/2$)；牙型高度是指在螺纹牙型上牙顶和牙底之间垂直于螺纹轴线方向上的距离，如图 7-24 中的 $5H/8$。

9. 螺纹升角(ψ)

螺纹升角 ψ 是指在中径圆柱上螺旋线的切线与垂直于螺纹轴线的平面的夹角。它与螺距 P 和中径 d_2 之间的关系为

$$\tan\psi = \frac{nP}{\pi d_2} \tag{7-3}$$

式中　n——螺纹线数。

10. 螺纹最大实体牙型

它是指由设计牙型和各直径的基本偏差和公差所决定的最大实体状态下的螺纹牙型。

11. 螺纹最小实体牙型

它是指由设计牙型和各直径的基本偏差和公差所决定的最小实体状态下的螺纹牙型。

7.3.4　螺纹几何参数对互换性的影响

螺纹的主要几何参数有大径、小径、中径、螺距和牙型半角，这些参数的误差对螺纹互换性的影响不同，其中中径偏差、螺距误差和牙型半角误差是影响互换性的主要几何参数误差。

1. 螺距误差对互换性的影响

对紧固螺纹来说，螺距误差主要影响螺纹的可旋合性和连接的可靠性；对传动螺纹来说，螺距误差直接影响传动精度，影响螺牙上负荷分布的均匀性。

螺距误差包括局部误差(ΔP)和累积误差(ΔP_Σ)。前者与旋合长度无关；后者与旋合长度有关，是主要影响因素。

为了便于分析，假设内螺纹具有理想牙型，外螺纹的中径及牙型角与内螺纹相同，仅存在螺距误差，并假设在旋合长度内，外螺纹的螺距比内螺纹的大。假定在 N 个螺牙长度上，外螺纹有螺距累积误差 ΔP_Σ，如图 7-26 所示。显然，在这种情况下，这对螺纹因产生干涉而无法旋合。

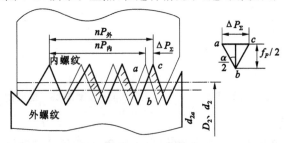

图 7-26　螺距累积误差

为了使有螺距误差的外螺纹可旋入具有理想牙型的内螺纹,在实际生产中,应把外螺纹的中径 d_2 减小一个数值 f_P 至 d'_2。

同理,当内螺纹有螺距误差时,为了保证可旋合性,应把内螺纹的中径加大一个数值 f_P。这个 f_P 值是补偿螺距误差的影响而折算到中径上的数值,被称为螺距误差的中径补偿值。

从图 7-26 中 $\triangle abc$ 中可知

$$f_P = \Delta P_\Sigma \cot\left(\frac{\alpha}{2}\right) \tag{7-4}$$

对于牙型角 $\alpha = 60°$ 的普通螺纹

$$f_P = 1.732\left|\Delta P_\Sigma\right| \tag{7-5}$$

2. 牙型半角误差对互换性的影响

螺纹牙型半角误差是指实际牙型半角与理论牙型半角之差。它是螺纹牙侧相对于螺纹轴线的方向误差,它对螺纹的旋合性和连接强度均有影响。

假设内螺纹具有基本牙型,外螺纹中径及螺距与内螺纹相同,仅牙型半角有误差。此时,内、外螺纹旋合时牙侧将发生干涉,不能旋合,如图 7-27 所示。为了保证旋合性,必须将内螺纹中径增大一个数值 $f_{\alpha/2}$,或将外螺纹的中径减小一个数值数 $f_{\alpha/2}$。这个数 $f_{\alpha/2}$ 值是补偿牙型半角误差的影响而折算到中径上的数值,被称为牙型半角误差的中径补偿值。

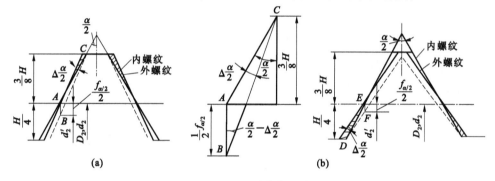

图 7-27　牙型半角误差

在图 7-27(a)中,外螺纹的 $\Delta\dfrac{\alpha}{2} = \dfrac{\alpha}{2}(外) - \dfrac{\alpha}{2}(内) < 0$,则其牙顶部分的牙侧有干涉现象。此时,中径补偿值 $f_{\alpha/2}$ 为

$$f_{\alpha/2} = \frac{0.44H\Delta\dfrac{\alpha}{2}}{\sin\alpha} \tag{7-6}$$

对于普通螺纹,$\alpha = 60°$,$H = 0.866P$,则 $f_{\alpha/2} = 0.44P\Delta\dfrac{\alpha}{2}$。

在图 7-27(b)中,外螺纹的 $\Delta\dfrac{\alpha}{2} = \dfrac{\alpha}{2}(外) - \dfrac{\alpha}{2}(内) > 0$,则其牙根部分的牙侧有干涉现象。此时,中径补偿值 $f_{\alpha/2}$ 为

$$f_{\alpha/2} = \frac{0.291H\Delta\dfrac{\alpha}{2}}{\sin\alpha} \tag{7-7}$$

对于普通螺纹,$f_{\alpha/2} = 0.291P\Delta\dfrac{\alpha}{2}$。

式中　H——原始三角形高度,mm;

$\dfrac{\alpha}{2}$——牙型半角,单位为分($'$)(1 分$=0.291\times10^{-3}$弧度);

$f_{a/2}$——中径补偿值,μm。

实际上经常是左、右半角误差不相同,也可能一边半角误差为正,另一边半角误差为负。因此中径补偿值应取平均值。根据不同情况,普通螺纹按下列公式之一计算。

当$\Delta\dfrac{\alpha}{2}($左$)>0$,$\Delta\dfrac{\alpha}{2}($右$)>0$时,则

$$f_{a/2}=\frac{0.291P}{2}\left(\left|\Delta\frac{\alpha}{2}(左)\right|+\left|\Delta\frac{\alpha}{2}(右)\right|\right) \tag{7-8}$$

当$\Delta\dfrac{\alpha}{2}($左$)<0$,$\Delta\dfrac{\alpha}{2}($右$)<0$时,则

$$f_{a/2}=\frac{0.44P}{2}\left(\left|\Delta\frac{\alpha}{2}(左)\right|+\left|\Delta\frac{\alpha}{2}(右)\right|\right) \tag{7-9}$$

当$\Delta\dfrac{\alpha}{2}($左$)>0$,$\Delta\dfrac{\alpha}{2}($右$)<0$时,则

$$f_{a/2}=\frac{P}{2}\left(0.291\left|\Delta\frac{\alpha}{2}(左)\right|+0.44\left|\Delta\frac{\alpha}{2}(右)\right|\right) \tag{7-10}$$

当$\Delta\dfrac{\alpha}{2}($左$)<0$,$\Delta\dfrac{\alpha}{2}($右$)>0$时,则

$$f_{a/2}=\frac{P}{2}\left(0.44\left|\Delta\frac{\alpha}{2}(左)\right|+0.291\left|\Delta\frac{\alpha}{2}(右)\right|\right) \tag{7-11}$$

3. 中径偏差对互换性的影响

螺纹中径在制造过程中不可避免会出现一定的误差,即单一实际中径对其公称中径之差。如仅考虑中径的影响,那么只要外螺纹中径小于内螺纹中径就能保证内、外螺纹的旋合性,反之就不能旋合。但如果外螺纹中径过小,内螺纹中径又过大,则会降低连接的可靠性和紧密性,降低连接强度。所以,为了确保螺纹的旋合性,中径误差必须加以控制。

4. 螺纹作用中径和中径合格性判断原则

1)作用中径($D_{2作用}$、$d_{2作用}$)

螺纹中径是指在规定的旋合长度内,恰好包络实际螺纹的一个假想螺纹的中径,这个螺纹具有理想的螺距、半角以及牙型高度,并另在牙顶和牙底留有间隙,以保证包容时不与实际螺纹的大、小径发生干涉。故作用中径是螺纹旋合时实际起作用的小径。外螺纹作用中径如图 7-28 所示。

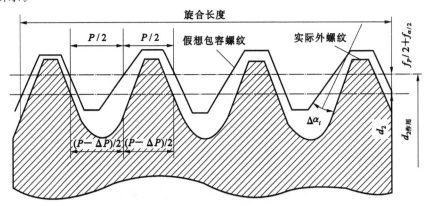

图 7-28　外螺纹的作用中径

实际生产中,螺距误差 ΔP 和牙型半角误差 $\Delta\alpha/2$ 和中径误差 $\Delta d_2(\Delta D_2)$ 总是同时存在的。前两项可折算成中径补偿值(f_P、$f_{\alpha/2}$),即折算成中径误差的一部分。因此,即使螺纹测得的中径合格,由于存在 ΔP 和 $\Delta\alpha/2$,仍不能确定螺纹是否合格。

对于外螺纹,当存在 ΔP 和 $\Delta\alpha/2$ 后,只能与一个中径较大的内螺纹旋合,其效果相当于外螺纹的中径增大,这个增大了的假想中径称为外螺纹的作用中径 $d_{2作用}$,它是与内螺纹旋合时起作用的中径,其值为

$$d_{2作用} = d_{2实际} + (f_P + f_{\alpha/2}) \tag{7-12}$$

同理,当内螺纹存在螺距误差及牙型半角误差时,只能与一个中径较小的外螺纹旋合,其效果相当于内螺纹的中径减小了。这个减小了的假想中径叫做内螺纹的作用中径 $D_{2作用}$。其值为

$$D_{2作用} = D_{2实际} - (f_P + f_{\alpha/2}) \tag{7-13}$$

显然,为了使相互结合的内、外螺纹能自由旋合,应保证 $D_{2作用} \geqslant d_{2作用}$。

2) 单一中径($d_{2单-}$、$D_{2单-}$)

牙型上沟槽宽度等于基本螺距处的圆柱直径的一半。当螺距无误差时,单一中径和实际中径相等;当螺距有误差时,单一中径和实际中径不相等。

3) 螺纹中径合格性的判断原则

国家标准没有单独规定螺距和牙型半角公差,只规定了内、外螺纹的中径公差(T_{D_2}、T_{d_2}),通过中径公差同时限制实际中径、螺距及牙型半角三个参数的误差,如图7-29 所示。

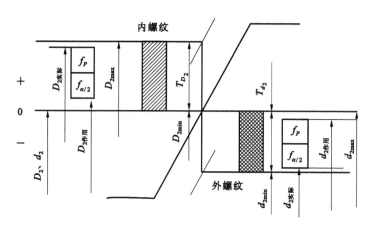

图 7-29　实际中径、作用中径与中径公差的关系

根据以上分析,螺纹中径是衡量螺纹互换性的主要指标。螺纹中径合格性的判断原则与光滑工件极限尺寸判断原则(泰勒原则)类似,即实际螺纹的作用中径不能超出最大实体牙型的中径,而实际螺纹上任何部位的单一中径不能超出最小实体牙型的中径。

对外螺纹:作用中径不大于中径上极限尺寸;任意位置的单一中径不小于中径下极限尺寸。即

$$d_{2作用} \leqslant d_{2\max}, \quad d_{2单-} \geqslant d_{2\min}$$

对内螺纹:作用中径不小于中径下极限尺寸;任意位置的单一中径不大于中径上极限尺寸。即

$$D_{2作用} \geqslant D_{2\min}, \quad D_{2单-} \leqslant D_{2\max}$$

7.3.5　普通螺纹的公差与配合

螺纹公差带由公差等级和基本偏差组成。

1. 螺纹的公差等级

在螺纹中，普通螺纹是应用最为广泛的一种，由普通螺纹构成的构件品类多、数量大，因此，为了满足客观需要，世界各国对普通螺纹都在不断进行研究，逐步完善其标准。我国的普通螺纹国家标准按 GB/T 197—2003《普通螺纹　公差》规定，考虑到螺纹中径(d_2、D_2)是决定配合性质的主要尺寸，以及测量方便和互换性，规定公差有内、外螺纹中径公差(T_{d_2}、T_{D_2})、内螺纹小径公差(T_{D_1})和外螺纹大径公差(T_d)。至于内螺纹大径(D)和外螺纹小径(d_1)，因其属限制性尺寸，不规定具体的公差数值，而只规定了内外螺纹牙底实际轮廓的任何点均不得超越按基本偏差所确定的最大实体牙型。按公差值大小内外螺纹的中径和顶径公差分为若干等级，见表 7-22 所列。

表 7-22　螺纹公差等级

螺 纹 直 径	公 差 等 级	螺 纹 直 径	公 差 等 级
外螺纹中径 d_2	3,4,5,6,7,8,9	内螺纹中径 D_2	4,5,6,7,8
外螺纹大径(顶径)d	4,6,8	内螺纹小径(顶径)D_1	4,5,6,7,8

其中 6 级是基本级；3 级公差值最小，精度最高；9 级精度最低。各级公差值见表 7-23 和表 7-24。

表 7-23　内螺纹小径公差和外螺纹大径公差(摘自 GB/T 197—2003)

螺距 P/mm	公 差 项 目							
	内螺纹小径公差 T_{D_1}/μm					外螺纹大径公差 T_d/μm		
	公 差 等 级							
	4	5	6	7	8	4	6	8
0.75	118	150	190	236	—	90	140	—
0.8	125	160	200	250	315	95	150	236
1	150	190	236	300	375	112	180	280
1.25	170	212	265	335	425	132	212	335
1.5	190	236	300	375	475	150	236	375
1.75	212	265	335	425	530	170	265	425
2	236	300	375	475	600	180	280	450
2.5	280	355	450	560	710	212	335	530
3	315	400	500	630	800	236	375	600

表 7-24　普通螺纹中径公差(摘自 GB/T 197—2003)

公称直径 D/mm		螺距 P/mm	内螺纹中径公差 T_{D_2}/μm					外螺纹中径公差 T_{d_2}/μm						
>	≤		公 差 等 级					公 差 等 级						
			4	5	6	7	8	3	4	5	6	7	8	9
5.6	11.2	0.5	71	90	112	140	—	42	53	67	85	106	—	—
		0.75	85	106	132	170	—	50	63	80	100	125	—	—
		1	95	118	150	190	236	56	71	90	112	140	180	224
		1.25	100	125	160	200	250	60	75	95	118	150	190	236
		1.5	112	140	180	224	280	67	85	106	132	170	212	265

续表

公称直径 D/mm		螺距 P/mm	内螺纹中径公差 T_{D_2}/μm 公差等级					外螺纹中径公差 T_{d_2}/μm 公差等级						
>	≤		4	5	6	7	8	3	4	5	6	7	8	9
11.2	22.4	0.5	75	95	118	150	—	45	56	71	90	112	—	—
		0.75	90	112	140	180	—	53	67	85	106	132	—	—
		1	100	125	160	200	250	60	75	95	118	150	190	236
		1.25	112	140	180	224	280	67	85	106	132	170	212	265
		1.5	118	150	190	236	300	71	90	112	140	180	224	280
		1.75	125	160	200	250	315	75	95	118	150	190	236	300
		2	132	170	212	265	335	80	100	125	160	200	250	315
		2.5	140	180	224	280	355	85	106	132	170	212	265	335
22.4	45	0.75	95	118	150	190	—	56	71	90	112	140	—	—
		1	106	132	170	212	—	63	80	100	125	160	200	250
		1.5	125	160	200	250	315	75	95	118	150	190	236	300
		2	140	180	224	280	355	85	106	132	170	212	265	335
		3	170	212	265	335	425	100	125	160	200	250	315	400
		3.5	180	224	280	355	450	106	132	170	212	265	335	425
		4	190	236	300	375	415	112	140	180	224	280	355	450
		4.5	200	250	315	400	500	118	150	190	236	300	375	475

2. 螺纹的基本偏差

螺纹的公差带位置与圆柱体的公差带位置一样,由基本偏差确定。螺纹的基本偏差是指公差带两极限偏差中靠近零线的那个偏差。它确定了公差带相对基本牙型的位置。内螺纹的基本偏差是下极限偏差(EI),外螺纹的基本偏差是上极限偏差(es)。

国家标准对普通内螺纹规定了两种基本偏差,其代号为 G、H,如图 7-30(a)、(b)所示。国标对普通外螺纹规定了四种基本偏差,其代号为 e、f、g、h,如图 7-30(c)、(d)所示。

内外螺纹基本偏差值如表 7-25 所示。

表 7-25　内、外螺纹的基本偏差(摘自 GB/T 197—2003)

基本偏差 螺距 P/mm	内 螺 纹		外 螺 纹			
	G	H	e	f	g	h
	EI/μm		ei/μm			
0.75	+22		−56	−38	−22	
0.8	+24		−60	−38	−24	
1	+26		−60	−40	−26	
1.25	+28		−63	−42	−28	
1.5	+32		−67	−45	−32	
1.75	+34	0	−71	−48	−34	0
2	+38		−71	−52	−38	
2.5	+42		−80	−58	−42	
3	+48		−85	−63	−48	
3.5	+53		−90	−70	−53	
4	+60		−95	−75	−60	

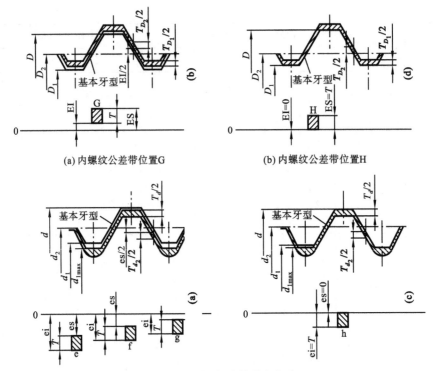

(a) 内螺纹公差带位置G　　　　　　　(b) 内螺纹公差带位置H

图 7-30　普通螺纹的基本偏差

3. 螺纹的旋合长度与精度等级及其选用

1）螺纹的旋合长度及其选用

螺纹旋合长度是指两个相互配合的螺纹,沿螺纹轴线方向相互旋合部分的长度。GB/T 197—2003 按螺纹公称直径和螺距规定了长、中、短三种旋合长度,分别用代号 L,N,S 表示。其数值见表 7-26。设计时,一般选用中等旋合长度 N;只有当结构或强度上需要时,才选用短旋合长度 S 或长旋合长度 L。

表 7-26　螺纹旋合长度(摘自 GB/T 197—2003)

公称直径 D、d		螺距 P	旋 合 长 度			
			S		N	
$>$	$\leqslant$		$\leqslant$	$>$	$\leqslant$	$>$
						L
5.6	11.2	0.75	2.4	2.4	7.1	7.1
		1	3	3	9	9
		1.25	4	4	12	12
		1.5	5	5	15	15
11.2	22.4	1	3.8	3.8	11	11
		1.25	4.5	4.5	13	13
		1.5	5.6	5.6	16	16
		1.75	6	6	18	18
		2	8	8	24	24
		2.5	10	10	30	30

2）螺纹的精度等级及其选用

螺纹的精度不仅与螺纹直径的公差等级有关，而且与螺纹的旋合长度有关。当公差等级一定时，旋合长度越长，加工时产生的螺距累积误差和牙型半角误差就可能越大，加工就越困难。因此，公差等级相同而旋合长度不同的螺纹的精度等级也不相同。GB/T 197—2003 按螺纹的公差等级和旋合长度规定了三种精度等级，分别称为精密级、中等级和粗糙级。螺纹精度等级的高低，代表了螺纹加工的难易程度。同一精度等级，随着旋合长度的增加，螺纹的公差等级相应降低，如表 7-27 所示。

表 7-27　普通螺纹的精度等级（摘自 GB/T 197—2003）

公差精度	内　螺　纹					
	公差带位置 G			公差带位置 H		
	S	N	L	S	N	L
精密	—	—	—	4H	5H	6H
中等	(5G)	6G	(7G)	5H	6H	7H
粗糙	—	(7G)	(8G)	—	7H	8H

公差精度	外　螺　纹											
	公差带位置 e			公差带位置 f			公差带位置 g			公差带位置 h		
	S	N	L	S	N	L	S	N	L	S	N	L
精密	—	—	—	—	—	—	—	(4g)	(5g4g)	(3h4h)	4h	(5h4h)
中等	—	6e	(7e6e)	—	6f	—	(5g6g)	6g	(7g6g)	(5h6h)	6h	(7h6h)
粗糙	—	(8e)	(9e8e)					8g	(9g8g)	—	—	—

注：括号内的公差带尽量不用；大量生产的精制紧固螺纹，推荐采用带方框的公差带。

7.3.6　普通螺纹公差与配合的选择

表 7-27 中所列的内螺纹公差带和外螺纹公差带可任意组成各种配合。但为了保证足够的接触高度，内、外螺纹最好组成 H/g、H/h 或 G/h 的配合。选择时主要考虑以下几种情况：

（1）为了保证旋合性，内、外螺纹应具有较高的同轴度，并有足够的接触高度和结合强度，通常采用最小间隙为零的配合（H/h）。

（2）需要拆卸容易的螺纹，可选用较小间隙的配合（H/g 或 G/h）。

（3）需要镀层的螺纹，其基本偏差按所需镀层厚度确定。需要涂镀的外螺纹，当镀层厚度为 10 μm 时可采用 g，当镀层厚度为 20 μm 时可采用 f，当镀层厚度为 30 μm 时可采用 e。当内、外螺纹均需要涂镀时，则采用 G/e 或者 G/f 的配合。

（4）在高温条件下工作的螺纹，可根据装配时和工作时的温度来确定适当的间隙和相应的基本偏差，留有间隙以防螺纹卡死。一般常用基本偏差 e，如汽车上用的 M14×1.25 规格的火花塞。温度相对较低时，可用基本偏差 g。

7.3.7　螺纹标注

普通螺纹的完整标注，由螺纹特征代号（M）、尺寸代号、螺纹公差带代号、旋合长度代号（或数值）和旋向代号组成。尺寸代号为公称直径×导程（Ph）螺距（P），其数值单位均为 mm，对单线螺纹省略标注其导程，对粗牙螺纹可省略标注其螺距。如需要说明螺纹线数时，可在螺距的数值后加括号用英语说明,如双线为 two starts、三线为 three starts、四线为 four starts。公差带代号是指中径和顶径公差带代号,由公差等级和基本偏差代号组成,中径公差带在前;若中径和顶径公差带相同,只标一个公差带代号。中等旋合长度省略代号标注。对于左旋螺纹,标注"LH"代号,右旋螺纹省略旋向代号。尺寸、螺纹公差带、旋合长度和旋向代号间各用短横线"-"分开。例如:

外螺纹

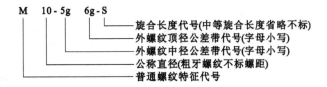

内螺纹

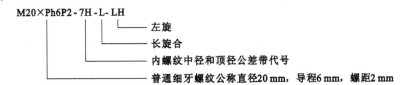

在装配图上,内、外螺纹公差带代号用斜线分开,左边表示内螺纹公差带代号,右边表示外螺纹公差带代号,如 M6-6H/6g。

习题 7

7-1　在 C6132 车床主轴箱内第Ⅷ轴上,装有两个 0 级深沟球轴承,内孔直径为20 mm,外圆直径为 47 mm,这两个轴承的外圈装在同一齿轮的孔内,与齿轮一起旋转,两个轴承的内圈与轴Ⅷ相配,轴固定在主轴箱箱壁上,通过该齿轮将主轴的回转运动传给进给箱。已知轴承承受轻载荷。试确定:

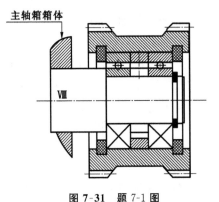

图 7-31　题 7-1 图

（1）与轴承配合的轴颈、齿轮内孔的公差带代号;

（2）画出公差带图,计算内圈与轴、外圈与孔配合的极限间隙、极限过盈;

（3）轴颈和齿轮孔的几何公差和表面粗糙度值;

（4）参照图 7-31,把所选的各项公差标注在图样上。

7-2　有一 E208 的轻系列滚动轴承(6 级精度、公称内径为 40 mm,公称外径为 90 mm),测得内、外圈的单一内径尺寸为:$d_{max1} = 40$ mm,$d_{max2} = 40.003$ mm;$d_{min1} = 39.992$ mm,$d_{min2} = 39.997$ mm;单一外径尺寸为:$D_{max1} = 90$ mm,$D_{max2} = 89.987$ mm;$D_{min1} = 89.996$ mm,$D_{min2} = 89.985$ mm。试确定该轴承内、外圈是否合格?

7-3　如图 7-32 所示,有一 4 级 207 滚动轴承(内径为35 mm,外径为 72 mm,额定动负荷 C 为19700 N),应用于闭式传动的减速器中。其工作情况为:外壳固定,轴旋转,转速为 980 r/min,承受的定向径向载荷为 1300 N。试确定:

（1）轴颈和外壳孔的公差带,并将公差带代号标注在装配图上(ϕ35j6,ϕ72H7)。

（2）轴颈和外壳孔的尺寸极限偏差以及它们和滚动轴承配合的有关表面的几何公差、表面粗糙度参数值,并将它们标注在零件图上。

7-4　有一 D306 滚动轴承（公称内径 $d=30$ mm,公称外径 $D=72$ mm）,轴与轴承内圈配合为 js5,壳体孔与轴承外圈配合为 J6,试画出公差带图,并计算出它们的配合间隙与过盈以及平均间隙或过盈。

7-5　有一齿轮与轴用平键连接传递扭矩。平键尺寸 $b=10$ mm,$L=28$ mm。齿轮与轴的配合为 $\phi35H7/h6$,平键采用一般连接。试查出键槽尺寸偏差、几何公差和表面粗糙度,分别标注在轴和齿轮的横剖面上。

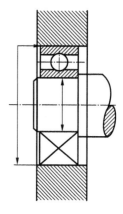

图 7-32　题 7-3 图

7-6　某机床变速箱中有一个 6 级精度齿轮的内花键与花键轴连接,花键规格为:$6\times26\times30\times6$,内花键长 30 mm、花键轴长75 mm,齿轮内花键经常需要相对花键轴做轴向移动,要求定心精度较高。试确定:

（1）齿轮内花键和花键轴的公差带代号,计算小径、大径、键（键槽）宽的极限尺寸。

（2）分别写出在装配图上和零件图上的标记。

（3）绘制公差带图,并将各参数的基本尺寸和极限偏差标注在图上。

7-7　减速器中有一传动轴与一零件孔采用半圆键连接,要求键在轴槽和轮毂槽中均固定且承受的载荷不大,轴与孔的直径都为 $\phi40$ mm,现要选定键的公称尺寸为 12 mm×8 mm。试确定槽宽及槽宽深的公称尺寸及其上、下极限偏差,并确定相应的几何公差值和表面粗糙度参数值,并标注在图 7-33 上。

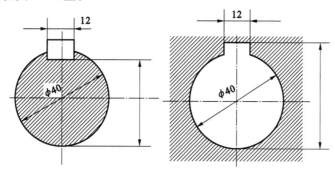

图 7-33　题 7-7 图

7-8　在装配图上,花键连接的标注为:$6\times23\dfrac{H8}{g8}\times26\dfrac{H9}{a10}\times6\dfrac{H10}{f8}$,试指出该花键的键数和三个主要参数的公称尺寸,并查表确定内、外花键各尺寸的极限偏差。

7-9　某变速器有一个 6 级精度齿轮的内花键与花键轴,它们的连接采用小径定心矩形花键滑动配合。要求定心精度高,设选定的内、外花键的键数和公称尺寸为 $8\times32\times36\times6$,结合长度为 60 mm,作用长度为 80 mm。试确定内、外花键的公差代号、尺寸极限偏差和几何公差,并把它们分别标注在图 7-34(a)装配图和图 7-34(b)、(c)零件图中。

7-10　查表写出 M20×2-6H5g6g 的大、中、小径尺寸,上、下极限偏差和公差,并画出公差带图。

7-11　写出下列标注中各代号的意义:

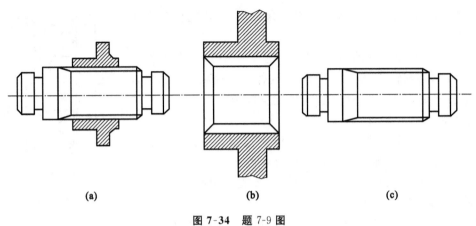

图 7-34　题 7-9 图

(1) M20-5H；

(2) M16-5H6H-1；

(3) M30×1-6H/5g6g。

7-12　有一螺母 M20-7H，其公称螺距 $P=2.5$ mm，公称中径 $D_2=18.376$ mm，测得其实际中径 $D_{2实际}=18.61$ mm。螺距累积误差 $\Delta P_\Sigma=+40$ μm，牙型实际半角 $\frac{\alpha}{2}$（左）$=30°30'$，$\frac{\alpha}{2}$（右）$=29°10'$。问此螺母的中径是否合格？

7-13　有一螺栓 M24-6h，其公称螺距 $P=3$ mm，公称中径 $d_2=22.051$ mm，加工后测得其实际中径 $d_{2实际}=18.61$ mm。螺距累积误差 $\Delta P_\Sigma=+0.05$ mm，牙型半角误差 $\Delta\frac{\alpha}{2}=52'$。问此螺栓的中径是否合格？

7-14　用某方法加工 M16-6g 的螺栓，已知该加工方法所产生的误差为：螺距偏差 $\Delta P_\Sigma=\pm10$ μm，牙型半角偏差 $\Delta\alpha_1=\Delta\alpha_2=30'$。问单一中径应加工在什么范围内，螺栓才能合格？

第8章 尺 寸 链

8.1 基 本 概 念

机械零件无论在设计或制造中,一个重要的问题就是如何保证产品的质量。也就是说,设计一部机器,除了要正确选择材料,进行强度、刚度、运动精度计算外,还必须进行几何精度计算,合理地确定机器零件的尺寸、几何形状和相互位置公差,在满足产品设计预定技术要求的前提下,能使零件加工经济、机器装配顺利。为此,需对设计图样上要素与要素之间,零件与零件之间有相互尺寸、位置关系要求,且对能构成首尾衔接、形成封闭形式的尺寸组加以分析,研究它们之间的变化,计算各个尺寸的极限偏差及公差,以便选择保证达到产品规定公差要求的设计方案与经济的工艺方法。

8.1.1 术语定义

1. 尺寸链

在机器装配或零件加工过程中,由相互连接的尺寸形成封闭的尺寸组,该尺寸组称为尺寸链。如图 8-1(a)所示,零件经过加工依次得尺寸 A_1、A_2 和 A_3,则尺寸 A_0 也就随之确定。A_0、A_1、A_2 和 A_3 形成尺寸链,如图 8-1(b)所示,尺寸 A_0 在零件图上是根据加工顺序来确定,在零件图上是不标注的。

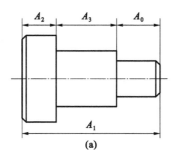
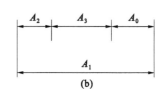

图 8-1 零件尺寸链

如图 8-2(a)所示,车床主轴轴线与尾架顶尖轴线之间的高度差 A_0,尾架顶尖轴线高度 A_1、尾架底板高度 A_2 和主轴轴线高度 A_3 等设计尺寸相互连接成封闭的尺寸组,形成尺寸链,如图 8-2(b)所示。

2. 环

尺寸链中的每一个尺寸,都称为环。如图 8-1 和图 8-2 中的 A_0、A_1、A_2 和 A_3,都是环。

(1)封闭环 尺寸链中在装配过程或加工过程最后自然形成的一环,它也是确保机器装配精度要求或零件加工质量的一环,封闭环加下角标"0"表示。任何一个尺寸链中,只有一个封闭环。如图 8-1 和图 8-2 所示的 A_0 是封闭环。

(2)组成环 尺寸链中除封闭环以外的其他各环都称为组成环,如图 8-1 和图 8-2 中的

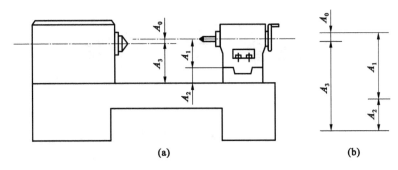

图 8-2　装配尺寸链

A_1、A_2 和 A_3。组成环用拉丁字母 A、B、C…或希腊字母 α、β、γ…再加下角标"i"表示,序号 $i=$ $1,2,3,\cdots,m$。同一尺寸链的各组成环,一般用同一字母表示。

组成环按其对封闭环影响的不同,又分为增环与减环。

增环　当尺寸链中其他组成环不变时,某一组成环增大,封闭环亦随之增大,则该组成环称为增环。如图 8-1 中,若 A_1 增大,A_0 将随之增大,所以 A_1 为增环。

减环　当尺寸链中其他组成环不变时,某一组成环增大,封闭环反而随之减小,则该组成环称为减环。如图 8-1 中,若 A_2 和 A_3 增大,A_0 将随之减小,所以 A_2 和 A_3 为减环。

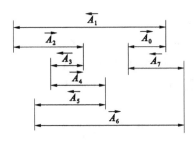

图 8-3　回路法判别增、减环

有时增、减环的判别不是很容易,如图 8-3 所示的尺寸链,当 A_0 为封闭环时,增、减环的判别就较困难,这时可用回路法进行判别。方法是从封闭环 A_0 开始顺着一定的路线标箭头,凡是箭头方向与封闭环的箭头方向相反的环,便是增环,箭头方向与封闭环的箭头方向相同的环,便为减环。如图 8-3 所示,A_1、A_3、A_5 和 A_7 为增环,A_2、A_4、A_6 为减环。

3. 传递系数 ξ

表示各组成环对封闭环影响大小的系数,称为传递系数。

尺寸链中封闭环与组成环的关系,表现为函数关系,即

$$A_0 = f(A_1, A_2, \cdots, A_m)$$

对于第 i 个组成环的传递系数为

$$\xi_i = \frac{\partial f}{\partial A_i} \quad (1 \leqslant i \leqslant m)$$

一般直线尺寸链 $\xi=1$,且对增环 ξ_i 为正值,对减环 ξ_i 为负值。

8.1.2　尺寸链的类型

1. 按在不同生产过程中的应用情况划分

(1)装配尺寸链　在机器设计或装配过程中,由一些相关零件形成有联系封闭的尺寸组,称为装配尺寸链,如图 8-2 所示。

(2)零件尺寸链　同一零件上由各个设计尺寸构成相互有联系封闭的尺寸组,称为零件尺寸链,如图 8-1 所示。设计尺寸是指图样上标注的尺寸。

(3)工艺尺寸链　零件在机械加工过程中,同一零件上由各个工艺尺寸构成相互有联系封闭的尺寸组,称为工艺尺寸链。工艺尺寸是指工序尺寸、定位尺寸和基准尺寸。

装配尺寸链与零件尺寸链统称为设计尺寸链。

2. 按组成尺寸链各环在空间所处的形态划分

（1）直线尺寸链　尺寸链的全部环都位于两条或几条平行的直线上,称为直线尺寸链。如图 8-1、图 8-2、图 8-3 所示尺寸链。

（2）平面尺寸链　尺寸链的全部环都位于一个或几个平行的平面上,但其中某些组成环不平行于封闭环,这类尺寸链,称为平面尺寸链。如图 8-4 所示即为平面尺寸链。将平面尺寸链中各有关组成环按平行于封闭环方向投影,就可将平面尺寸链简化为直线尺寸链来计算。

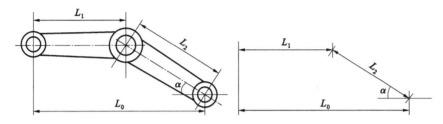

图 8-4　平面尺寸链

（3）空间尺寸链　尺寸链的全部环位于空间不平行的平面上,称为空间尺寸链。

对于空间尺寸链,一般按三维坐标分解,化为平面尺寸链或直线尺寸链,然后根据需要,在某个特定平面上求解。

3. 按构成尺寸链各环的几何特征分

（1）长度尺寸链　表示零件两要素之间距离的为长度尺寸,由长度尺寸构成的尺寸链,称为长度尺寸链,如图 8-1、图 8-2 所示尺寸链。其各环位于平行线上。

（2）角度尺寸链　表示两要素之间位置的为角度尺寸,由角度尺寸构成的尺寸链,称为角度尺寸链。其各环尺寸为角度量,或平行度、垂直度等。如图 8-5 为由各角度所组成的封闭多边形,这时 α_1、α_2、α_3 及 α_0 构成一个角度尺寸链。

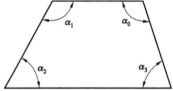

图 8-5　角度尺寸链

8.2　极值法求解尺寸链

极值法是按各环的极限值进行尺寸链计算的方法。这种方法的特点是从保证完全互换着眼,由各组成环的极限尺寸计算封闭环的极限尺寸,从而求得封闭环公差,所以这种方法又称为完全互换法。

8.2.1　极值法解尺寸链的基本公式

1. 封闭环的基本尺寸 A_0

封闭环的基本尺寸等于所有增环的基本尺寸 A_i 之和减去所有减环的基本尺寸 A_j 之和。用公式表示为

$$A_0 = \sum_{i=1}^{n} A_i - \sum_{j=n+1}^{m} A_j \tag{8-1}$$

式中　n——增环环数;

　　　m——全部组成环数。

2. 封闭环的最大极限尺寸 $A_{0\max}$

封闭环的最大极限尺寸等于所有增环的最大极限尺寸之和减去所有减环的最小极限尺寸之和。用公式表示为

$$A_{0\max} = \sum_{i=1}^{n} A_{i\max} - \sum_{j=n+1}^{m} A_{j\min} \tag{8-2}$$

3. 封闭环的最小极限尺寸 $A_{0\min}$

封闭环最小极限尺寸等于所有增环的最小极限尺寸之和减去所有减环的最大极限尺寸之和。用公式表示为

$$A_{0\min} = \sum_{i=1}^{n} A_{i\min} - \sum_{j=n+1}^{m} A_{j\max} \tag{8-3}$$

4. 封闭环的上偏差 ES_0

由式(8-2)减式(8-1)得

$$ES_0 = \sum_{i=1}^{n} ES_i - \sum_{j=n+1}^{m} EI_j \tag{8-4}$$

5. 封闭环的下偏差 EI_0

由式(8-3)减式(8-1)得

$$EI_0 = \sum_{i=1}^{n} EI_i - \sum_{j=n+1}^{m} ES_j \tag{8-5}$$

6. 封闭环公差 T_0

由式(8-4)减式(8-5)得

$$T_0 = \sum_{i=1}^{m} T_i \tag{8-6}$$

即封闭环公差等于所有组成环公差之和。由式(8-6)看出：

(1) $T_0 > T_i$，即封闭环公差最大，精度最低。因此，在零件尺寸链中应尽可能选取最不重要的尺寸作为封闭环。在装配尺寸链中，封闭环往往是装配后应达到的要求，不能随意选定。

(2) T_0 一定时，组成环数越多，则各组成环公差必然越小，经济性越差。因此，设计中应遵守"最短尺寸链"原则，即使组成环数尽可能少。

8.2.2　校核计算

已知各组成环的基本尺寸和极限偏差，求封闭环的基本尺寸和极限偏差，以校核几何精度设计的正确性。

例 8-1　在图 8-6(a)所示齿轮部件中，轴是固定的，齿轮在轴上回转，设计要求齿轮左、右端面与挡环之间有间隙，现将此间隙集中在齿轮右端面与右挡环左端面之间，按工作条件，要求 $A_0 = 0.10 \sim 0.45$ mm，已知 $A_1 = 43^{+0.20}_{+0.10}$ mm，$A_2 = A_5 = 5^{\,0}_{-0.05}$ mm，$A_3 = 30^{\,0}_{-0.10}$ mm，$A_4 = 3^{\,0}_{-0.05}$ mm。试问所规定的零件公差及极限偏差能否保证齿轮部件装配后的技术要求？

解　(1) 画尺寸链图，区分增环、减环。

齿轮部件的间隙 A_0 是装配过程最后形成的，是尺寸链的封闭环，$A_1 \sim A_5$ 是 5 个组成环，如图 8-6(b)所示，其中 A_1 是增环，A_2、A_3、A_4、A_5 是减环。

(2) 封闭环的基本尺寸。将各组成环的基本尺寸，代入式(8-1)得

$$A_0 = A_1 - (A_2 + A_3 + A_4 + A_5) = [43 - (5 + 30 + 3 + 5)] \text{ mm} = 0$$

(3) 校核封闭环的极限尺寸。由式(8-2)和式(8-3)

$$A_{0max} = A_{1max} - (A_{2min} + A_{3min} + A_{4min} + A_{5min})$$
$$= [43.20 - (4.95 + 29.90 + 2.95 + 4.95)] \text{ mm}$$
$$= 0.45 \text{ mm}$$

$$A_{0min} = A_{1min} - (A_{2max} + A_{3max} + A_{4max} + A_{5max})$$
$$= [43.10 - (5 + 30 + 3 + 5)] \text{ mm}$$
$$= 0.10 \text{ mm}$$

(4) 校核封闭环的公差。将各组成环的公差,代入式(8-6),得

$$T_0 = T_1 + T_2 + T_3 + T_4 + T_5$$
$$= (0.10 + 0.05 + 0.10 + 0.05 + 0.05) \text{mm}$$
$$= 0.35 \text{ mm}$$

计算结果表明,所规定的零件公差及极限偏差恰好能保证齿轮部件装配的技术要求。

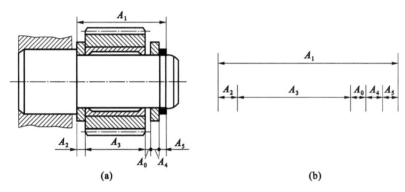

图 8-6 校核计算示例

8.2.3 设计计算

已知封闭环的尺寸和极限偏差,求各组成环的公称尺寸和极限偏差,即合理分配各组成环公差问题。各组成环公差的确定可用两种方法,即等公差法和等公差等级法。

1. 等公差法

等公差法是假设各组成环的公差值是相等的,按照已知的封闭环公差 T_0 和组成环环数 m,计算各组成环的平均公差 T,即

$$T = \frac{T_0}{m} \tag{8-7}$$

在此基础上,根据各组成环的尺寸大小、加工的难易程度对各组成环公差做适当调整,满足组成环公差之和等于封闭环公差的关系。

2. 等公差等级法

等公差等级法假设各组成环的公差等级相等,对于尺寸≤500 mm,公差等级在 IT5～IT18 范围内,公差值的计算公式为 IT=ai,按照已知的封闭环公差 T_0 和各组成环的公差因子 i,计算各组成环的平均公差等级系数 a,即

$$a = \frac{T_0}{\sum i} \tag{8-8}$$

为了方便计算,各尺寸分段的 i 值列于表 8-1。

表 8-1　尺寸≤500 mm 各尺寸分段的公差因子值

分段尺寸	≤3	3~6	6~10	10~18	18~30	30~50	50~80	80~120	120~180	180~250	250~315	315~400	400~500
$i/\mu m$	0.54	0.73	0.90	1.08	1.31	1.56	1.86	2.17	2.52	2.90	3.23	3.54	3.89

　　求出 a 值后，将其与标准公差计算公式表相比较，得出最接近的公差等级后，可按该等级查标准公差表，求出组成环的公差值，从而进一步确定各组成环的极限偏差。各组成环的公差应满足组成环之和等于封闭环公差的关系。

　　例 8-2　如图 8-7(a)所示为某齿轮箱的一部分，根据使用要求，间隙 $A_0 = 1 \sim 1.75$ mm，若已知：$A_1 = 140$ mm，$A_2 = 5$ mm，$A_3 = 101$ mm，$A_4 = 50$ mm，$A_5 = 5$ mm。试按极值法计算 $A_1 \sim A_5$ 各尺寸的极限偏差与公差。

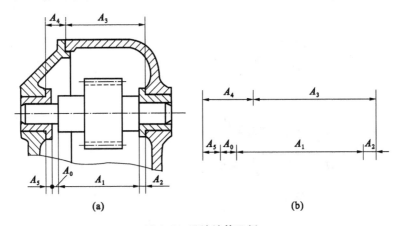

(a)　　　　　　　　　　(b)

图 8-7　设计计算示例

　　解　（1）画尺寸链图，区分增环、减环。

　　间隙 A_0 是装配过程最后形成的，是尺寸链的封闭环，$A_1 \sim A_5$ 是 5 个组成环，如图 8-7(b)所示。其中，A_3、A_4 是增环，A_1、A_2、A_5 是减环。

　　（2）计算封闭环的公称尺寸。由式(8-1)有

$$A_0 = A_3 + A_4 - (A_1 + A_2 + A_5)$$
$$A_0 = [101 + 50 - (140 + 5 + 5)] \text{ mm} = 1 \text{ mm}$$

所以 $A_0 = 1^{+0.750}_{0}$ mm。

　　（3）用等公差等级法确定各组成环的公差。

　　首先计算各组成环的平均公差等级系数 a，由式(8-8)并查表 8-1 得

$$a = \frac{T_0}{\sum i} = \frac{750}{2.52 + 0.73 + 2.17 + 1.56 + 0.73} = 97.3$$

　　由标准公差计算公式表查得，接近 IT11 级。根据各组成环的基本尺寸，从标准公差表查得各组成环的公差为 $T_2 = T_5 = 75$ μm，$T_3 = 220$ μm，$T_4 = 160$ μm。根据各组成的公差之和不得大于封闭环公差，由式(8-6)计算 T_1

$$T_1 = T_0 - (T_2 + T_3 + T_4 + T_5)$$
$$= [750 - (75 + 220 + 160 + 75)] \mu m$$
$$= 220 \mu m$$

（4）确定各组成环的极限偏差。

组成环 A_1 作为调整尺寸，其余按"入体原则"确定各组成环的极限偏差。

$$A_2 = A_5 = 5_{-0.075}^{\quad 0}, \quad A_3 = 101_{\quad 0}^{+0.220}, \quad A_4 = 50_{\quad 0}^{+0.160}$$

（5）计算组成环 A_1 的极限偏差，由式（8-4）和式（8-5）得

$$\mathrm{ES}_0 = \mathrm{ES}_3 = \mathrm{ES}_4 - \mathrm{EI}_1 - \mathrm{EI}_2 - \mathrm{EI}_5 + 0.75$$

$$= +0.220 + 0.160 - \mathrm{EI}_1 - (-0.075) - (-0.075)$$

$$\mathrm{EI}_1 = -0.22 \text{ mm}$$

$$\mathrm{EI}_0 = \mathrm{EI}_3 + \mathrm{EI}_4 - \mathrm{ES}_1 - \mathrm{ES}_2 - \mathrm{ES}_3$$

$$0 = 0 + 0 - \mathrm{ES}_1 - 0 - 0$$

$$\mathrm{ES}_1 = 0$$

所以，A_1 的极限偏差为 $A_1 = 140_{-0.220}^{\quad 0}$ mm。

8.3　统计法求解尺寸链

极值法是按尺寸链中各环的极限尺寸来计算公差的。但是，由生产时间可知，在成批生产和大量生产中，零件实际尺寸的分布是随机的，多数情况下可考虑呈正态分布或偏态分布。换句话说，如果加工或工艺调整中心接近公差带中心时，大多数零件的尺寸分布于公差带中心附近，靠近极限尺寸的零件数目极少。因此，可利用这一规律，将组成环公差放大，这样不但使零件易于加工，同时又能满足封闭环的技术要求，从而获得更大的经济效益。当然，此时封闭环超出技术要求的情况是存在的，但其概率很小，所以这种方法又称大数互换法。

根据概率论和数理统计的理论，统计法求解尺寸链的基本公式如下。

1. 封闭环公差

由于自大批量生产中，封闭环 A_0 的变化和组成环 A_i 的变化都可视为随机变量，且 A_0 是 A_i 的函数，则可按随机函数的标准偏差的求法，得

$$\sigma_0 = \sqrt{\sum_{i=1}^{m} \xi_i^2 \sigma_i^2} \tag{8-9}$$

式中　$\sigma_0, \sigma_1, \cdots, \sigma_m$——封闭环和各组成环的标准偏差；

　　　$\xi_1, \xi_2, \cdots, \xi_m$——传递系数。

若组成环和封闭环尺寸偏差均服从正态分布，且分布范围与公差带宽度一致，且 $T_i = 6\sigma_i$，此时封闭环的公差与组成环公差有如下关系

$$T_0 = \sqrt{\sum_{i=1}^{m} \xi_i^2 \sigma_i^2} \tag{8-10}$$

如果考虑到各组成环的分布为正态分布时，式中应引入相对分布系数 k_i，对于不同的分布 k_i 值的大小可由表 8-2 查出，则

$$T_0 = \sqrt{\sum_{i=1}^{m} \xi_i^2 k_i^2 T_i^2} \tag{8-11}$$

2. 封闭环中间偏差

上偏差与下偏差的平均值为中间偏差，用 Δ 表示，即

$$\Delta = \frac{\mathrm{ES} + \mathrm{EI}}{2} \tag{8-12}$$

当各组成环为对称分布时,封闭环中间偏差为各组成环中间偏差的代数和,即

$$\Delta_0 = \sum_{i=1}^{m} \xi_i \Delta_i \tag{8-13}$$

当组成环为偏态分布或其他不对称分布时,则平均偏差相对中间偏差之间偏移量为 $e\dfrac{T}{2}$,称为相对不对称系数(对称分布 $e=0$),这时式(8-13)应改为

$$\Delta_0 = \sum_{i=1}^{m} \xi_i \left(\Delta_i + e_i \frac{T}{2} \right) \tag{8-14}$$

表 8-2　典型分布曲线与 k、e 值

分布特征	正态分布	三角分布	均匀分布	瑞利分布	偏态分布	
					外尺寸	内尺寸
分布曲线	-3σ 3σ			$e\frac{T}{2}$	$e\frac{T}{2}$	$e\frac{T}{2}$
e	0	0	0	-0.28	0.26	-0.26
k	1	1.22	1.73	1.14	1.17	1.17

3. 封闭环极限偏差

封闭环上偏差等于中间偏差加二分之一封闭环公差,下偏差等于中间偏差减二分之一封闭环公差,即

$$\mathrm{ES}_0 = \Delta_0 + \frac{1}{2} T_0, \quad \mathrm{EI}_0 = \Delta_0 - \frac{1}{2} T_0 \tag{8-15}$$

例 8-3　用统计法解例 8-2。

解　步骤(1)和(2)同例 8-2。

(3) 确定各组成环公差。

设备组成环尺寸偏差均接近正态分布,则 $k_i=1$,又因该尺寸链为线性尺寸链,故 $|\xi_i|=1$,按等公差等级法,由式(8-11)得

$$T_0 = \sqrt{T_1^2 + T_2^2 + T_3^2 + T_4^2 + T_5^2} = a \sqrt{i_1^2 + i_2^2 + i_3^2 + i_4^2 + i_5^2}$$

所以

$$a = \frac{T_0}{\sqrt{i_1^2 + i_2^2 + i_3^2 + i_4^2 + i_5^2}} = \frac{750}{\sqrt{2.52^2 + 0.73^2 + 2.17^2 + 1.56^2 + 0.73^2}} \approx 196.56$$

由标准公差计算公示表查得接近 IT12 级。根据各组成环的基本尺寸,从标准公差表查得各组成环的公差为 $T_1=400~\mu\mathrm{m}$,$T_2=T_5=120~\mu\mathrm{m}$,$T_3=350~\mu\mathrm{m}$,$T_4=250~\mu\mathrm{m}$。则

$$T_0' = \sqrt{0.4^2 + 0.12^2 + 0.35^2 + 0.25^2 + 0.12^2} = 0.611~\mathrm{mm} < 0.750~\mathrm{mm} = T_0$$

可见,确定的各组成环公差是确定的。

(4) 确定各组成环的极限偏差。

按"入体原则"确定各组成环的极限偏差。

$A_1 = 140^{+0.200}_{-0.200}~\mathrm{mm}$,　$A_2 = A_5 = 5^{0}_{-0.120}~\mathrm{mm}$,　$A_3 = 101^{+0.350}_{0}~\mathrm{mm}$,　$A_4 = 50^{+0.250}_{0}~\mathrm{mm}$

(5) 校对确定的各组成环的极限偏差能否满足使用要求。

设各组成环尺寸偏差均接近正态分布,则 $e_i=0$。

计算封闭环的中间偏差,由式(8-13)得

$$\Delta_0' = \sum_{i=1}^{5} \xi_i \Delta_i = \Delta_3 + \Delta_4 - \Delta_1 - \Delta_2 - \Delta_5 = 0.420 \text{ m}$$

计算封闭环的极限偏差,由式(8-15)得

$$\text{ES}_0' = \Delta_0' + \frac{1}{2}T_0' = \left(0.420 + \frac{1}{2} \times 0.611\right) \text{ mm} \approx 0.726 \text{ mm} < 0.750 \text{ mm} = \text{ES}_0$$

$$\text{EI}_0' = \Delta_0' - \frac{1}{2}T_0' = \left(0.420 - \frac{1}{2} \times 0.611\right) \text{ mm} \approx 0.115 \text{ mm} > 0 = \text{EI}$$

以上计算说明,确定的组成环极限偏差是满足使用要求的。

由例 8-2 和例 8-3 相比较可以算出,用概率法计算尺寸链,可以在不改变技术要求的封闭环公差的情况下,组成环公差放大约 60%,而实际上出现不合格件的可能性却很小(仅有 0.27%),这会给生产带来显著的经济效益。

习题 8

8-1　有一孔、轴配合,装配前轴需镀铬,镀铬层厚度是 $8\sim12$ μm,镀铬后应满足 $\phi80\text{H}8/\text{f}7$,问轴在镀铬前的尺寸及其极限偏差为多少?

8-2　如图 8-8 所示的零件,封闭环为 A_0,其尺寸变动范围应为 $11.9\sim12.1$ mm,试按极值法校核图中的尺寸标注能否满足尺寸 A_0 的要求。

8-3　在图 8-6(a)所示齿轮部件中,已知:$A_1 = 43$ mm,$A_2 = A_5 = 5$ mm,$A_3 = 30$ mm,$A_4 = 3$ mm,各组成环的尺寸偏差的分布均为正态分布。试用统计法确定各组成环的极限偏差,以保证安装要求 $A_0 = (0.10\sim0.45)$ mm。

8-4　在孔中插键槽,如图 8-9 所示,其加工顺序为:加工孔 $A_1 = \phi40^{+0.1}_{0}$ mm,插键槽 A_2,磨孔至 $A_3 = \phi40.6^{+0.05}_{0}$ mm,最后要求得到 $A_0 = 44^{+0.8}_{0}$ mm,求 A_2。

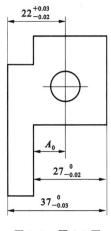

图 8-8　题 8-2 图

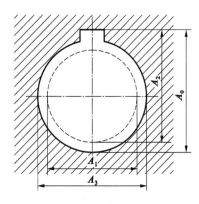

图 8-9　题 8-4 图

第9章 渐开线圆柱齿轮传动的互换性

9.1 概 述

齿轮是机器和仪器中使用较多的传动件,尤其是渐开线圆柱齿轮的应用更为广泛。齿轮的精度在一定程度上影响着整台机器或仪器的质量和工作性能。而齿轮的精度又取决于各主要组成零部件齿轮副、轴、轴承及箱体的制造安装精度,其中齿轮本身的制造精度及齿轮副的安装精度起主要作用。

目前,我国制定了两项渐开线圆柱齿轮精度标准和四个有关圆柱齿轮精度检验实施规范的指导性技术文件,分别是 GB/T 10095.1—2008《圆柱齿轮 精度制 第1部分:轮齿同侧齿面偏差的定义和允许值》、GB/T 10095.2—2008《圆柱齿轮 精度制 第2部分:径向综合偏差与径向跳动的定义和允许值》和 GB/Z 18620.1—2008《圆柱齿轮 检验实施规范 第1部分:轮齿同侧齿面的检验》、GB/Z 18620.2—2008《圆柱齿轮 检验实施规范 第2部分:径向综合偏差、径向跳动、齿厚和侧隙的检验》、GB/Z 18620.3—2008《圆柱齿轮 检验实施规范 第3部分:齿轮坯、轴中心距和轴线平行度的检验》、GB/Z 18620.4—2008《圆柱齿轮 检验实施规范 第4部分:表面结构和轮齿接触斑点的检验》。

下面结合指导性技术文件,从对齿轮传动的使用要求出发,阐述渐开线圆柱齿轮的主要加工误差、精度评定指标、齿轮坯精度要求以及齿轮精度标准,并通过渐开线圆柱齿轮精度设计的实例,阐述齿轮的设计方法。

9.1.1 圆柱齿轮传动的使用要求

齿轮传动的要求是多方面的,基本的要求有四个方面,即传递运动的准确性、传动的平稳性、载荷分布的均匀性和侧隙的合理性。对不同用途和不同工作条件的齿轮传动,其主要使用要求是不同的,这四项要求是确定齿轮和齿轮副互换性的依据。

1. 齿轮传递运动的准确性

齿轮传递运动的准确性是要求齿轮在转一周范围内,齿轮的最大的转角误差应限制在一定的范围之内。齿轮转一周过程中产生的最大转角误差用 $\Delta\varphi_{\Sigma}$ 来表示。理论上,渐开线齿轮传动中传动比为一常数,从而保证精确的传递运动,但由于齿轮的加工和安装误差,使得齿轮在传动过程中每一个瞬时的传动比都不相同,从而造成了从动齿轮的实际转角偏离理论值而产生了转角误差。传递运动的准确性用最大的转角误差或相应的参数来衡量。

如图 9-1 所示,假设主动齿轮为无误差的理想齿轮,它的各个轮齿相对于它的回转中心 O_1 的分布是均匀的,而从动齿轮的各个轮齿相对于它的回转中心 O_2 的分布是不均匀的。现在不考虑其他误差,当两个齿轮单面啮合而主动齿轮匀速回转时,从动齿轮就会产生不等速回转,从动齿轮每转一齿,转角偏差的变化情况如图 9-2 所示,齿轮转角误差曲线形状呈正弦规律变化,即齿轮转一周中最大的转角误差只出现一次,而且出现最大转角误差时两个轮齿相隔 180°。将最大转角误差转化为弧度并乘以半径则得到线性值,它表示从动齿轮传递运动准确性的精度。

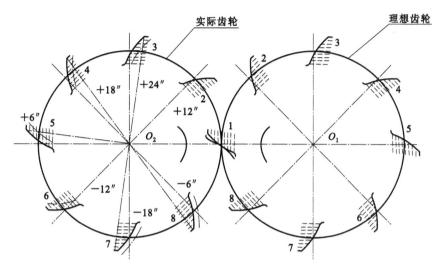

图 9-1　齿轮啮合的转角误差

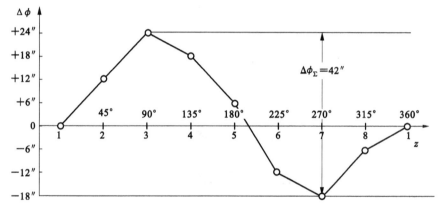

图 9-2　从动齿轮的转角误差曲线

2. 齿轮传动的平稳性

齿轮传动的平稳性是要求齿轮在转过一个较小角度范围内,瞬时传动比变化尽量小,也就是要求齿轮在转过一个齿的范围内,瞬时传动比的变化不超过一定限度,以保证齿轮在传动过程中冲击低、噪声小和振动较小。它可以用转一齿过程中的最大转角误差表示。

可以看出,齿轮传递运动的准确性和平稳性都取决于齿轮传动比的变化量。不同的是,导致齿轮传递运动不准确的是以齿轮回转一周为周期传动比的最大变化量,且波幅大。而影响齿轮传动平稳性的是以齿轮转过一个齿范围内瞬时传动比的变化量,且出现频繁、波幅小。

3. 载荷分布均匀性

齿轮载荷分布均匀性是要求齿轮工作时,齿面接触良好,载荷分布均匀,避免齿轮在传递动力时因载荷分布不匀而使接触应力过大,引起局部齿面过早磨损和折齿,以保证齿轮的承载能力和使用寿命。

4. 传动侧隙的合理性

传动侧隙的合理性是要求齿轮工作时,非工作齿面间留有一定的间隙,以储存润滑油,补偿因温度、弹性变形所引起的尺寸变化和加工、装配时的一些误差。

齿轮的制造精度和齿侧间隙主要根据齿轮的用途和工作条件而定。对于分度传动用的齿轮,如测量仪器的读数齿轮、机床的分度齿轮、自动控制系统和计算机构中的齿轮,主要要求齿轮的运动精度较高;对于高速动力传动用齿轮,如航空发动机、汽轮机中的齿轮,为了减少冲击和噪声,对工作平稳性精度有较高要求;对于重载、低速传动用的齿轮,如轧钢机、起重机、矿石机械中的齿轮,则要求齿面有较高的接触精度,以保证齿轮不致过早磨损;对于换向传动和读数机构用的齿轮,则应严格控制齿侧间隙,必要时须消除间隙。

9.1.2 齿轮的加工误差来源

齿轮轮齿的加工方法很多,最常用的是切削加工。切削加工方法按加工原理可分为仿形法和展成法。仿形法切制齿轮的原理是:在铣床上用与被切齿槽的形状相同的刀具在轮坯上逐个切制齿槽两侧的渐开线齿廓。展成法也称范成法,是当前齿轮加工中最常用的一种方法,插齿、滚齿、磨齿等均属于这种方法。展成法切制齿轮的原理是:加工中保持刀具和轮坯之间按渐开线齿轮啮合的运动关系来切制轮齿。

引起齿轮加工误差的因素很多,加工系统中机床、刀具、齿坯的制造、安装误差均会在加工过程中引起啮合关系的变化。下面以在滚齿机上加工齿轮为例(见图9-3),分析产生齿轮加工误差的主要原因。

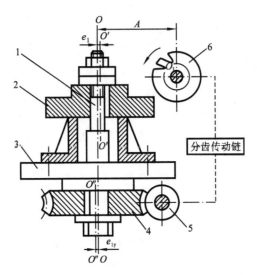

图 9-3 在滚齿机上切齿示意图

1—心轴;2—齿轮坯;3—工作台;4—分度蜗轮;5—分度蜗杆;6—滚刀

1. 几何偏心(e_1)

齿轮齿圈相对于齿轮孔中心的偏心称为几何偏心。这种偏心是由切齿齿坯本身的误差或齿轮基准孔(或基准轴颈)与滚齿机工作台的回转中心安装的不重合而引起的。参考图9-3,在滚齿机上,齿坯安装误差引起齿轮基准轴线 $O'O'$ 与机床工作台回转轴线 OO 不重合,此二轴线的偏移量 e_1 称为几何偏心。由于几何偏心的存在,使被加工齿轮轮齿一边短而宽、一边长而窄,引起齿轮的径向偏差,产生径向跳动。

如图9-4所示,在滚齿过程中,滚刀轴线 O_1O_1 的位置固定不变,工作台回转中心 O 到 O_1O_1 的距离 A 保持不变,齿轮坯基准孔中心 O' 绕工作台回转中心 O 转动,因此在齿轮坯转一周的过程中,其基准孔中心 O' 至滚刀轴线 O_1O_1 的距离 A' 是变动的,其最大距离 A'_{max} 与最小距离 A'_{min} 之差为 $2e_1$。由于齿轮坯基准孔中心 O' 距滚刀时近时远,使齿轮坯相对于滚刀产生径向位移,因而滚刀切齿的各个齿槽的深度不同。若不考虑其他因素的影响,则所切各个轮齿在以 O 为圆心的圆周上是均匀分布的,任意两个相邻轮齿之间的齿距皆相等。但是这些轮齿在以 O' 为圆心的圆周上却是不均匀分布的,各个齿距将不相等。这些齿距由小逐渐变大到最大,而后由最大逐渐变小到最小,类似图 9-1 所示从动齿轮的实际齿距,因此影响所切齿轮传递运动的准确性。

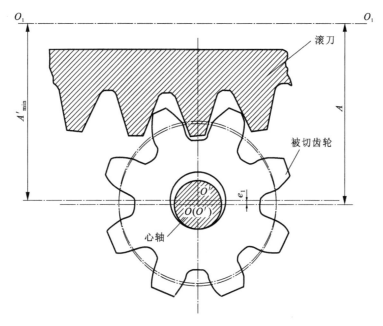

图 9-4　齿轮几何偏心对分布均匀性的影响

2. 运动偏心(e_2)

　　运动偏心是由于齿轮加工机床分度蜗轮本身的制造误差以及安装过程中分度蜗轮轴线 $O''O''$ 与工作台旋转轴线 OO 有安装偏心 e_k 引起的。运动偏心使齿坯相对于滚刀的转速不均匀,而使被加工齿轮的齿廓产生切向位移,因而使所切各个轮齿的齿距在分度圆上分布不均匀。加工齿轮时,蜗杆的线速度是恒定的,而蜗轮、蜗杆中心距产生周期性变化,这就使得蜗轮转速也呈现周期性变化。当蜗轮的角速度由 ω 增加到 $\omega + \Delta\omega$ 时,齿距和公法线均变长;当蜗轮角速度由 ω 减少到 $\omega - \Delta\omega$ 时,切齿滞后使齿距和公法线均变短,这就使得齿轮产生切向周期性变化。这种齿距分布不均匀的误差会按一定比例复映到被切齿轮上,这可以折算成偏心,我们把它称为齿轮的运动偏心 e_2。

3. 机床传动链误差

　　加工直齿轮时,传动链中分度机构各传动元件的误差,尤其是分度蜗杆由于安装偏心引起的径向跳动和轴向窜动,将会造成蜗轮(齿坯)在一周范围内的转速出现多次的变化,引起被加工齿轮的齿距偏差和齿形偏差。加工斜齿轮时,除受分度系统误差影响外,还受差动系统误差的影响。

4. 滚刀制造和安装误差

　　滚刀本身在制造过程中产生的齿距误差、重磨误差等,都会在齿轮加工过程中造成被加工齿轮产生齿距偏差和齿廓偏差。由于滚刀的安装偏心,会使得被加工齿轮产生径向偏差。

滚刀的轴向窜动和轴线倾斜,也会使滚刀的进刀方向与轮齿的理论方向产生偏差,造成所加工齿面沿齿长方向倾斜,产生齿廓偏差,影响齿轮载荷分布的均匀性。

9.1.3　齿轮的加工误差分类

在切制齿轮过程中,产生工艺系统误差的因素有很多种,导致被加工齿轮的误差也有很多种。为了分析齿轮各种误差的性质、规律以及对传动精度的影响,将齿轮的加工误差按不同规律分类。

1. 按齿轮误差出现的频率分

按齿轮误差出现的频率分为长周期误差和短周期误差。

齿廓的形成是滚刀对齿坯周期地连续切制的结果,因此,齿轮的加工误差具有周期性的特点。

齿轮回转一周出现一次的误差称为长周期误差,也称低频误差(见图 9-5(a))。齿轮加工过程中,几何偏心和运动偏心所产生的误差均属于长周期误差。它以齿轮回转一周为周期,直接影响齿轮传递运动的准确性,高速时还会影响齿轮传动的平稳性。

齿轮转过一个齿出现一次或多次的误差称为短周期误差,也称高频误差(见图 9-5(b))。机床的传动链误差、滚刀的制造和安装误差引起的齿轮误差均属于短周期误差。它以分度蜗杆转一周或者齿轮转一齿为周期,误差一次或多次重复出现,短周期误差主要影响齿轮传动的平稳性。

实际上,在齿轮的加工过程中,各种工艺系统误差同时存在,导致齿轮的加工误差是一条复杂周期函数曲线,既包含长周期误差,也包含短周期误差(见图 9-5(c))。

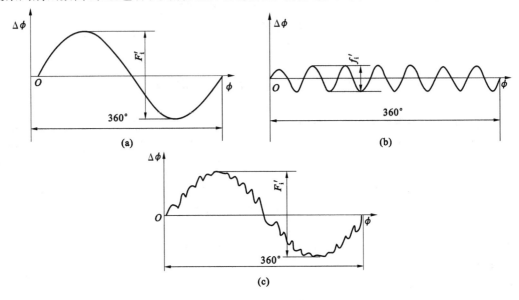

图 9-5　齿轮的周期性偏差

2. 按齿轮误差的方向分

按齿轮误差的方向分为径向误差、切向误差、轴向误差和展成面误差。

径向误差是指被切齿轮和刀具之间径向距离的偏差。产生径向误差的主要原因是齿坯在机床上的安装偏心和刀具径向跳动等。

切向误差是指刀具和被切齿轮间的展成运动的破坏或分度不准确产生的误差。如齿轮机床分度传动链误差、分度蜗轮副的误差、展成运动链中进给丝杠的误差,都是产生切向误差的主要根源。

　　轴向误差是指刀具沿被切齿轮轴线位移的误差。它主要由机床导轨与工作台回转轴线的平行度、齿坯歪斜以及进给传动链误差引起。

　　展成面误差是指切齿刀具展成面的误差。主要由刀具的制造误差、刃磨误差以及采用近似成形理论所引起的误差。

9.2　齿轮精度的评定指标及测量

　　我国制定了两项渐开线圆柱齿轮精度标准的指导性技术文件。分别是 GB/T 10095.1—2008《圆柱齿轮　精度制　第 1 部分：轮齿同侧齿面偏差的定义和允许值》、GB/T 10095.2—2008《圆柱齿轮　精度制　第 2 部分：径向综合偏差与径向跳动的定义和允许值》。为了评定齿轮的三项精度，国标中规定了强制性检测精度指标：齿距偏差（单个齿距偏差、齿距累积偏差、齿距累积总偏差）、齿廓总偏差和螺旋线总偏差。为了评定齿轮的齿厚减薄量，常用的指标是齿厚偏差或公法线长度偏差。按强制性检测精度指标检测合格后，在工艺条件不变的条件下，可以进一步用非强制性检测精度指标来评定齿轮传递运动的准确性和传动平稳性的精度。非强制性检测精度指标包括：切向综合总偏差和一齿切向综合偏差、径向跳动以及径向综合总偏差和一齿径向综合偏差。下面重点详述各项齿轮精度评定指标的定义和测量方法。

9.2.1　轮齿同侧齿面偏差

1. 齿距偏差
1）单个齿距偏差（f_{pt}）
　　单个齿距偏差 f_{pt} 是指在端平面上，在接近齿高中部的一个与齿轮轴线同心的圆上，实际齿距与理论齿距的代数差（见图 9-6）。

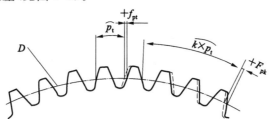

图 9-6　齿轮单个齿距偏差 f_{pt} 与齿距累积偏差 F_{pk}

$\widehat{p_t}$—单个理论齿距；D—接近齿高中部的圆；
——实际齿廓；---理论齿廓

　　当齿轮存在齿距偏差时，无论实际齿距比公称齿距大还是小，都会在一对齿啮合完了而另一对齿进入啮合时，由于齿距的偏差造成主动齿轮和被动齿轮发生冲撞，从而影响齿轮传动的平稳性。

　　单个齿距偏差 f_{pt} 是评定齿轮传动平稳性的强制性检测精度指标。

　　2）齿距累积偏差（F_{pk}）

　　齿距累积偏差 F_{pk} 是指任意 k 个齿距的实际弧长与理论弧长的代数差（见图 9-6），理论上它等于这 k 个齿距的各单个齿距偏差的代数和。除另有规定，F_{pk} 的允许值适用于齿距 k 为 $2\sim z/8$ 的弧段。一般，取 $k\approx z/8$ 就足够了，对于特殊应用的高速齿轮还需检验较小弧段，并规定相应的 k 值。

齿距累积偏差实际上是控制了局部圆周上（$2\sim z/8$ 个齿距）的齿距累积偏差，如果此项偏差过大，将会产生振动和噪声，对齿轮传动产生不利的影响。

3）齿距累积总偏差（F_p）

齿距累积总偏差 F_p 是指齿轮同侧齿面任意弧段（$k=1\sim z$）内的最大齿距累积偏差。它表现为齿距累积偏差曲线的总幅值（见图 9-7）。齿距累积总偏差 F_p 反映了齿轮转一周中传动比的变化，因此可反映出齿轮传递运动的准确性。

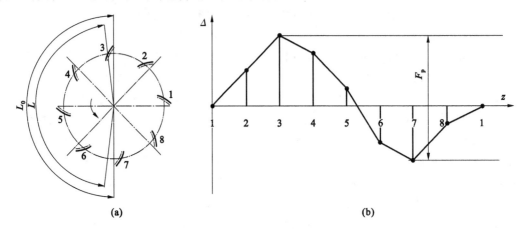

图 9-7　齿轮齿距累积总偏差

(a) 齿距分布不均匀；(b) 齿距偏差曲线

L—实际弧长；L_0—理论弧长；z—齿序；$1,2,\cdots,8$—轮齿序号

Δ—轮齿实际位置（粗实线齿廓）对其理想位置（点画线齿廓）的偏差

齿距累积总偏差 F_p 是评定齿轮传递运动准确性的强制性检测精度指标，有时还要增加齿距累积偏差 F_{pk}。对于一般齿轮传动，不需要评定齿距累积偏差 F_{pk}。

4）齿距偏差的检测

从测得的各个齿距的偏差中找出最大值和最小值，其差值即为齿距累积总偏差 F_p；找出绝对值最大值即为单个齿距偏差 f_{pt}；将每相邻 k 个偏差数值相加得到 k 个齿距的偏差值，其中最大差值即为 k 个齿距累积偏差 F_{pk}。

（1）绝对法测量齿距偏差　绝对法测量就是把实际齿距直接与理论齿距比较，得到齿距偏差的角度值或线性值的方法。如图 9-8 所示，利用回转轴线与被测齿轮的基准轴线同轴的分度装置，如分度盘、分度头等，精确分度，使得各齿距角等于理论齿距角即 $360^\circ/z$（z 为被测齿轮的齿数）。将位置固定的测量装置的一个测头与齿面在接近齿高中部的一个圆上接触来进行测量，在切向读取示数，这些偏差经过数据处理即可求出齿距偏差。

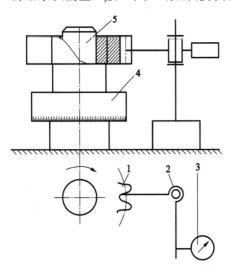

图 9-8　用绝对法在分度装置上测量齿距偏差时的示意图

1—被测齿轮；2—测量杠杆；
3—指示表；4—分度装置；5—心轴

例 9-1　采用图 9-8 所示的绝对测量法，测量某齿数为 8 的从动直齿圆柱齿轮左齿面的齿距偏差。测

量时指示表的起始度数为零,依次测量得到数据如下(单位:μm):$+12,+24,+18,+6,-12,-18,-6,0$。根据这些数据,求解该齿轮左齿面的齿距累积总偏差 F_p、两个齿距累积偏差 F_{p2} 和单个齿距偏差 f_{pt}。

解　数据处理过程及结果见表 9-1 所示。

表 9-1　用绝对法测量齿距偏差所得的数据及相应的数据处理　　　　　　(单位:μm)

轮齿序号	1→2	1→3	1→4	1→5	1→6	1→7	1→8	8→1
齿距序号 p_i	p_1	p_2	p_3	p_4	p_5	p_6	p_7	p_8
指示表示值 (齿距偏差逐齿累积值)	$+12$	$\boxed{+24}$	$+18$	$+6$	-12	$\boxed{-18}$	-6	0
$p_i-p_{i-1}=f_{pti}$	$+12$	$+12$	-6	-12	$\boxed{-18}$	-6	$+12$	$+6$

齿距累积总偏差为被测齿轮任意两个同侧齿面间的实际弧长与理论弧长的代数差中的最大绝对值,它等于指示表所有示值中的正、负极值之差的绝对值,即

$$F_p = (+24)\ \mu m - (-18)\ \mu m = 42\ \mu m$$

两个齿距累积偏差等于连续两个齿距的单个齿距偏差的代数和最大。即

$$F_{p2} = (-12)\ \mu m + (-18)\ \mu m = -30\ \mu m$$

单个齿距偏差的最大值为 p_5 的齿距偏差。即

$$f_{ptmax} = -18\ \mu m$$

(2) 相对法测量齿距偏差　齿距偏差的检验一般在齿距比较仪上进行,属于相对测量法。如图 9-9 所示,用齿距比较仪测量齿距偏差时,用定位支脚 1 和 4 在被测齿轮的齿顶圆上定位,令固定量爪 2 和活动量爪 3 的测头分别与相邻的两个同侧齿面在接近齿高中部的一个圆上接触,以被测齿轮上任意一个实际齿距作为基准齿距,用它调整指示表的示值零位。然后,用这个调整好示值零位的量仪依次测出其余齿距对基准齿距的偏差,按圆周封闭原理,即同一齿轮所有齿距偏差的代数和为零,进行数据处理,求出齿距偏差。

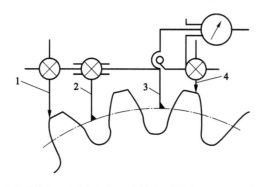

图 9-9　用相对法并使用双测头式齿距比较仪测量齿距偏差时的示意图
1,4—定位支脚;2—固定量爪;3—活动量爪

例 9-2　按图 9-9 所示的相对测量方法,测量齿数 z 为 12 的直齿轮右齿面的齿距偏差。测量时以第一个实际齿距 p_1 作为基准齿距,调整量仪指示表的示值零位,然后依次测出其余齿距对基准齿距的偏差。由指示表依次测得数据如下(单位:μm):$0,+5,+5,+10,-20,-10,-20,-18,-10,-10,+15,+5$。根据这些数据,求解齿轮右齿面的齿距累积总偏差 F_p、三个齿距累积偏差 F_{p3} 和单个齿距偏差 f_{pt}。

解　数据处理过程及结果如表 9-2 所示。

表 9-2　　用相对法测量齿距偏差所得的数据及相应的数据处理　　　　　　（单位：μm）

轮齿序号	1→2	2→3	3→4	4→5	5→6	6→7	7→8	8→9	9→10	10→11	11→12	12→1
齿距序号 p_i	p_1	p_2	p_3	p_4	p_5	p_6	p_7	p_8	p_9	p_{10}	p_{11}	p_{12}
指示表示数（实际齿距对基准齿距的偏差）	0	+5	+5	+10	−20	−10	−20	−18	−10	−10	+15	+5
各个示值的平均值 $p_m = \dfrac{1}{12}\sum\limits_{i=1}^{12} p_i$	−4											
$p_i - p_m = f_{pti}$	+4	+9	+9	+14	−16	−6	−16	−14	−6	−6	+19	+9
$p_\Sigma = \sum\limits_{i=1}^{12}(p_i - p_m)$（齿距偏差逐齿累积值）	+4	+13	+22	+36	+20	+14	−2	−16	−22	−28	−9	0

齿距累积总偏差为被测齿轮任意两个同侧齿面间的实际弧长与理论弧长的代数差中的最大绝对值，也就是所有齿距偏差逐齿累积值 p_Σ 中的正、负极值之差的绝对值。即

$$F_p = [(+36) - (-28)]\ \mu m = 64\ \mu m$$

三个齿距累积偏差等于连续三个齿距的单个齿距偏差的代数和最大值。即

$$F_{p3} = [(-16) + (-6) + 16]\ \mu m = -38\ \mu m$$

单个齿距偏差的最大值为 p_{11} 的齿距偏差。即

$$f_{ptmax} = +19\ \mu m$$

2. 齿廓偏差

齿廓偏差是实际齿廓偏离设计齿廓的量，该量在端平面内且垂直于渐开线齿廓的方向计值。两条端面基圆切线长度之差称为可用长度 L_{AF}。可用长度对应有效齿廓的那部分称为有效长度 L_{AE}。从齿廓有效长度内扣除齿顶倒棱部分的长度称为齿廓计值范围 L_α。

1）齿廓总偏差（F_α）

齿廓总偏差 F_α 是指在计值范围 L_α 内，包容实际齿廓迹线间的距离（见图 9-10（a）），即过齿廓迹线最高点、最低点所作的设计齿廓迹线的两条平行线间的距离。如果齿轮存在 F_α，其齿廓就不是标准的渐开线，不能保证瞬时传动比为常数，容易产生振动与噪声，因此齿廓总偏差是影响齿轮传动平稳性的主要因素。

齿廓总偏差 F_α 是评定齿轮传动平稳性的强制性检测精度指标。

生产中，为了进一步分析影响齿廓总偏差的误差因素，又把齿廓总偏差细分为齿廓形状偏差 $f_{f\alpha}$ 和齿廓倾斜偏差 $f_{H\alpha}$。

2）齿廓形状偏差（$f_{f\alpha}$）

齿廓形状偏差 $f_{f\alpha}$ 是指在计值范围 L_α 内，包容实际齿廓迹线的与平均齿廓迹线完全相同的两条迹线间的距离，且两条曲线与平均齿廓迹线的距离为常数（见图 9-10（b））。

3）齿廓倾斜偏差（$f_{H\alpha}$）

齿廓倾斜偏差 $f_{H\alpha}$ 是指在计值范围 L_α 内，两端与平均齿廓迹线相交的两条设计齿廓迹线间的距离（见图 9-10（c））。齿廓倾斜偏差的产生主要是由于压力角偏差造成的，也可以按照下式换算成压力角偏差：

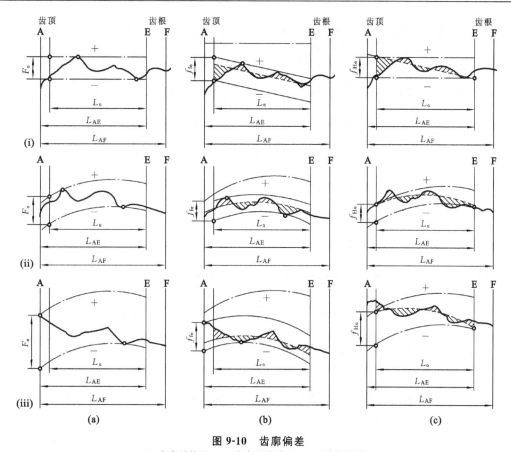

图 9-10　齿廓偏差

(a) 齿廓总偏差；(b) 齿廓形状偏差；(c)齿廓倾斜偏差

(i) 设计齿廓：未修形的渐开线，实际齿廓：在减薄区偏向体内

(ii) 设计齿廓：修形的渐开线，实际齿廓：在减薄区偏向体内

(iii) 设计齿廓：修形的渐开线，实际齿廓：在减薄区偏向体外

——————设计齿廓；———— 实际齿廓；－－－－－平均齿廓

$$f_\alpha = \frac{f_{H\alpha}}{(L_\alpha \tan\alpha_t) \times 10^3} \quad （弧度）$$

在齿轮设计中，对于高速传动齿轮，考虑到制造误差和轮齿受载后的弹性变形，为了降低噪声和减小动载荷的影响，也可以采用以渐开线为基础的修形齿廓，如凸齿形、修缘齿形等，如图 9-10 所示。所以，设计齿形可以是渐开线齿形，也可以是这种修形齿形。

4）齿廓偏差的检测

齿廓偏差的检测通常在渐开线检测仪上进行，如图 9-11所示为单盘式渐开线检测仪原理图。该仪器用比较法进行齿廓偏差的测量，也就是对产品齿轮（正在被测量或评定的齿轮）的齿形与理论渐开线比较，从而得出齿廓偏差。产品齿轮 1 与可更换的摩擦基圆盘 2 装在同一轴上，基圆盘直径要精确等于被测齿轮的理论基圆直径，并与装在滑板 4 上的直尺 3 以一定的压力相接触。当转动丝杠 5 使滑板 4 移动时，直尺 3

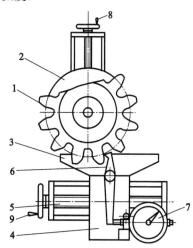

图 9-11　单盘式渐开线检测仪原理图

1—产品齿轮；2—基圆盘；3—直尺；4—滑板；
5—丝杠 6—测量杠杆；7—指示表；8、9—手轮便与基圆盘 2 做纯滚动,此时齿轮也同步转动。在滑板 4 上装有测量杠杆 6,它的一端为测量头,与产品齿轮接触,其接触点刚好在直尺 3 与基圆盘 2 相切的平面上,它走出的轨迹应为理论渐开线,但由于齿面存在齿形偏差,因此在测量过程中测头就产生了偏移并通过指示表 7 指示出来,或由记录器画出齿廓偏差曲线,按齿廓偏差的定义可以从记录曲线上求出齿廓总偏差 F_α,也可以从曲线上进一步分析出齿廓形状偏差 $f_{f\alpha}$ 和齿廓倾斜偏差 $f_{H\alpha}$。

3. 螺旋线偏差

螺旋线偏差是指在端面基圆切线方向上测得的实际螺旋线偏离设计螺旋线的量。与齿宽成正比而不包括齿端倒角或修缘在内的长度,称为迹线长度。在齿宽上从轮齿两端处各扣除倒角或修缘部分,称为计值范围 L_β。

1) 螺旋线总偏差(F_β)

螺旋线总偏差 F_β 是指在计值范围 L_β 内,包容实际螺旋线迹线的两条设计螺旋线迹线间的距离(见图 9-12(a))。

在齿宽方向上,螺旋线总偏差 F_β 是评定齿轮载荷分布均匀性的强制性检测精度指标。

凡符合设计规定的螺旋线都是设计螺旋线。为了减小齿轮的制造误差和安装误差对齿轮载荷分布均匀性的不利影响,以及补偿轮齿在受载下的变形,提高齿轮的承载能力,也可以

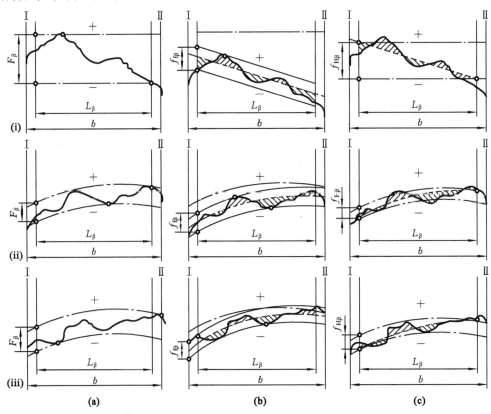

图 9-12　螺旋线偏差

(a) 螺旋线总偏差;(b) 螺旋线形状偏差;(c) 螺旋线倾斜偏差

(i) 设计螺旋线:未修形的螺旋线,实际螺旋线:在减薄区偏向体内

(ii) 设计螺旋线:修形的螺旋线,实际螺旋线:在减薄区偏向体内

(iii) 设计螺旋线:修形的螺旋线,实际螺旋线:在减薄区偏向体外

————设计螺旋线;———实际螺旋线;-----平均螺旋线

像修形的渐开线那样,将螺旋线进行修形。

2) 螺旋线形状偏差($f_{f\beta}$)

螺旋线形状偏差 $f_{f\beta}$ 是指在计值范围 L_β 内,包容实际螺旋线迹线的,与平均螺旋线迹线完全相同的两条曲线间的距离,且两条曲线与平均螺旋线迹线的距离为常数(见图 9-12(b))。

3) 螺旋线倾斜偏差($f_{H\beta}$)

螺旋线倾斜偏差 $f_{H\beta}$ 是指在计值范围 L_β 的两端与平均螺旋线迹线相交的两条设计螺旋线迹线间的距离(见图 9-12(c))。

4. 切向综合偏差

1) 切向综合总偏差(F_i')

切向综合总偏差 F_i' 是指被测齿轮与测量齿轮单面啮合检验时,被测齿轮转一周内,齿轮分度圆上实际圆周位移与理论圆周位移的最大差值(见图 9-13)。在检测过程中,齿轮的同侧齿面处于单面啮合状态,与被测齿轮啮合的测量齿轮在理论上要求为理想精确齿轮,实际上是无法实现的,一般用高于被测齿轮 2～3 级的齿轮代替。

切向综合总偏差反映了齿轮转一周的转角误差,说明齿轮运动的不均匀性。在一周过程中,转速时快时慢,做周期性变化。由于测量切向综合总偏差时,被测齿轮与测量齿轮单面啮合,接近于齿轮的工作状态,综合反映了几何偏心、运动偏心等产生的长、短周期偏差对齿轮转角误差综合影响的结果,所以切向综合总偏差是评定齿轮运动准确性的较好的参数,但不是必检项目。由于切向综合总偏差是在单面啮合仪上进行测量的,所以仅限于评定高精度的齿轮。

2) 一齿切向综合偏差(f_i')

一齿切向综合偏差 f_i' 是指在一个齿距内的切向综合偏差值(即取所有齿的最大值),如图 9-13所示。一齿切向综合偏差 f_i' 主要反映了刀具制造和安装误差,以及机床传动链的短周期误差的影响。这种齿轮转一周中多次重复出现每个齿距角内转角的变化,将会影响到齿轮传动的平稳性。

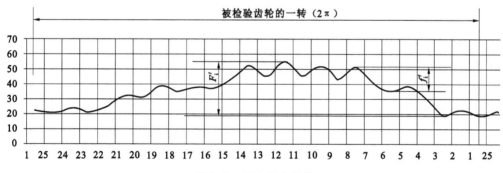

图 9-13　切向综合偏差

切向综合总偏差 F_i' 和一齿切向综合偏差 f_i',一般都在单面啮合仪上完成检验工作。该项检验需要在被测齿轮与测量齿轮呈单面啮合状态下,旋转一整周获得偏差曲线图,用该曲线图直接评定切向综合偏差。图 9-14 为光栅式单面啮合仪原理图,它是由两个光栅盘建立标准传动,将被测齿轮与测量齿轮单面啮合组成实际传动。电动机通过传动系统带动圆光栅盘 I 转动,测量齿轮带动被测齿轮及其同轴上的光栅盘 II 转动。被测齿轮的偏差以回转角误差的形式反映出来,此回转角的微小角位移误差变为两电信号的相位差,两电信号输入相位计进行比相后输入到电子记录仪器中记录,便得出被侧齿轮的偏差曲线图。

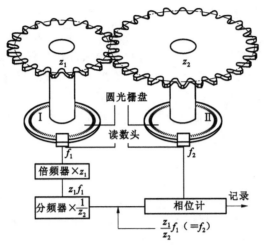

图 9-14　光栅式单面啮合仪原理图

9.2.2　径向综合偏差与径向跳动

径向综合偏差的测量值受到测量齿轮的精度和被测齿轮与测量齿轮的总重合度的影响。

1. 径向综合总偏差（F_i''）

径向综合总偏差 F_i'' 是指在径向（双面）综合检验时，被测齿轮的左右齿面同时与测量齿轮接触，并转过一整周时出现的中心距最大值和最小值之差，如图 9-15 所示。径向综合总偏差 F_i'' 是反映齿轮运动准确性的评定项目。

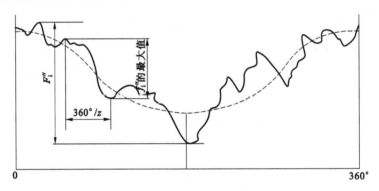

图 9-15　径向综合偏差曲线图

径向综合总偏差 F_i'' 主要反映了机床、刀具或齿轮装夹产生的径向长、短周期偏差的综合影响，采用双面接触连续检查，测量效率高，并可得到一条连续的偏差曲线，生产中常用作大批量生产齿轮的检测。

2. 一齿径向综合偏差（f_i''）

一齿径向综合偏差 f_i'' 是当产品齿轮啮合一整周时，对应一个齿距（$360°/z$）的径向综合偏差值。被测齿轮所有轮齿的一齿径向综合偏差 f_i'' 的最大值不应超过规定的允许值（见图 9-15）。一齿径向综合偏差 f_i'' 反映齿轮工作平稳精度。

径向综合偏差 F_i'' 和一齿径向综合偏差 f_i'' 均可在齿轮双面啮合测量仪上测量。

如图 9-16 所示，理想精确的测量齿轮安装在固定滑座 4 的心轴上，被测齿轮安装在可动滑座 6 的心轴上，在弹簧力的作用下，两者达到紧密无间隙的双面啮合，此时的中心距发生变化，此变化通过测量台架的移动传到指示表或由记录装置画出偏差曲线。此方法可应用于大量生产的中等精度齿轮和小模数齿轮(模数不超过 10,中心距为 50~300 mm)的检测。

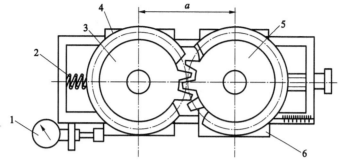

图 9-16　齿轮双面啮合测量仪测量原理图

1—指示表;2—弹簧;3—测量齿轮;4—固定滑座;5—被测齿轮;6—可动滑座

3. 齿轮径向跳动(F_r)

齿轮径向跳动 F_r 为测头(球形、圆柱形、砧形)相继置于每个齿槽内时,从它到齿轮轴线的最大和最小径向距离之差。检查中,测头在近似齿高中部与左右齿面接触,如图 9-17(a)所示,根据测量数值可画出径向跳动曲线图(见图 9-17(b)),图中,偏心量是径向跳动的一部分。齿轮径向跳动 F_r 主要反映齿轮的几何偏心,它是检测齿轮运动准确性的项目。

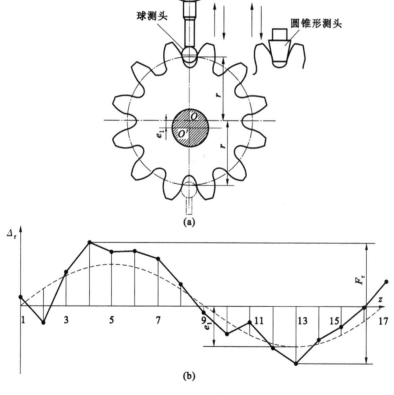

图 9-17　齿轮径向跳动测量

(a) 齿轮径向跳动测量;(b) 径向跳动曲线值

O—切齿时回转中心;O'—齿轮基准孔中心;

r—齿槽与测头的接触点所在圆周的半径;e_1—几何偏心;Δ_r—指示表示值;z—齿槽序号

齿轮径向跳动 F_r 主要是由于几何偏心引起的。切齿加工时,由于齿坯孔与心轴之间存在间隙,齿坯轴线与旋转轴线不重合,使切出的齿圈与齿坯孔产生偏心量,造成齿圈各齿到孔中心线距离不相等,并按正弦规律变化。它以齿轮的一转为周期,称为长周期误差,产生径向跳动,如图 9-17(b)所示。

由于几何偏心引起的径向跳动,使与齿轮孔同轴线的圆柱面上的齿距或齿厚不均匀,齿圈靠近孔一侧的齿距变长,远离孔一侧的齿距变小,从而引起齿距累积偏差,齿轮在转一周过程中时快时慢,产生加速度和减速度,影响传动的准确性。此外,几何偏心引起的齿距偏差,还会使齿轮在转动过程中侧隙发生变化。

9.2.3　齿厚偏差及侧隙

1. 齿厚和齿厚偏差

1) 齿厚(s_n)

在分度圆柱上法向平面的法向齿厚 s_n 是齿厚理论值,该齿厚与具有理论齿厚的相配齿轮在理论中心距之下的啮合是无侧隙的。公称齿厚可用式(9-1)、式(9-2)计算。

对外齿轮:

$$s_n = m_n \left(\frac{\pi}{2} \right) + 2\tan\alpha_n x \tag{9-1}$$

对内齿轮:

$$s_n = m_n \left(\frac{\pi}{2} \right) - 2\tan\alpha_n x \tag{9-2}$$

式中　x——齿轮变位系数;

　　　m_n——法向模数;

　　　α_n——法向压力角。

对斜齿轮,法向齿厚 s_n 在法向平面内测量。

齿厚的设计值的确定,要考虑齿轮的几何形状、轮齿的强度、安装和侧隙等工程因素。齿厚的最大极限 s_{ns} 和最小极限 s_{ni} 是指齿厚的两个极端的允许尺寸,齿厚的实际尺寸 s_{na} 应该位于这两个极端尺寸之间(含极端尺寸)。

2) 齿厚偏差(E_{sn})与齿厚公差(T_{sn})

齿厚偏差是指在分度圆柱面上齿厚的实际值与公称值之差,如图 9-18(a)所示。

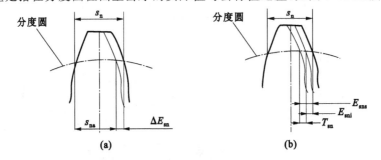

图 9-18　齿厚偏差和齿厚极限偏差

齿厚上偏差 E_{sns} 和下偏差 E_{sni} 统称齿厚极限偏差。见式(9-3)、式(9-4)和图 9-18(b)。

$$E_{sns} = s_{ns} - s_n \tag{9-3}$$

$$E_{sni} = s_{ni} - s_n \tag{9-4}$$

齿厚公差 T_{sn} 是指齿厚上偏差与下偏差之差,即

$$T_{sn} = E_{sns} - E_{sni} \tag{9-5}$$

齿厚公差 T_{sn} 的选择,大体上与齿轮的精度无关,主要由制造设备来控制。齿厚公差过小将会增加齿轮的制造成本,公差过大又会使侧隙加大,使齿轮正、反转时空程过大,造成冲击,必须确定一个合理的数值。齿厚公差由径向跳动公差 F_r 和切齿径向进刀公差 b_r 组成,为了满足使用要求,须控制最大间隙,计算公式为

$$T_{sn} = 2\tan\alpha_n \sqrt{F_r^2 + b_r^2} \tag{9-6}$$

切齿径向进刀公差 b_r 按表 9-3 选取。

表 9-3　切齿径向进刀公差 b_r

齿轮精度等级	3	4	5	6	7	8	9	10
b_r	IT7	1.26 IT7	IT8	1.26 IT8	IT9	1.26 IT9	IT10	1.26 IT10

3)齿厚偏差的测量

齿厚测量可用齿厚游标卡尺(见图 9-19),也可用精度更高些的光学测齿仪测量。

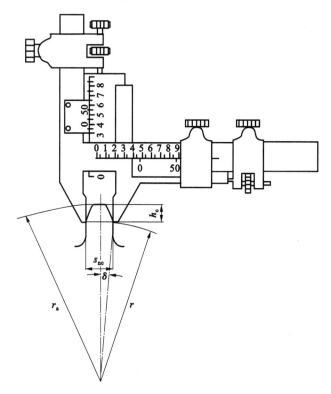

图 9-19　用齿厚游标卡尺测量齿厚示意图
r_a—齿顶圆半径;r—分度圆半径

用齿厚游标卡尺测齿厚时,首先将齿厚游标卡尺的高度游标卡尺调至相应于分度圆弦高 h_c 的位置,然后用宽度游标卡尺测出分度圆弦齿厚 s_{nc} 值,与理论值比较即可得到齿厚偏差 E_{sn}。

$$\left.\begin{array}{l} s_{nc} = mz\sin\delta \\[2mm] h_c = r_a - \dfrac{mz}{2}\cos\delta \end{array}\right\} \tag{9-7}$$

式中　δ——分度圆弦齿厚的 $1/2$ 所对应的中心角, $\delta = \dfrac{\pi}{2z} + \dfrac{2x}{z}\tan\alpha$；

　　　　r_a——齿轮齿顶圆半径的公称值；

　　　　m、z——齿轮的模数、齿数。

2. 齿轮副的侧隙

侧隙 j 是相啮合齿轮轮齿间的间隙，它是在节圆上齿槽宽度超过相啮合齿轮齿厚的量。

齿轮设计时，为了保证啮合传动比恒定，消除反向的空程和较少冲击，都是按照无侧隙啮合进行设计的。但在实际生产过程中，为了保证齿轮良好的润滑，补偿齿轮因制造误差、安装误差以及热变形等对齿轮传动造成不良的影响，必须在非工作面留有侧隙。在静态可测量的条件下，必须有足够的侧隙，以保证在带负载运行于最不利的工作条件下仍有足够的侧隙。

单个齿轮并没有侧隙，它只有齿厚，相啮合的侧隙是由一对齿轮运行时的中心距以及每个齿轮的实效齿厚(实效齿厚是指测量所得的齿厚加上轮齿各要素偏差及安装所产生的综合影响在齿厚方向的量)所控制的。

通常，在稳定的工作状态下的侧隙(工作侧隙)与齿轮在静态条件下安装于箱体内所测得的侧隙(装配侧隙)是不相同的，工作侧隙一般会小于装配侧隙。侧隙需要的量与齿轮的大小、精度、安装和应用情况有关。

1) 侧隙的表示法

侧隙分为圆周侧隙(j_{wt})和法向侧隙(j_{bn})。

圆周侧隙 j_{wt} 是指安装好的齿轮副，当其中一个齿轮固定时，另一个齿轮在圆周方向的转动量，以节圆弧长计值，如图 9-20 所示。

法向侧隙 j_{bn} 是指两个相配齿轮的工作齿面相接触时，在两个非工作齿面之间的最小距离，如图 9-20 所示。法向侧隙可以在法向平面上或沿啮合线方向测量，但是它是在端平面上或啮合平面(基圆切平面)上计算和规定的。通常可用压铅丝的方法进行测量，即在齿轮的啮合过程中，在齿间放入一块铅丝，啮合后取出压扁的铅丝，测量其厚度。也可以用塞尺直接测量法向侧隙 j_{bn}，如图 9-21 所示。

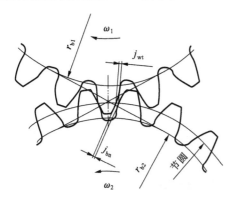

图 9-20　传动侧隙

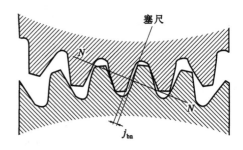

图 9-21　用塞尺测量齿轮副的法向间隙 j_{bn}

2) 最小侧隙(j_{bnmin})

最小侧隙 j_{bnmin} 是当一个齿轮的齿以最大允许实效齿厚与一个也具有最大允许实效齿厚的相配齿在最紧的允许中心距相啮合时，在静态条件下存在的最小允许侧隙。这是设计者所提供的传动允许侧隙，以防备下列所述情况：

① 箱体、轴和轴承的偏斜；

② 由于箱体的偏差和轴承的间隙导致齿轮轴线的不对准；

③ 由于箱体的偏差和轴承的间隙导致齿轮轴线的歪斜；

④ 安装误差，例如轴的偏心；

⑤ 轴承径向跳动；

⑥ 温度影响（箱体与齿轮零件的温度差、中心距和材料差异所致）；

⑦ 旋转零件的离心胀大；

⑧ 其他因素，例如由于润滑剂的允许污染以及非金属齿轮材料的溶胀等。

如果上述因素均能很好地控制，则最小侧隙值可以很小，每个因素均可用分析其公差来进行估计，然后可计算出最小的要求量，在估计最小期望要求值时，也需要判断和经验，因为在最坏情况时的公差，不大可能都叠加起来。最小侧隙可用塞尺测量。

对于黑色金属材料制造的齿轮和箱体，工作时齿轮节圆线速度小于 15 m/s，其箱体、轴和轴承都采用常用的商业制造公差的齿轮传动，j_{bnmin} 可按式（9-8）计算

$$j_{bnmin} = \frac{2}{3}(0.06 + 0.0005a_{min} + 0.03m_n) \tag{9-8}$$

$$E_{sns} = -\frac{j_{bnmin}}{2\cos\alpha_n} \tag{9-9}$$

按式（9-8）计算可以得出最小间隙 j_{bnmin} 的推荐数据，如表 9-4 所示。

表 9-4　大、中、小模数齿轮最小间隙 j_{bnmin} 的推荐数据（摘自 GB/Z 18620.2—2008）　　（单位：mm）

模数 m_n	最小中心距 a_{min}					
	50	100	200	400	800	1600
1.5	0.09	0.11	—	—	—	—
2	0.10	0.12	0.15	—	—	—
3	0.12	0.14	0.17	0.24	—	—
5	—	0.18	0.21	0.28	—	—
8	—	0.24	0.27	0.34	0.47	—
12	—	—	0.35	0.42	0.55	—
18	—	—	—	0.54	0.67	0.94

3. 公法线长度偏差（E_{bn}）

公法线长度偏差 E_{bn} 为公法线实际长度与公称长度之差。公法线长度 W_k 是在基圆柱切平面（公法线平面）上跨 k 个齿（对外齿轮）或 k 个齿槽（对内齿轮），在接触到一个齿的右齿面和另一个齿的左齿面的两个平行平面之间测得的距离，如图 9-22 所示。这个距离在两个齿廓间沿所有法线方向都是常数。

对于大模数的齿轮，生产中通常通过测量齿厚来控制侧隙；轮齿齿厚的变化必然会引起公法线长度的变化，在中、小模数齿轮的批量生产中，常采用测量公法线长度的方法来控制齿侧间隙。

公法线长度的公称值由式（9-10）计算。

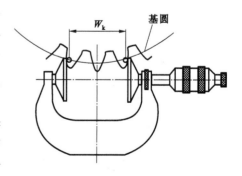

图 9-22　用公法线千分尺测量
公法线长度示意图

$$W_k = m_n \cos\alpha_n [(k - 0.5)\pi + z\text{inv}\alpha_n + 2\tan\alpha_n x] \tag{9-10}$$

式中　x——齿轮变位系数；

　　　z——齿数；

　　　$\text{inv}\alpha_n$——α_n 角的渐开线函数，$\text{inv}20° = 0.014904$；

　　　k——跨齿数。

$$k = \frac{\alpha x z}{180°} + 0.5 \tag{9-11}$$

对于非变位标准齿轮，当 $\alpha = 20°$ 时，k 值用式(9-12)近似公式计算

$$k = \frac{z}{9} + 0.5 \tag{9-12}$$

公法线平均长度上偏差(E_{bns})、下偏差(E_{bni})与齿厚上偏差(E_{sns})、下偏差(E_{sni})的换算关系为

$$E_{bns} = E_{sns}\alpha_n - 0.72F_r\sin\alpha_n \tag{9-13}$$

$$E_{bni} = E_{sni}\alpha_n + 0.72F_r\sin\alpha_n \tag{9-14}$$

9.3　齿轮坯精度、齿轮轴中心距、轴线平行度和轮齿接触斑点

9.3.1　齿轮坯精度

齿轮坯是指在加工前供制造齿轮的工件，齿轮坯的基准表面的精度对齿轮的加工精度和安装精度的影响很大。用控制齿轮坯精度来保证和提高齿轮的加工精度是一项有效的技术措施。有关齿轮坯精度(齿廓偏差、相邻齿距偏差等)参数的数值，只有明确其特定的轴线时才有意义。当测量齿轮时其轴线如有改变，则这些参数测量值也将改变。因此，在齿轮零件图上除了明确地表示齿轮的基准轴线和标注齿轮公差外，还必须标注齿轮坯公差(见表9-5、表9-6)。

表 9-5　齿轮坯尺寸公差　　　　　　　　　　　　　　(单位：μm)

齿轮精度等级		5	6	7	8	9	10	11	12
孔	尺寸公差	IT5	IT6	IT7		IT8		IT9	
轴	尺寸公差	IT5		IT6		IT7		IT8	
齿顶圆直径偏差		$\pm 0.05m_n$							

表 9-6　齿轮坯径向和轴向圆跳动公差　　　　　　(单位：μm)

分度圆直径 d/mm	齿轮精度等级			
	3、4	5、6	7、8	9、12
≤125	7	11	18	28
>125~400	9	14	22	36
>400~800	12	20	32	50
>800~1600	18	28	45	71

齿轮的加工、检验和装配，应尽量采取基准一致的原则。通常将基准轴线(由基准面中心确定)与工作轴线(齿轮在工作时其旋转的轴线，由工作安装面的中心确定)重合，即将安装面

作为基准面。一般采用齿轮坯内孔和端面作为基准,因此,基准轴线的确定有三种基本方法(见表 9-7)。

表 9-7　基准面与安装面的几何公差

确定轴线的基准面	图　例	公差项目及公差值
用两个短的圆柱或圆锥形基准面上设定的两个圆的圆心来确定轴线上的两点		圆柱公差 $t = 0.04 \times (L/b) F_\beta$ 或 $0.1 F_p$ 的较小值(L 为该齿轮较大的轴承跨距,b 为齿轮宽度)
用一个长的圆柱或圆锥形的面来同时确定轴线的位置和方向。孔的轴线可以用与之相匹配、正确地装配的工作心轴的轴线来代表		圆柱公差 $t = 0.04 \times (L/b) F_\beta$ 或 $0.1 F_p$ 的较小值
轴线位置用一个短的圆柱形基准面上一个圆的圆心来确定,其方向则用垂直于此轴线的一个基准端面来确定		端面的平面度公差按 $t_1 = 0.06(D_d/b) F_\beta$ 选取,圆柱面圆度公差按 $t_2 = 0.06 F_p$ 选取

注:① 当齿顶圆作为基准面时,形状公差应不大于表中规定的相关数值。

　② 表中:L 为该齿轮较大的轴承跨距,b 为齿轮宽度,D_d 为基准面直径。

齿面粗糙度影响齿轮的传动精度、表面承载能力和弯曲强度,也必须加以控制。表 9-8 是标准推荐的齿轮齿面轮廓的算术平均偏差 Ra 参数值。

表 9-8　齿面表面粗糙度允许值　　　　　　　　　（单位:μm）

齿轮等级精度	3	4	5	6	7	8	9	10
齿面	≤0.63	≤0.63	≤0.63	≤0.63	≤1.25	≤5	≤10	≤10
盘形齿轮的基准孔	≤0.2	≤0.2	0.4~0.2	≤0.8	1.6~0.8	≤1.6	≤3.2	≤3.2
齿轮轴的轴颈	≤0.1	0.2~0.1	≤0.2	≤0.4	≤0.8	≤1.6	≤1.6	≤1.6
端面、齿顶圆柱面	0.2~0.1	0.4~0.2	0.8~0.4	0.8~0.4	1.6~0.8	3.2~1.6	≤3.2	≤3.2

注:齿轮的三项精度等级不同时,按最高的精度等级确定。齿轮轴轴颈的 Ra 值可按滚动轴承的公差等级确定。

9.3.2　中心距和轴线的平行度偏差

除了单个齿轮本身的偏差项目,齿轮副的安装偏差也会影响齿轮的使用性能,因此必须对齿轮副的偏差加以控制。

1. 齿轮副的中心距极限偏差（$\pm f_{a}$）

中心距极限偏差 $\pm f_{a}$ 是指在箱体两侧轴承跨距 L 的范围内，实际中心距与公称中心距之差。齿轮副中心距的尺寸偏差大小不但会影响齿轮侧隙，而且对齿轮的重合度产生影响，因此必须加以控制。表 9-9 给出了中心距极限偏差 $\pm f_{a}$，供参考。

表 9-9　齿轮副的中心距极限偏差 $\pm f_{a}$ 值　　　　　　　　　　（单位：μm）

齿轮精度等级		1~2	3~4	5~6	7~8	9~10	11~12
f_{a}		$\frac{1}{2}$IT4	$\frac{1}{2}$IT6	$\frac{1}{2}$IT7	$\frac{1}{2}$IT8	$\frac{1}{2}$IT9	$\frac{1}{2}$IT11
齿轮副的中心距/mm	>80~120	5	11	17.5	27	43.5	110
	>120~180	6	12.5	20	31.5	50	125
	>180~250	7	14.5	23	36	57.5	145
	>250~315	8	16	26	40.5	65	160
	>315~400	9	18	28.5	44.5	70	180

2. 齿轮副的轴线平行度偏差（$f_{\Sigma\beta}$、$f_{\Sigma\delta}$）

由于轴线平行度与其向量的方向有关，所以规定了在轴线平面的平行度偏差 $f_{\Sigma\delta}$ 和在垂直平面的平行度偏差 $f_{\Sigma\beta}$。如果一对啮合的圆柱齿轮的两条轴线存在平行度偏差，则会形成空间的异面直线，直接影响齿轮的接触精度，因此必须加以控制，如图 9-23 所示。

轴线平面内的平行度偏差 $f_{\Sigma\delta}$ 是在两轴线的公共平面上测得的，此公共平面是用两轴跨距中较长的 L 和另一根轴的一个轴承确定的。垂直平面上的平行度偏差 $f_{\Sigma\beta}$ 是在与轴线公共平面相垂直的平面上测得的。$f_{\Sigma\delta}$ 和 $f_{\Sigma\beta}$ 均在全齿宽的长度上测量。

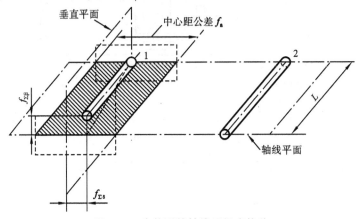

图 9-23　齿轮副的轴线平行度偏差

轴线平行度偏差将影响螺旋线啮合偏差。轴线平面内的平行度偏差对啮合偏差的影响是工作压力角的正弦函数，而垂直平面上的平行度偏差的影响是工作压力角的余弦函数。因此，垂直平面上的偏差所导致的啮合偏差要比同样大小的轴线平面内偏差导致的啮合偏差大 2~3 倍。

$f_{\Sigma\beta}$ 和 $f_{\Sigma\delta}$ 的最大推荐值为

$$f_{\Sigma\beta}=\frac{L}{2b}F_{\beta} \tag{9-15}$$

$$f_{\Sigma\delta}=2f_{\Sigma\beta} \tag{9-16}$$

式中　L——轴承跨距；

　　　b——齿宽。

9.4　渐开线圆柱齿轮精度标准及其应用

9.4.1　齿轮精度等级及各偏差允许值计算（公式）和标准值

1. 齿轮精度等级

GB/T 10095.1—2008、GB/T 10095.2—2008 对强制性检测和非强制性检测精度指标的公差分别规定了 13 个精度等级，它们分别用阿拉伯数字 0,1,2,⋯,12 表示。其中,0 级精度最高,以后各级精度依次降低,12 级精度最低。特别指出,对双啮精度指标（径向综合总偏差 F_i''、一齿径向综合总偏差 f_i''）分别规定了 9 个精度等级,分别是 4,5,6,⋯,12 级。5 级精度是各级精度中的基础级。

2. 各偏差允许值计算公式

强制性检测和非强制性检测精度指标 5 级精度的公差应该分别按表 9-11 和表 9-12 所列的公式计算确定。其中表中 m_n、d、b 和 k 分别表示齿轮的法相模数、分度圆直径、齿宽（单位均为 mm）和测量 F_{pk} 时的齿距数。

表 9-11　齿轮强制性检测精度指标 5 级精度的公差的计算公式

公差项目的名称和符号	计 算 公 式	精 度 等 级
齿距累积总偏差 F_p	$F_p = 0.3m_n + 1.25\sqrt{d} + 7$	
齿距累积偏差允许值 $\pm F_{pk}$	$F_{pk} = f_{pt} + 1.6\sqrt{(k-1)m_n}$	
单个齿距偏差允许值 $\pm f_{pt}$	$f_{pt} = 0.3(m_n + 0.4\sqrt{d}) + 4$	0,1,2,⋯,12 级
齿廓总偏差允许值 F_α	$F_\alpha = 3.2\sqrt{m_n} + 0.22\sqrt{d} + 0.7$	
螺旋形总偏差允许值 F_β	$F_\beta = 0.1\sqrt{d} + 0.63\sqrt{b} + 4.2$	

表 9-12　齿轮非强制性检测精度指标 5 级精度的公差的计算公式

公差项目的名称和符号	计 算 公 式	精 度 等 级
一齿切向综合偏差允许值 f_i'	$f_i' = K(4.3 + f_{pt} + F_\alpha) = K(9 + 0.3m_n + 3.2\sqrt{m_n} + 0.34\sqrt{d})$ 当总重合度 $\varepsilon_r < 4$ 时,$K = 0.2(\varepsilon_r + 4)/\varepsilon_r$； 当 $\varepsilon_r \geqslant 4$ 时,$K = 0.4$	0,1,2,⋯,12 级
切向综合偏差允许值 F_i'	$F_i' = F_p + f_t$	
齿轮径向跳动允许值 F_r	$F_r = 0.8F_p = 0.24m_n + 1.0\sqrt{d} + 5.6$	
径向综合总偏差允许值 F_i''	$F_i'' = 3.2m_n + 1.01\sqrt{d} + 6.4$	4,5,6,⋯,12 级
一齿径向综合偏差允许值 f_i''	$f_i'' = 2.96m_n + 0.01\sqrt{d} + 0.8$	

两相邻精度等级的分级公比等于 $\sqrt{2}$,本级公差数值乘以（或除以）$\sqrt{2}$ 即可得到相邻较低（或较高）等级的公差数值。

齿轮精度指标任一精度等级的公差计算值可以按 5 级精度的公差计算值确定,计算公式为

$$T_Q = T_5 \cdot 2^{0.5(Q-5)}$$

(9-17)

式中　T_Q——Q 级精度的公差计算值；

　　　　T_5——5 级精度的公差计算值；

　　　　Q——表示 Q 级精度的阿拉伯数字。

公差计算值中小数点后的数值应圆整，圆整规律如下：如果计算值大于 10 μm，圆整到最接近的整数；如果计算值小于 10 μm，圆整到最接近的尾数为 0.5 μm 的小数或整数；如果计算值小于 5 μm，圆整到最接近的尾数为 0.1 μm 的倍数的小数或整数。

3. 齿轮公差和极限偏差标准值

为了使用方便，GB/T 10095.1—2008、GB/T 10095.2—2008 还给出了齿轮公差数值表，见表 9-13 至表 9-16。这些公差表格中的齿轮公差数值都是以齿轮参数分段界限值的几何平均值代入公式进行计算、圆整后得到的。表 9-14 编制了 f_i'/K 比值，f_i' 的数值可以由表给出的数值乘以表 9-12 中所列的系数 K 求得。

表 9-13　圆柱齿轮应检精度指标的公差和极限偏差（摘自 GB/T 10095.1—2008）

分度圆直径 d/mm	法向模数 m_n 或齿宽 b/mm	精 度 等 级												
		0	1	2	3	4	5	6	7	8	9	10	11	12
齿轮传递运动准确性		齿轮齿距累积总偏差允许值 F_p/μm												
$50 < d \leqslant 125$	$2 < m_n \leqslant 3.5$	3.3	4.7	6.5	9.5	13.0	19.0	27.0	38.0	53.0	76.0	107.0	151.0	214.0
	$3.5 < m_n \leqslant 6$	3.4	4.9	7.0	9.5	14.0	19.0	28.0	39.0	55.0	78.0	110.0	156.0	220.0
$125 < d \leqslant 280$	$2 < m_n \leqslant 3.5$	4.4	6.0	9.0	12.0	18.0	25.0	35.0	50.0	70.0	100.0	141.0	199.0	282.0
	$3.5 < m_n \leqslant 6$	4.5	6.5	9.0	13.0	18.0	25.0	36.0	51.0	72.0	102.0	144.0	204.0	288.0
齿轮传动平稳性		齿轮单个齿距偏差允许值 $\pm f_{pt}$/μm												
$50 < d \leqslant 125$	$2 < m_n \leqslant 3.5$	1.0	1.5	2.1	2.9	4.1	6.0	8.5	12.0	17.0	23.0	33.0	47.0	66.0
	$3.5 < m_n \leqslant 6$	1.1	1.6	2.3	3.2	4.6	6.5	9.0	13.0	18.0	26.0	36.0	52.0	73.0
$125 < d \leqslant 280$	$2 < m_n \leqslant 3.5$	1.1	1.6	2.3	3.2	4.6	6.5	9.0	13.0	18.0	26.0	36.0	51.0	73.0
	$3.5 < m_n \leqslant 6$	1.2	1.8	2.5	3.5	5.0	7.0	10.0	14.0	20.0	28.0	40.0	56.0	79.0
齿轮传动平稳性		齿轮齿廓累积总偏差允许值 F_α/μm												
$50 < d \leqslant 125$	$2 < m_n \leqslant 3.5$	1.4	2.0	2.8	3.9	5.5	8.0	11.0	16.0	22.0	31.0	44.0	63.0	89.0
	$3.5 < m_n \leqslant 6$	1.7	2.4	3.4	4.8	6.5	9.5	13.0	19.0	27.0	38.0	54.0	76.0	108.0
$125 < d \leqslant 280$	$2 < m_n \leqslant 3.5$	1.6	2.2	3.2	4.5	6.5	9.0	13.0	18.0	25.0	36.0	50.0	71.0	101.0
	$3.5 < m_n \leqslant 6$	1.9	2.6	3.7	5.5	7.5	11.0	15.0	21.0	30.0	42.0	60.0	84.0	119.0
轮齿载荷分布均匀性		齿轮螺旋形总偏差允许值 F_β/μm												
$50 < d \leqslant 125$	$20 < b \leqslant 40$	1.5	2.1	3.0	4.2	6.0	8.5	12.0	17.0	24.0	34.0	48.0	68.0	95.0
	$40 < b \leqslant 80$	1.7	2.5	3.5	4.9	7.0	10.0	14.0	20.0	28.0	39.0	56.0	79.0	111.0
$125 < d \leqslant 280$	$20 < b \leqslant 40$	1.6	2.2	3.2	4.5	6.5	9.0	13.0	18.0	25.0	36.0	50.0	71.0	101.0
	$40 < b \leqslant 80$	1.8	2.6	3.6	5.0	7.5	10.0	15.0	21.0	29.0	41.0	58.0	82.0	117.0

表 9-14　圆柱齿轮 f_i'/K 的比值(摘自 GB/T 10095.1—2008)

分度圆直径 d/mm	法向模数 m_n/mm	精度等级												
		0	1	2	3	4	5	6	7	8	9	10	11	12
50<d≤125	2<m_n≤3.5	3.2	4.5	6.5	9.0	13.0	18.0	25.0	36.0	51.0	72.0	102.0	144.0	204.0
	3.5<m_n≤6	3.6	5.0	7.0	10.0	14.0	20.0	29.0	40.0	57.0	81.0	115.0	162.0	229.0
125<d≤280	2<m_n≤3.5	3.5	4.9	7.0	10.0	14.0	20.0	28.0	39.0	56.0	79.0	111.0	157.0	222.0
	3.5<m_n≤6	3.9	5.5	7.5	11.0	15.0	22.0	31.0	44.0	62.0	88.0	124.0	175.0	247.0

表 9-15　圆柱齿轮径向跳动公差 F_r(摘自 GB/T 10095.2—2008)

分度圆直径 d/mm	法向模数 m_n/mm	精度等级												
		0	1	2	3	4	5	6	7	8	9	10	11	12
50<d≤125	2<m_n≤3.5	2.5	4.0	5.5	7.5	11	15	21	30	43	61	86	121	171
	3.5<m_n≤6	3.0	4.0	5.5	8.0	11	16	22	31	44	62	88	125	176
125<d≤280	2<m_n≤3.5	3.5	5.0	7.0	10	14	20	28	40	56	80	113	159	225
	3.5<m_n≤6	3.5	5.0	7.0	10	14	20	29	41	58	82	115	163	231

表 9-16　圆柱齿轮双啮精度指标的公差值(摘自 GB/T 10095.2—2008)

分度圆直径 d/mm	法向模数 m_n/mm	精度等级							
		4	5	6	7	8	9	10	11	12
齿轮传动准确性		齿轮径向综合总偏差允许值 $F_i''/\mu m$								
50<d≤125	1.5<m_n≤2.5	15	22	31	43	61	86	122	173	244
	2.5<m_n≤4.0	18	25	36	51	72	102	144	204	288
	4.0<m_n≤6.0	22	31	44	62	88	124	176	248	351
125<d≤280	1.5<m_n≤2.5	19	26	37	53	75	106	149	211	299
	2.5<m_n≤4.0	21	30	43	61	86	121	172	243	343
	4.0<m_n≤6.0	25	36	51	72	102	144	203	287	406
齿轮传动平稳性		一齿径向综合偏差允许值 $f_i''/\mu m$								
50<d≤125	1.5<m_n≤2.5	4.5	6.5	9.5	13	19	26	37	53	75
	2.5<m_n≤4.0	7.0	10	14	20	29	41	58	82	116
	4.0<m_n≤6.0	11	15	22	31	44	62	87	123	174
125<d≤280	1.5<m_n≤2.5	4.5	6.5	9.5	13	19	27	38	53	75
	2.5<m_n≤4.0	7.5	10	15	21	29	41	58	82	116
	4.0<m_n≤6.0	11	15	22	31	44	62	87	124	175

9.4.2　齿轮精度等级的选择

GB/T 10095.1—2008、GB/T 10095.2—2008 规定的 13 个精度等级中 0～2 级精度的齿轮对精度要求非常高，目前我国只有极少数单位能制造和测量 2 级精度齿轮，因此 0～2 级属于有待发展的精度等级；而 3～5 级为高精度等级，6～9 级为中等精度等级，10～12 级为低精度等级。

同一齿轮的三项精度要求，可以取成相同的精度等级，也可以以不同的精度等级相组合。设计者应根据所设计的齿轮传动在工作中的具体使用条件，对齿轮的加工精度规定最合适的技术要求。

精度等级的选择恰当与否，不仅影响齿轮传动的质量，而且影响制造成本。选择精度等级的主意依据是齿轮的用途和工作条件，应考虑齿轮的圆周速度、传递的功率、工作持续时间、传递运动准确性的要求、振动和噪声、承载能力、寿命等。选择精度等级的方法有类比法和计算法。

类比法按齿轮的用途和工作条件等进行对比选择。表 9-17 列出某些机器中的齿轮所采用的精度等级，表 9-18 列出齿轮某些精度等级的应用范围，供参考。

表 9-17　某些机器中的齿轮所采用的精度等级

应 用 范 围	精 度 等 级	应 用 范 围	精 度 等 级
单啮仪、双啮仪（测量齿轮）	2～5	载重汽车	6～9
蜗轮机减速器	3～5	通用减速器	6～8
金属切削机床	3～8	轧钢机	5～10
航空发动机	4～7	矿用绞车	6～10
内燃机车、电气机车	5～8	起重机	6～9
轿车	5～8	拖拉机	6～10

表 9-18　齿轮某些精度等级的应用

精度等级	齿轮圆周速度/(m/s)		应 用 范 围
	直齿	斜齿	
4 级	<35	<70	极精密分度机构的齿轮，极高速并要求平稳、无噪声的齿轮，高速蜗轮机齿轮
5 级	<20	<40	精密分度机构的齿轮，高速并要求平稳、无噪声的齿轮，高速蜗轮机齿轮
6 级	<15	<30	高速、平稳、无噪声、高效率齿轮，航空、汽车、机床中的重要齿轮，分度机构齿轮，读数机构齿轮
7 级	<10	<15	高速、动力小而需逆转的齿轮，机床中的进给齿轮，航空齿轮，读数机构齿轮，具有一定速度的减速器齿轮
8 级	<6	<10	一般机器中的普通齿轮，汽车、拖拉机、减速器中的一般齿轮，航空器中的不重要齿轮，农机中的重要齿轮
9 级	<2	<4	精度要求低的齿轮

计算法主要用于精密齿轮传动系统。当精度要求很高时，可按使用要求计算出所允许的

回转角误差,以确定齿轮传递运动准确性的精度等级。对于高速动力齿轮,可按其工作时最高转速计算出圆周速度,或者按允许的噪声大小来确定齿轮传动平稳性的精度等级。对于重载齿轮,可在强度计算或寿命计算的基础上确定轮齿载荷分布均匀性的精度等级。

9.4.3　齿轮的检验组(推荐)

齿轮精度标准 GB/T 10095.1—2008、GB/T 10095.2—2008 及 GB/T 18620.2—2008 等文件中给出了很多偏差项目,作为划分齿轮质量等级的标准一般只有下列几项,即齿距偏差 F_p、f_{pt}、F_{pk}、齿廓总偏差 F_α、螺旋线总偏差 F_β、齿厚偏差 E_{sn}。其他参数不是必检项目而是根据实际需求确定。按照我国的生产实践及现有生产和检测水平,特推荐五个检验组(见表 9-19),以便设计人员按齿轮使用要求、生产批量和检验设备选取其中一个检验组来评定齿轮的精度等级。

表 9-19　齿轮的检验组

检验组	检 验 项 目	精度等级	测 量 仪 器	备注
1	F_p、F_α、F_β、F_r、E_{sn} 或 E_{bn}	3～9	齿距仪、齿形仪、齿向仪、摆差测定仪、齿厚游标卡尺或公法线千分尺	单件小批量
2	F_p、F_{pk}、F_α、F_β、F_r、E_{sn} 或 E_{bn}	3～9	齿距仪、齿形仪、齿向仪、摆差测定仪、齿厚游标卡尺或公法线千分尺	单件小批量
3	F'_i、f''_i、E_{sn} 或 E_{bn}	6～9	双面啮合测量仪、齿厚游标卡尺或公法线千分尺	大批量
4	f_{pt}、F_r、E_{sn} 或 E_{bn}	10～12	齿距仪、摆差测定仪、齿厚游标卡尺或公法线千分尺	
5	F'_i、f'_i、F_β、E_{sn} 或 E_{bn}	3～6	单面啮合测量仪、齿向仪、齿厚游标卡尺或公法线千分尺	大批量

9.4.4　图样上齿轮精度等级的标准

当齿轮所有精度指标的公差(偏差允许值)同为某一精度等级时,图样上可标注该精度等级和标准号。例如,同为 7 级时,可标注为

$$7 \quad GB/T\ 10095.1—2008$$

当齿轮各个精度指标的公差(偏差允许值)的精度等级不同时,图样上可按齿轮传递运动准确性、齿轮传动平稳性和轮齿载荷分布均匀性的顺序分别标注它们的精度等级及带括号的对应偏差允许值的符号和标准号,或分别标注它们的精度等级和标准号。例如,齿距累积总偏差允许值 F_p 和单个齿距偏差允许值 f_{pt}、齿廓总偏差允许值 F_α 皆为 8 级,而螺旋线总偏差允许值 F_β 为 7 级时,可标注为

$$8(F_p、f_{pt}、F_\alpha)、7(F_\beta)\ 10095.1—2008$$

或标注为

$$8\text{-}8\text{-}7 \quad 10095.1—2008$$

9.4.5　圆柱齿轮精度设计

圆柱齿轮精度设计一般包括下列内容:

① 确定齿轮的精度等级；

② 确定齿轮的强制性检测精度指标的公差(偏差允许值)；

③ 确定齿轮的侧隙指标及其极限偏差；

④ 确定齿面的表面粗糙度轮廓幅度参数及上限值；

⑤ 确定齿轮坯公差。

除此以外，还应包括确定齿轮副中心距的极限偏差和两轴线的平行度公差。下面举例加以说明。

例 9-3　某通用减速器齿轮中有一对直齿齿轮副，模数 $m=3$ mm，齿形角 $\alpha=20°$，齿数 $z_1=32$，$z_2=96$，齿宽 $b=20$ mm，轴承跨度 $L=85$ mm，传递最大功率为 5 kW，转速 $n_1=1280$ r/min，齿轮箱用喷油润滑，生产条件为小批量生产。试设计小齿轮精度，并画出小齿轮零件图。

解　(1) 确定齿轮精度等级。

从给定条件知，该齿轮为通用减速器齿轮，由表 9-17 可以大致得出齿轮精度等级为 6~8 级，而且该齿轮为既传递运动又传递动力，可按线速度来确定精度等级。

$$v=\frac{\pi d n}{1000\times 60}=\frac{3.14\times 3\times 32\times 1280}{1000\times 60}\text{ m/s}=6.43\text{ m/s}$$

由表 9-18 选出该齿轮精度等级为 7 级，表示为：7　GB/T 10095.1—2008

(2) 最小侧隙和齿厚偏差的确定。

中心距

$$a=\frac{m(z_1+z_2)}{2}=\frac{3\times(32+96)}{2}\text{ mm}=192\text{ mm}$$

按式(9-8)计算：

$$\begin{aligned}
j_{\text{bnmin}} &=\frac{2}{3}(0.06+0.0005a_{\min}+0.03m_n)\\
&=\frac{2}{3}(0.06+0.0005\times 192+0.03\times 3)\text{ mm}\\
&=0.164\text{ mm}
\end{aligned}$$

按式(9-9)计算得

$$E_{\text{sns}}=-\frac{j_{\text{bnmin}}}{2\cos\alpha}=-\frac{0.164}{2\cos 20°}\text{ mm}=-0.087\text{ mm}$$

分度圆直径

$$d=mz=3\times 32\text{ mm}=96\text{ mm}$$

由表 9-15 查得

$$F_r=30\ \mu\text{m}=0.03\text{ mm}$$

由表 9-3 查得

$$b_r=\text{IT9}=0.087\text{ mm}$$

因此

$$\begin{aligned}
T_{\text{sn}} &=\sqrt{F_r{}^2+b_r{}^2}\cdot 2\tan 20°\\
&=\sqrt{0.03^2+0.087^2}\times 2\tan 20°\text{ mm}\\
&=0.067\text{ mm}
\end{aligned}$$

则

$$E_{\text{sni}}=E_{\text{sns}}-T_{\text{sn}}=(-0.087-0.067)\text{ mm}=-0.154\text{ mm}$$

而公称齿厚

$$s_n = zm\sin\frac{90°}{z} = 4.71 \text{ mm}$$

因此,公称齿厚及其偏差为 $4.71^{-0.087}_{-0.154}$ mm。

也可以用公法线长度极限偏差来代替齿厚偏差。

上偏差:

$$\begin{aligned}
E_{bns} &= E_{sns}\cos\alpha_n - 0.72F_r\sin\alpha_n \\
&= (-0.087 \times \cos20° - 0.72 \times 0.03\sin20°) \text{ mm} \\
&= -0.089 \text{ mm}
\end{aligned}$$

下偏差:

$$\begin{aligned}
E_{bni} &= E_{sni}\cos\alpha_n + 0.72F_r\sin\alpha_n \\
&= (-0.154 \times \cos20° + 0.72 \times 0.03\sin20°) \text{ mm} \\
&= -0.137 \text{ mm}
\end{aligned}$$

跨测齿数

$$k = \frac{z}{9} + 0.5 = \frac{32}{9} + 0.5 \approx 4$$

公法线公称长度

$$\begin{aligned}
W_k &= m_n\cos\alpha_n\left[(k-0.5)\pi + z\text{inv}\alpha_n\right] \\
&= 3 \times \cos20°\left[(4-0.5)\pi + 32 \times \text{inv}20°\right]\text{mm} \\
&= 32.341 \text{ mm}
\end{aligned}$$

因此,$W_k = 32.341^{-0.089}_{-0.137}$。

(3) 确定检验项目。

参考表 9-19,该齿轮属于小批量生产,中等精度,无特殊要求,可选第一组。即 F_p、F_α、F_β、F_r。由表 9-13 查得 $F_p = 0.038$ mm,$F_\alpha = 0.016$ mm,$F_\beta = 0.017$ mm;由表 9-15 查得 $F_r = 0.030$ mm。

(4) 确定齿轮箱体精度(齿轮副精度)。

① 中心距极限偏差

$$\pm f_a = \pm 115/2 \text{ μm} \approx \pm 57 \text{ μm} = \pm 0.057 \text{ mm}$$

因此

$$a = 192 \pm 0.057 \text{ mm}$$

② 轴线平行度偏差 $f_{\Sigma\beta}$ 和 $f_{\Sigma\delta}$。

由式(9-15)得

$$f_{\Sigma\beta} = 0.5\frac{L}{b}F_\beta = 0.5 \times \frac{85}{20} \times 0.015 \text{ mm} = 0.032 \text{ mm}$$

由式(9-16)得

$$f_{\Sigma\delta} = 2f_{\Sigma\beta} = 2 \times 0.032 \text{ mm} = 0.064 \text{ mm}$$

(5) 齿轮坯精度。

① 内孔尺寸偏差。由表 9-5 查出公差为 IT7,其尺寸偏差为 $\phi40\text{H}7(^{+0.025}_{0})$ Ⓔ。

② 齿顶圆直径偏差:

齿顶圆直径

$$d_a = m_n(z+2) = 3 \times (32+2) \text{ mm} = 102 \text{ mm}$$

齿顶圆直径偏差

$$\pm 0.05 m_{\mathrm{n}} = \pm 0.05 \times 3 \ \mathrm{mm} = \pm 0.15 \ \mathrm{mm}$$

即

$$d_{\mathrm{a}} = 102 \pm 0.15 \ \mathrm{mm}$$

③ 基准面的几何公差。

求内孔圆柱度公差 t_1：

$$0.04(L/b)F_{\beta} = [0.04 \times (85/20) \times 0.015] \ \mathrm{mm} \approx 0.0026 \ \mathrm{mm}$$

$$0.1 \, F_{\mathrm{p}} = (0.1 \times 0.038) \ \mathrm{mm} = 0.0038 \ \mathrm{mm}$$

取最小值 0.0026 mm，即 $t_1 = 0.0026 \ \mathrm{mm} \approx 0.003 \ \mathrm{mm}$，查表 9-6，得轴向圆跳动公差 $t_2 = 0.018 \ \mathrm{mm}$，齿顶圆径向跳动公差：$t_3 = t_2 = 0.018 \ \mathrm{mm}$。

④ 齿面表面粗糙度：查表 9-8 得 Ra 的上限值为 1.25 μm。

图 9-24 为设计的零件图。

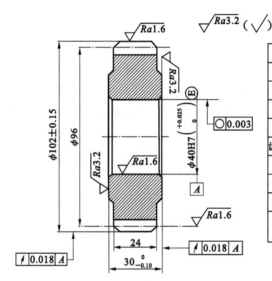

模数	m	3
齿数	z	32
齿形角	α	20°
变位系数	x	0
精度	7 GB/T 10095.1—2008	
齿距累计总公差	F_{p}	0.038
齿廓总公差	F_{α}	0.016
齿向公差	F_{β}	0.015
径向跳动公差	F_{r}	0.030
公法线长度及其极限偏差	$W_{\mathrm{k}} = 32.341^{-0.089}_{-0.137}$	

图 9-24　小齿轮零件图

习题 9

9-1　填空题

(1) 齿轮传动的使用要求包括＿＿＿＿＿＿、＿＿＿＿＿＿、＿＿＿＿＿＿和＿＿＿＿＿＿。

(2) GB/T 10095.1—2008 给出了＿＿＿＿＿＿＿偏差项目，GB/T 10095.2—2008 给出的是＿＿＿＿＿＿＿。

(3) 齿轮传动规定齿侧间隙主要是为保证＿＿＿＿＿＿＿、＿＿＿＿＿＿＿、＿＿＿＿＿＿＿、齿轮受力后的弹性变形以及＿＿＿＿＿＿＿等因素对齿轮传动性能的影响。

(4) 齿轮回转一周出现一次的周期性偏差为＿＿＿＿＿＿＿偏差。齿轮转动一个齿的过程中出现一次或多次的周期性偏差称为＿＿＿＿＿＿＿偏差。

9-2　选择题

(1) 切向综合偏差是反映齿轮（　　）的偏差项目。

A. 传递运动准确性　　　　　　　　　　B. 传动平稳性

C. 载荷分布均匀性　　　　　　　　　D. 齿轮副侧隙

（2）径向跳动 F_r 主要是由（　　）引起的。

A. 运动偏心　　　　　　　　　　　　B. 几何偏心

C. 分度蜗杆安装偏心　　　　　　　　D. 滚刀安装偏心

（3）齿廓总偏差 F_α 是影响（　　）的主要因素。

A. 传递运动准确性　　　　　　　　　B. 传动平稳性

C. 载荷分布均匀性　　　　　　　　　D. 齿轮副侧隙

9-3　简答题

（1）齿轮的精度等级分为几级？如何表示精度等级？试举例说明。

（2）影响齿轮副精度的偏差项目有哪些？

（3）为什么规定齿轮坯公差？齿轮坯的精度包含哪些方面？

9-4　计算题

（1）已知某直齿圆柱齿轮，$m=3$ mm，$z=12$，$\alpha=20°$，$x=0$，用齿距仪采用相对测量法测得如下数据：0，$+6$，$+9$，-3，-9，$+15$，$+9$，$+10$，0，$+9$，$+5$，-3（单位：μm）。齿轮精度为 7 GB/T 10095.1—2008。试判断 F_p、f_{pt}、$F_{pk}(k=3)$ 是否合格？

（2）某通用减速器中输出轴上直齿圆柱齿轮，已知：模数 $m=2.75$ mm，齿形角 $\alpha=20°$，齿数 $z_1=22$，$z_2=82$，齿宽 $b=63$ mm，中心距 $a=143$ mm；孔径 $D=56$ mm，输出转速 $n_2=805$ r/min，轴承跨度 $L=110$ mm，齿轮材料为 45 钢，减速器箱体材料为铸铁，齿轮工作温度为 55 ℃，减速器箱体工作温度为 35 ℃，小批量生产。试确定大齿轮的精度等级、检验组、有关侧隙的指标、齿轮坯公差和表面粗糙度，并绘制齿轮工作图。

第 10 章　三坐标测量机

三坐标测量机(coordinate measuring machining,简称 CMM)是一种三维尺寸的精密测量仪器,主要用于零部件的尺寸、形状和相互位置的检测。

现代的三坐标测量机不仅能在计算机的控制下完成各种复杂测量,而且可以通过与数控机床的连接,实现信息的交换、加工过程的控制等,有些还可以根据已知的测量结果实现反求。目前,三坐标测量机已经广泛地应用于机械制造业、汽车工业、电子信息业、航空航天业和国防工业等部门,成为现代工业检测和质量控制不可缺少的测量设备。

10.1　三坐标测量机的工作原理

三坐标测量机是 20 世纪 60 年代发展起来的一种新型高效的精密测量仪器。它的出现,一方面是由于自动机床、数控机床等高质量加工机床的出现,使复杂零件需要越来越精密、快速高效的测量设备与之配套;另一方面,电子技术、计算机技术、数字控制技术以及精密加工技术等的发展为三坐标测量机的产生提供了技术支持。它可以用来检测形状复杂的工件,如箱体、模具、空间曲面、壳体零件、齿轮等。使用三坐标测量机检测零件比用传统的专用设备进行测量可以节省 70%~80% 的时间,并且可以大大地提高测量精度和减轻劳动强度。

测量机的原理,即基于三坐标测量原理,将被测物体置于三坐标测量机的测量空间,获得被测物体上各测点的坐标位置,然后根据这些点的空间坐标值,拟合形成测量元素,如圆、球、圆柱、圆锥、曲面等,之后经过数学运算,求出被测的几何尺寸、形状和位置,来判断被测产品是否达到加工图纸所要求的公差范围,从而完成对被测零件的检验。

10.2　三坐标测量机的机械结构及组成

三坐标测量机由测量主机、控制系统、测头测座系统、计算机(测量软件)几部分组成。如图 10-1 所示。

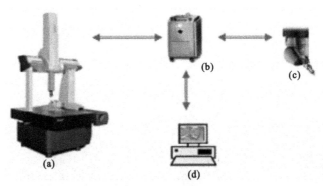

图 10-1　三坐标测量机的组成
(a) 测量主机;(b) 控制系统;(c) 测头测座系统;(d) 计算机(测量软件)

10.2.1　测量主机

测量主机,即机床的机械系统,对工作台、工件及各坐标轴系统起支撑作用。测量主机包括工作台、桥架、滑架、导轨及驱动系统、标尺系统、平衡部件及附件等,如图 10-2 所示。

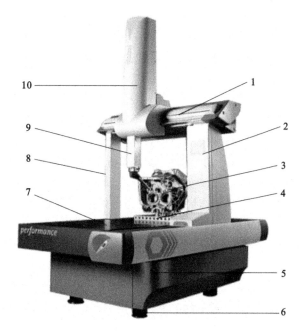

图 10-2　三坐标测量机主机
1—横梁;2—右立柱;3—测量工件;4—工作台;5—底座;
6—主机支撑部件;7—工作台导轨;8—左立柱;9—Z 轴部件;10—滑架

1. 工作台

工作台一般采用花岗石制成,用于摆放零件、支撑桥架。工作台上放置零件时,一般要根据零件的形状和检测要求,选择合适的夹具或支撑。要求零件固定可靠,不使零件受外力变形或其位置发生变化。

2. 桥架

桥架是测量机的重要组成部分,由左、右立柱和横梁、滑架等组成,支撑 Z 轴部件及滑架。

左右立柱有主副之分,桥架的驱动部分和标尺系统基本都在主立柱一侧,副立柱主要起辅助支撑的作用。

3. 滑架

滑架连接横梁和 Z 轴部件。

4. 导轨

导轨具有严格的精度要求,起运动导向作用,是测量机的基准之一。若导轨存在直线度误差,则会使测量机的系统误差增大,影响测量精度。因此在测量过程中,要保持导轨完好,避免对导轨磕碰,用后定期清洁。

5. 标尺系统

标尺系统是测量基准之一,用来度量各轴的坐标数值,与在各种机床和仪器上使用的标尺系统大致相同。常用的有线纹尺、精密丝杠、感应同步器、光栅尺、磁尺、激光干涉仪等。广泛应用的标尺件为光栅,由刻有细密等距离刻线的金属或玻璃制造,读数头使用光学的方法读取这些刻线计算长度。

6. 驱动系统

驱动系统由伺服电动机和伺服驱动器组成，驱动系统的状态会直接影响控制系统的参数，不能随便调整。

10.2.2　控制系统

控制系统，主要是指控制计算机的硬件部分，是测量机的控制中枢，也是机床的关键部件之一。它主要用来响应测头测座系统的信号，数据的检测，驱动机械部件的运动。主要功能如下。

（1）控制、驱动测量机的运动，完成对机床各轴的速度和加速度的控制，同时保持三轴同步。操纵盒或计算机指令通过系统控制单元，按照设置好的速度、加速度，驱动三轴的伺服电动机转动，并通过标尺件和电动机的反馈电路对运行速度和电动机的转速进行控制，使三轴同步平稳地按指定轨迹运动。

（2）在有触发信号时采集数据，对光栅读数进行处理。当测量机的测头传感器与被测零件接触时，测头传感器就会发出触发信号。信号传送到控制单元后，立即令测量机停止运动，同时锁存此刻的三轴标尺读数。

（3）对测量机进行误差补偿。测量机在制造组装完成后，都要使用激光干涉仪或其他检测工具对系统误差（包括各轴的直线度、位置误差，垂直度误差等）进行检测，生成误差补偿文件，之后用软件进行补偿，以保证测量机的测量精度。

（4）采集温度数据，进行温度补偿。有温度补偿功能的测量机，可以根据设定的方式自动采集各轴标尺和零件的温度，对测量机和零件温度偏离 20 ℃带来的长度误差进行补偿，以保持高精度。

10.2.3　测头测座系统

测头测座系统是机床数据采集的传感器，是三坐标测量机的主要组成部分，如图 10-3 所示。它负责接收被测量信号，所以测头的种类和精度直接影响测量的准确度和测量速度，所以在选择时应与机床的机械系统、控制系统相匹配。

图 10-3　测头测座系统

1. 测头

测头部分是测量机的重要部件,根据其功能可分为触发式、扫描式、非接触式(激光、光学)等,根据结构原理可分为机械式、光学式和电气式等。

触发式测头应用最广,其工作原理即是一个高灵敏的开关式传感器。当测针与零件产生接触而产生角度变化时,发出一个开关信号。这个信号传送到控制系统后,控制系统对此刻的光栅计数器中的数据锁存,经处理后传送给测量软件,表示测量了一个点。

扫描式测头有两种工作模式,一种是触发模式,一种是扫描模式。扫描测头本身具有三个相互垂直的距离传感器,可以感觉到与零件接触的程度和矢量方向,这些数据作为测量机的控制分量,控制测量机的运动轨迹。

1) 机械接触式测头

机械接触式测头为刚性测头(硬测头),因其测量精度低,使用范围窄,故不常用。根据其测量部位的形状,可以分为圆锥形测头、圆柱形测头、球形测头、半圆形测头、尖测头、V 形测头等,如图 10-4 所示。

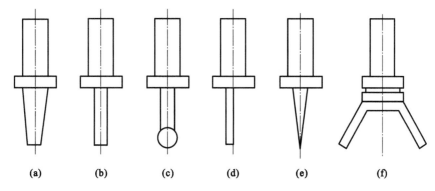

图 10-4　机械接触式测头

(a) 圆锥形测头;(b) 圆柱形测头;(c) 球形测头;(d) 半圆柱形测头;(e) 尖测头;(f) V 形测头

2) 光学式测头

光学式测头与被测物体没有机械接触,这类测头由激光器发出放射光之后,通过光学元件的反射成像,从而间接探测出被测表面的位置。

3) 电气式测头

电气式测头有电动式和机械式两类。这类测头多为软测头,由于其结构、成本、精度等方面的因素,这类测头已得到广泛应用。

2. 测座

测座分为手动和自动两种,主要功能是根据命令旋转到指定角度;测座控制器可以用命令或程序控制并驱动自动测座旋转到指定位置。手动的测座只能由人工手动方式旋转测座。测头更换架可以在程序运行中进行,以提高测量效率。

10.2.4　测量软件

测量软件是三坐标测量机的数据处理中心,负责数据的后期处理。主要功能如下。

(1) 对控制系统进行参数设置。由于有计算机和控制系统连接,可以实现通过计算机专用软件实现对控制系统的调试和检测。

(2) 对测头定义、校正及测针补偿。一般来说,测量机上不同的测头和测头角度,测得的坐标数据会有不同,为使测量结果能够进行统一的计算和处理,测量软件要求在测量前必须要进行测头的校正,以获得测头配置和测头角度的相关信息。

(3) 建立零件坐标系。为使测量结果具有可参照性,在测量前都要以零件的基准来建立零件坐标系,即零件找正。零件坐标系还可以根据需要,进行平移和旋转。为了测量的需要,还可建立多个零件坐标系。

(4) 对测量数据进行计算、统计和处理。测量软件通过对数据及元素的各种投影、构造及拟合计算,可以实现对零件图纸要求的各项几何公差的计算和评价,还可以对各测量结果通过统计软件进行统计分析。

(5) 输出测量报告并将数据传输到指定计算机,同时还可实现网络化。

10.3　三坐标测量机的分类

三坐标测量机的规格型号很多,而且还在不断发展,按照不同的方式进行划分,大致可以分为以下几种。

1. 按测量范围分

按测量范围分,可分为小型、中型和大型三种。

(1) 小型　其坐标轴方向的测量范围小于 600 mm,主要用于测量小型模具、工具、刀具、集成线路板等。

(2) 中型　其坐标轴方向的测量范围为 600～2000 mm,主要用于测量箱体、模具类零件。

(3) 大型　其坐标轴方向的测量范围大于 2000 mm,主要用于测量汽车、船舶、飞机等发动机外壳、航空发动机叶片等大型零件。

2. 按技术水平分

按技术水平分,可分为数字显示及打印型、带有计算机进行数据处理型和计算机数字控制型三种。

(1) 数字显示及打印型　可显示打印测点的坐标数据,但需进行人工计算才能获得几何尺寸及误差,其技术水平较低。

(2) 带有计算机进行数据处理型　手动或机动测量,用计算机进行数据处理,可完成自动校正计算、坐标变换、中心距计算、偏差值计算等数据处理工作。

(3) 计算机数字控制型　技术水平较高,可像数控机床一样,按照编制好的程序自动测量。

3. 按测量精度分

按测量精度分,可分为低精度型、中等精度型和高精度型三种。

(1) 低精度型　又称划线型,主要用于划线。

(2) 中等精度型　又称生产型,主要用于生产场所的零件精度控制。

(3) 高精度型　又称计量型,主要用于计量室或校核单位等的零件精度控制。

4. 按总体布局分

按总体布局分,可分为活动桥式、固定桥式、高架桥式、水平臂式、关节臂式等,如图 10-5 所示。

(1) 活动桥式　结构简单、应用广泛,开敞性好,视野开阔,上、下零件方便;运动速度快,精度高。

（2）固定桥式　刚度高，动台中心驱动、中心光栅阿贝误差小，测量机精度非常高，是高精度和超高精度的测量机的首选结构。

（3）高架桥式　适合于大型和超大型测量机，主要用于航空航天、造船业的大型零件或大型模具的测量。一般都采用双光栅、双驱动等技术，提高精度。

（4）水平臂式　水平臂式测量机开敞性好，测量范围大，可以由两台机器共同组成双臂测量机，尤其适合汽车工业钣金件的测量。

（5）关节臂式　灵活性好，便于携带进行现场测量，对环境条件要求比较低。

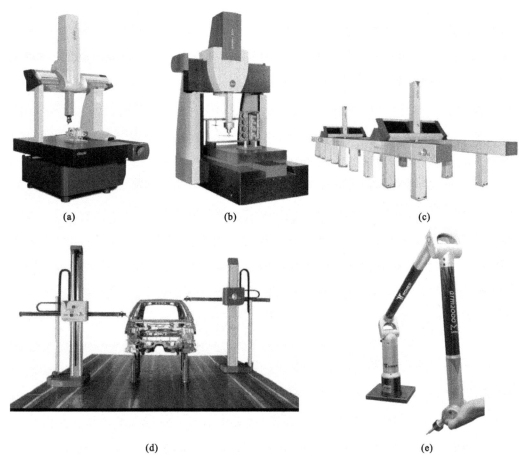

(a)　　　　　　　　　　(b)　　　　　　　　　　(c)

(d)　　　　　　　　　　　　　　　　(e)

图 10-5　三坐标测量机的总体布局

（a）活动桥式；（b）固定桥式；（c）高架桥式；（d）水平臂式；（e）关节臂式

10.4　海克斯康 Global Classic 575 型三坐标测量机简介

海克斯康（Hexagon）Global Classic 575 型三坐标测量机结构形式如图 10-2 所示，它是由海克斯康公司研制生产的，是一种桥式测量机，采用轻质量外罩，全铝合金超强刚度框架，精密三角梁横梁设计，整体燕尾式导轨，非接触式光栅尺等提高测量机精度和刚度及减少振动的措施。

10.4.1 测量机的工作环境

三坐标测量机属于长度的测量设备,对周围环境有一定的要求。

1. 环境温度

环境温度:20 ± 2 ℃;

温度的空间梯度:1 ℃/m^3;

温度的时间梯度:2 ℃/8 h。

2. 环境湿度

一般要求:40%～60%为最好。

3. 压缩空气

压缩空气输入压力:0.4～0.6 MPa,压缩空气中不能含有油、水、杂质。如果所使用的测量机有要求,以测量机要求为准。

4. 振动

由于振动的测试比较困难,所以按周围环境条件要求。

(1)厂房周围不应有干线公路;

(2)厂房内不应有与测量机同时工作的吊车;

(3)厂房内和周围不应有冲床或大型压力机等振动比较大的设备;

(4)测量机不应安装在楼上。

如果以上(1)～(3)的条件不满足时,需要做专用地基或采用减振器等防震措施。

5. 电源

除使用机型特殊要求,一般测量机使用电源为(220 ± 10) V,50 Hz;要求有稳压装置或UPS电源。

6. 单独接地线

要求有单独接地线,接地电阻≤5 Ω;要求周围没有强电磁干扰。

10.4.2 测量机的主要技术指标

主要性能参数如下。

行程范围:500 mm×700 mm×500 mm

测量精度:2.5+3.3 L/1000(mm)

外形尺寸:1025 mm×1480 mm×2431 mm

10.4.3 测量机的主要功能

1. 几何尺寸测量

可完成几何元素包括点、线、面、孔、球、圆柱、圆锥、槽、抛物面、环等的尺寸和几何误差的测量。

2. 几何元素拟合

通过相关尺寸的测量,可拟合出被测点、线、面、孔、球、圆柱、圆锥、槽、抛物面、环等的几何形状及误差值。

3. 几何元素计算

通过相关尺寸的测量,得出元素间的距离、位置等的投影关系。

4. 位置误差检测

可完成平行度、垂直度、同轴度、位置度等位置误差的检测。

5. 几何形状扫描

用海克斯康公司提供的 PC-DMIS 软件包可对工件进行扫描测量。

10.4.4　测量机的测头

Global Classic 575 型测量机可配备各种触发测头，具备高可靠性的同时，将效率和精度集为一体，从而减少了维护费用。可支持 TESASTAR，TESASTAR-i，TP2，TP6，TP20 和 TP200 触发式测头，以及 SP25M、SP600 和 LSP-X3、LSP-X5 扫描测头，并包括一系列非接触式光学扫描测头。探针更换架可支持一系列探针类型，包括星形、盘形和球形探针。

10.4.5　测量机的启动

1. 测量机启动前的几项准备工作

(1) 检查机器的外观及机器导轨是否有障碍物，电缆及气路是否连接正常；

(2) 对导轨及工作台面进行清洁；

(3) 检查温度、气压、电压、地线等是否符合要求，对前置过滤器、储气罐、除水机进行放水检查；

(4) 以上条件都具备后，接通 UPS、除水机电源，打开气源开关。

2. 测量机的启动

(1) 打开计算机电源，启动计算机，打开测头控制器电源；

(2) 打开控制系统电源，系统进入自检状态（操纵盒所有指示灯全亮）；

(3) 待系统自检完毕，点击 PC-DMIS 软件图标，启动软件系统；

(4) 冷启动时，软件窗口会提示进行回机器零点的操作。此时将操纵盒的"加电"键（右下角）按下，接通驱动电源，单击"确认"键，测量机进入回机器零点过程，三轴依据设定程序依次回零点；

(5) 回机器零点过程完成后，PC-DMIS 进入正常工作界面，测量机进入正常工作状态。

3. 测量机的关闭

(1) 关闭系统时，首先将 Z 轴运动到安全的位置和高度，避免造成意外碰撞；

(2) 退出 PC-DMIS 软件，关闭控制系统电源和测座控制器电源；

(3) 关闭计算机电源，UPS、除水机电源，关闭气源开关。

10.4.6　测量机的测量软件

海克斯康 Global Classic 575 型三坐标测量机配备 PC-DMIS 测量软件，该软件是海克斯康集团 Wilcox 公司编制的一个功能丰富、模块化的软件集合。这个软件除在内核部分划分为 PRO、CAD、CAD++ 三个功能模块外，还有多种扩展功能模块，使其可以用于各种计量器具、加工机床现场检测、脱机编程、网络信息流等方面。可以广泛应用于现代企业的计量管理。

PC-DMIS 软件除用于海克斯康集团的测量机外，还兼容其他厂家的部分测量机，可以通过接口模块直接与控制系统连接。

　　PC-DMIS 软件的启动窗口如图 10-6 所示,软件启动后,在新建零件窗口的"零件名"、"修订号"和"序列号"项目中输入相应内容。这是程序和检测报告中进行区别的标识,其中"零件名"是必填的项目。

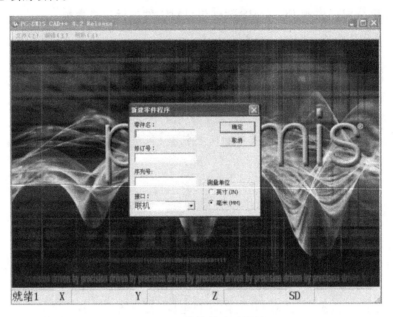

图 10-6　测量软件启动界面

　　选择"确认"后程序将进入图形显示界面,如图 10-7 所示。

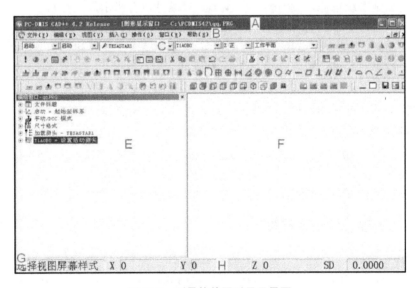

图 10-7　测量软件图形显示界面

A:软件版本及当前测量程序路径显示区。

B:功能菜单区。

C:软件工作环境设置栏,此栏包括软件的工作方式、坐标系的选择、工作平面的选择等。

D:快捷键集合区。

E:编辑窗口,编辑窗口有三种工作模式,包括概要模式、命令模式、DMIS 模式三种。

F：图形显示窗口，图形显示窗口将显示导入的 CAD 图形或测量元素的图形轮廓，还有元素的标识、评价的各项误差和公差符号及数值。

G：按钮功能提示窗口，将动态显示当前点击图标的功能。

H：测头位置显示区，此位置显示的是在当前坐标系下，测针中心的坐标，及测量基本元素时的形状误差。

习题 10

10-1　三坐标测量机由哪几部分组成？它们各有哪些功能？

10-2　三坐标测量机的主机有哪几种结构形式？

10-3　为什么说三坐标测量机是万能测量机？其测量原理是什么？

10-4　测量机对工作环境有哪些要求？

参 考 文 献

［1］ 陈于萍.互换性与技术测量基础［M］.北京:机械工业出版社,1998.

［2］ 刘品,张也晗.机械精度设计与检测基础［M］.哈尔滨:哈尔滨工业大学出版社,
2003.

［3］ 孙与芹,孟兆新.机械精度设计基础［M］.北京:科学出版社,2003.

［4］ 廖念钊.互换性与技术测量［M］.4 版.北京:中国计量出版社,2000.

［5］ 何贡.互换性与技术测量［M］.北京:中国计量出版社,2000.

［6］ 李柱,徐振高,蒋向前.互换性与技术测量——几何产品技术规范与认证 GPS［M］.
北京:高等教育出版社,2004.